臺灣工程教育史11 第拾壹篇

臺灣高等土木工程教育史

發行：財團法人成大研究發展基金會 — 出版：成大出版社

作者：國立成功大學土木系 教授／李德河

作者簡介－李德河

■ **學歷：** 日本京都大學工學研究科博士

■ **經歷：**
(1). 2022. 08～ 國立成功大學土木工程學系 名譽教授
(2). 2016. 08～2021. 06 國立成功大學工學院 副院長
(3). 2008. 11 日本土木學會會士(Fellow)
(4). 2008. 04～2012. 03 日本土木學會台灣分會 會長
(5). 2005. 08～2008. 07 成功大學 特聘教授
(6). 2000. 01～2002. 12 國科會工程處土木學門 召集人

■ **著作：**
(1). 范勝雄、李德河、朱正宜、傅朝卿、曾國棟、莊龍和、陳祺芝、李璧玲、王惠貞、周志明、吳炎坤、林璟璘、黃秀惠、蔡佳樺（2012年12月）。鹽溪合水趣府城：鹽水溪文化資產特展圖錄（ISBN：978-986-84830-7-1）（初版）。臺南市：臺南市文化資產保護協會。
(2). 范勝雄、李德河、朱正宜、曾國棟、傅朝卿、莊龍和、黃微芬、詹伯望、吳炎坤、林璟璘、林建農（2015年03月）。東都垂萬年：臺南市南疆文化資產特展圖錄（ISBN：978-986-91701-0-9）（初版）。臺南市：臺南市文化資產保護協會。
(3). 范勝雄、李德河、吳炎坤、詹伯望、曾國棟、傅朝卿、黃建龍、郭國文（2016年4月）。鳳凰蹁躚：臺南建城290年特展圖錄（ISBN：978-986-91701-1-6）（初版）。臺南市：臺南市文化資產保護協會。
(4). 李德河、范勝雄、曾國棟、黃微芬、吳炎坤、晁瑞光、李璧玲、黃秀蕙(2018年6月)。天興文物與史蹟．東都肇天興：臺南市北疆文化資產特展圖錄（ISBN：978-986-91701-3-0）。臺南市：臺南市文化資產保護協會。
(5). 范勝雄、曾國棟、林朝成、李德河、薛建蓉、黃建龍（2021年12月）。竹溪梵唱六甲子．竹溪禪寺文物特展圖錄（ISBN：978-986-91701-6-1）（初版）。臺南市：臺南市文化資產保護協會。

封面照片：蕃社采風圖-乘屋

謝　誌

為未來在國立成功大學建置臺灣工程教育史料館(中心)，在成大博物館的協助下，2015年中開始進行先導性的計畫，邀請十餘位校內外專家學者蒐集工程教育史科，進而在成大博物館展開一系列的展示，並編纂臺灣工程教育史叢書。感謝下列國立成功大學化工系系友，熱心捐款贊助該計畫及後續工作的經費。

陳柱華　美國南伊利諾大學工學院前院長

黃漢琳　美國南伊利諾大學退休教授

陳文源　柏林公司 總裁

孫春山　毅豐橡膠工業公司 董事長

張瑞欽　華立集團 總裁

林知海　德亞樹脂公司 董事長

陳尚文　明臺化工公司 董事長

周重吉　美國Dr, Chou Technologies, Inc., President

林福星　富邦媒体科技公司 董事長

又，國立成功大學黃煌煇前校長除參與蒐集水利工程教育史科外，生前也以財團法人成大研究發展基金會董事長的身份，惠允該基金會將贊助《臺灣工程教育史叢書》(約15冊)的編印費用，在此特予銘誌。

臺灣工程教育史叢書編撰規劃

1. 臺灣工業教育與工程教育發展歷程概要
2. 臺灣工業教育的搖籃 — 臺北工業學校
3. 日治時期之大專工業教育 —
   臺南高等工業學校、臺北帝國大學工學部
4. 臺灣初、高級工業職業教育史概要
5. 臺灣工業專科教育的興衰
6. 技術學院、科技大學工程教育
7. 工程科學研究中心之發展及轉型
8. 機械工程教育(以下書名暫定)
9. 電機工程教育
10. 材料科學與工程教育
11. 臺灣高等土木工程教育史
12. 建築(工程)教育
13. 水利工程教育
14. 臺灣環境工程教育發展史
15. 特殊領域工程教育
16. 臺灣化工教育史

馬哲儒校長　序

成功大學化工系翁鴻山教授，在2014年初告訴我說：他想建議校方設置臺灣工程教育史料館，初步要邀請十數位專家學者一起收集臺灣工程教育的史料，用為奠基資料。我認為這種構想非常好，不但表示贊同也給予鼓勵。一年後，他又決定編纂臺灣工程教育史叢書，且開始進行。

臺灣的工程教育一直不斷地在進行中，而且進行得頗為成功。翁教授是一位實實在在做事的人，他要把臺灣工程教育發展的歷程編輯成一套叢書記載下來，其涵蓋的時間起自日治時代。大事記包括世界重大事件、政府政策與措施、新科技與產業的興起、教育措施以及重要學校的設立，而且分析說明世界潮流、工業演變及政府教育政策的交互影響。這真是一件大工程，也將是一份重要的歷史資料。翁教授曾應臺灣化工學會陳顯彰理事長的邀請，擔任《臺灣化工史》的總編輯，對編輯工作頗有經驗，我預祝他的成功。

國立成功大學 前校長
馬哲儒 謹識
2020. 3

馬哲儒校長簡歷：

馬校長1954年自成大化工系畢業，服役後，進入聯合工業研究所(今工研院)服務。1959年赴美深造，1964年賓州州立大學頒予化工博士學位後，入Selas Corp. of America服務；不久轉入Rochester Institute of Technology擔任資深化學師。1970年回成大化工系任教；歷任系主任兼所長及工學院院長；1988年由教育部聘為成功大學校長。2001年退休，同年1月被國科會聘請擔任科學發展月刊總編輯，2017年年底卸任。曾榮獲教育部工科學術獎、國科會傑出研究獎、中國化工學會工程獎章及會士。

翁政義校長　序

臺灣地小人稠，平地僅佔約三分之一，天然資源稀少，又頻於發生風災、水災、與地震，在如此不良的條件與環境下，而能造就出令人稱羨的經濟與自由民主政治奇蹟，其關鍵在於教育之功。因教育的普及與國人的勤勞努力，提升國民素質，發揮心智，而教育範疇之中的工業與工程教育，更是直接關係到國計民生的經濟發展。

二次大戰後的臺灣經濟還處於以農業為主及少數輕工業的階段，因為支援韓戰的關係，美國對臺施以物質援助，然此並非久遠之計，他們認為唯有如何協助提升工程人才的培育，才能促進工業的發展，以改善經濟。於是，美國國務院主動派遣一個考察團訪問臺灣，從北到南實際瞭解臺灣工程教育的狀況，而後選定成功大學為協助對象，並指定以工科見長的普渡大學為之合作；普大的徐立夫教授於1952年底來成大訪問商談合作計畫。該合作計畫於1953年6月由我國駐美技術代表團與美國國務院屬下的援外總署在華盛頓簽訂，為期三十個月；內容包括普大每年派駐成大一批教授與顧問，協助有關課程、教學法、教科書、實驗室與工廠設備等之研究與建議；以及成大每年選派六位教授赴美研修。所需經費包括駐校顧問團、出國人員、致贈之修建及設備等皆由援外總署劃撥。這個由我國政府和美國政府簽訂的合約，固然對成大影響深遠，對臺灣整體工程教育而言，亦彌足珍貴，這段歷史也見證了工程教育的重要性。

綜觀臺灣發展歷程，由蕞薾之島蛻變為交通四通八達及高科技產業的基地；舉凡公路、鐵路、港埠、水庫、發電廠的興建，以及煉油、石化、鋼鐵、電子及資訊等產業都有蓬勃快速的發展。在工程建設與工業發展兩方面皆有傲人的成就，工業教育與工程教育的成功是重要因素。

總編輯翁鴻山教授，他在教學與研究皆有傑出的表現，在行政事務亦有相當的歷練與貢獻，退休之後熱情不減，他為回溯臺灣工程教育跟工程建設與工業發展過程的交互影響，建構較完整的歷史記錄，在筆者等的鼓勵及多位化工系系友的贊助下，毅然以在成功大學設置臺灣工程教育史料館為目標，而於2015年開始委請十餘位專家學者蒐集史料；其後，又決定編纂出版臺灣工程教育史叢書，現在已開始出書，預定於2021年底以前出版15冊。

編纂本叢書主要的目的，正如翁教授所言，雖然主要是要將百餘年來，臺灣工程教育之發展歷程作有系統的整理留存，但是也希望藉由本叢書的出版，讓從事工程教育工作者，能將前人之經驗奉為圭臬；執掌教育行政者，能審慎規劃工程教育發展方向，避免重踏覆轍。

編著歷史書籍需廣泛收集資料並加予查證，是件極辛苦費神的工作，本叢書諸位著述者及編輯者戮力以赴極為辛勞，筆者至為感佩。

翁教授曾與筆者共事多年，在他副校長任內，襄助我推動校務，作事認真積極，犧牲奉獻，現他特囑我寫序，乃樂意為此短文兼表賀意與謝意。

國立成功大學 前校長
機械工程學系榮譽教授
翁政義 謹識
2020. 3

翁政義校長簡歷：

翁先生1966年自成大機械系畢業，服役後，赴美國羅徹斯特大學深造。獲頒博士學位後，回母系服務。歷任成大機械系系主任、所長、教務長及校長。2000年獲聘擔任國家科學委員會主任委員；其後轉任工業技術研究院董事長、國家實驗研究院董事長、佛光大學校長。曾先後榮獲教育部傑出研究獎及工科學術獎、國科會傑出研究獎與傑出特約研究員獎、交通大學與成功大學榮譽教授。

蘇慧貞校長　序

2014年11月在校友傑出成就獎典禮的場合，翁鴻山前代理校長跟我簡要介紹他擬在成大推動設置臺灣工程教育史料館(中心)，且已獲馬哲儒、翁政義和黃煌煇三位前校長和吳文騰工學院前院長的支持，同時，七位化工系系友答應贊助收集工程教育史料計畫的經費的規劃。翌年二月我就任後有幸參與此一美事，即由當時博物館陳政宏館長協助，首先在博物館籌設展示室。

翁前代理校長和陳館長亦隨即邀請十餘位校內外教授執行蒐集史料計畫，而在計畫進行中，更以此為基礎，進一步擴大編印臺灣工程教育史叢書，分「展示」和「編印叢書」兩大部份持續進行，前者由陳館長推動，後者由翁前代理校長規劃執行，使得成就今天波瀾壯濶、史料豐富的巨作。

《臺灣工程教育史叢書》共規劃編撰15本，後半部是各工程領域的教育史，將有八冊，皆委請本校教師和資深同仁編撰。我榮幸能於本校創校90年秩慶之際，為本書題序，除感佩翁前代理校長的毅力和付出，更期待明年中其餘冊數皆能如期出版，為歷史作記，為未來點燈。

成大校長　蘇慧貞 謹識

2021. 8

蘇慧貞校長簡歷：

蘇校長自臺灣大學植物學系畢業後赴美深造，先後獲頒路易斯安那州立大學生態生理學碩士及哈佛大學公衛學院環境衛生科學碩士與博士學位。其後，赴密西根大學醫學中心擔任博士後研究員。1992年由成功大學醫學院工業衛生科暨環境醫學研究所延聘回臺任教。歷任教授、科主任、所長、醫學院副院長、國際事務副校長、副校長，2015年被遴選為校長，2023年2月卸任。

蘇校長回臺後，曾被聘擔任許多重要兼職，包括：臺灣室內環境品質學會理事長、教育部環保小組執行秘書、教育部顧問室主任、國立大學校院協會理事長及高等教育國際合作基金會董事長等。

臺灣工程教育史叢書總編輯的話

推動工程建設與振興工業是促進國家與社會發展的不二法門。回顧臺灣百餘年來的發展歷程，可見端倪。在工程建設方面，自劉銘傳撫臺以來，就陸續有鐵路及電報的建設；其後，不論灌溉(由水圳到大型水庫)，電力(發電廠及電網)、交通(公路、鐵路、高鐵、港口)等有急速的發展。在工業方面，日本統治時期工業開始逐步機械化；戰後臺灣經濟結構由農業轉變為以工業為主的型態，進而創造經濟奇蹟，更成功發展引以為傲的高科技產業。臺灣能在工程建設與工業發展兩方面有傲人的成就，工業教育與工程教育的成功是重要因素。

為回溯臺灣工程建設與工業發展過程，建構較完整的歷史記錄，筆者在成功大學三位前任校長(馬哲儒、翁政義和黃煌煇)及工學院前院長(吳文騰)的鼓勵，以及多位化工系系友(陳柱華、黃漢琳、陳文源、林知海、孫春山、張瑞欽、陳尚文、周重吉及林福星)的贊助下，於2014年中開始委請十餘位專家學者蒐集史料，冀望未來能在成功大學設置臺灣工程教育史料館(中心)。

另一方面，為讓教育工作者及一般大眾瞭解前人創辦學校的艱辛，筆者也發想編纂出版臺灣工程教育史叢書。然而自忖絕對無法單獨完成此一龐大且復雜的工作，必需邀請專家學者協助方能達成任務。幸獲參與蒐集史料教授們惠允共襄盛舉而得以進行。至於出版費用，幸賴成大研究發展基金會前董事長黃煌煇首肯贊助，筆者銘感肺腑。

編纂本叢書主要的目的，雖然是要將百餘年來，臺灣工程教育之發展歷程作有系統的整理留存，但是也希望藉由本叢書的出版，從事工程教育工作者，能鑑古知今、將前人之經驗奉為圭臬；執掌教育行政者，能審慎規劃避免重踏覆轍；為師者可用為教材，並勖勉學生；而研究臺灣史之學者，可將本書作為分析臺灣教育與社會變遷的參考資料。另外，臺灣目前也正面臨因少子化而導致學校合併或停辦的問題，本叢書引述及剖析的臺灣工程教育發展歷程，或許可以提供思考的方向。

編著歷史書籍需廣泛收集資料並加予查證，是件極辛苦費神的工作，本叢書諸位著述者及編輯者戮力以赴備極辛勞，筆者銘感至深，謹借此一隅敬表由衷之謝忱。

此外，為彰顯工程教育在臺灣工程建設與工業發展扮演的角色，在2014年底，筆者將構想告訴甫當選成大校長的蘇慧貞副校長，她同意在博物館內設置展示室。隔年2月，蘇校長上任即請博物館陳政宏館長推動。陳館長即擬定展示計畫，向校方申請補助，並規劃每年選擇一主題展出。博物館提出的計畫獲校方同意後，筆者就將編纂工程教育史叢書與在博物館設置展示室二個計畫合併進行。

至今，成大博物館已先後以臺灣工程教育的發展歷程、電力及鐵路的發展等三個主題開展；編纂工程教育史叢書方面，也有四冊正在美編或校訂中。這二個大計畫最初的聯絡工作，是委請設置於成大化工系的臺灣化工史科館籌備處陳研如小姐擔任；其後由成大博物館江映青小姐接手，二位不辭辛勞負責安排十餘次規劃與討論會及連絡事宜，方有上述的成果。

臺灣工程教育之史料極為浩瀚，本叢書僅擇要點引述，必有疏漏或謬誤之處，敬祈諸先進不吝賜教，以便再版時訂正。

國立成功大學 前代理校長
化學工程學系 名譽教授
翁鴻山 謹識
2020. 5

謝 辭

在2015年6月一個風和日麗的早上，經常騎著腳踏車穿過校園的成功大學前代理校長翁鴻山教授在成大博物館二樓召開了一次會議，請出席的數位工學院的教授共同來編寫臺灣的工程教育史，其中土木工程教育史的部份就落在我的身上。在收集資料撰寫過程中，感謝翁校長及成大博物館、圖書館、註冊組、人事室、文書組、土木系、歷史系提供大量成大自創校以來的寶貴資料，使得本書的骨架得以建立。同時也要感謝臺灣大學土木系黃燦輝教授、臺灣科技大學陳正誠教授、臺北科技大學鄭麗玲教授、淡江大學楊長義教授、中原大學馮道偉教授、中央大學田永銘教授、交通大學(現陽明交大)廖志中教授、中興大學林炳森教授、楊明德教授、逢甲大學黃亦敏教授、中華大學呂志宗教授、成功大學土木系游啟亨教授(故人)、徐德修教授、陳東陽教授、歷史系石萬壽教授、高淑媛教授、嘉義大學陳建元教授、高雄應用科技大學(現高雄科大)許琦教授、義守大學古志生教授、正修科技大學田坤國教授等提供各校土木相關科系的歷史資料，使得本書的內容能夠涵蓋全國各校，更完整的呈現臺灣土木工程教育的全貌。

此外，自2015年以來在資料的收集、整理，圖、表製作以及將本書的手稿製作成原稿方面提供莫大協助的成功大學公共工程研究中心李璧玲小姐，於此表示最大的謝意。同時也感謝成功大學土木系主任吳建宏教授為本書撰寫推薦序言，於此也再次感謝翁鴻山校長在本書完稿前的章節調整，以及文稿潤飾上所給予的諸多叮嚀及指導，並提筆為本書撰寫推薦序。

最後對本書的編寫、製作過程中提供協助的眾多先進、朋友們亦由衷的表示感謝之意。

李德河

2022年12月

推薦　序

自從人類文明肇始以來，由於土木工程能夠改善一般民眾的生活內涵，土木工程師就一直扮演著推動建設社會基礎，促進國家文明的重要角色。

臺灣在千、萬年前已有先民居住，到了17世紀荷蘭時期才進入世界舞台，逐漸與世界文明同步發展，至今經過400年的演化，臺灣已具有豐足的食、衣、住、行相關的民生設施，有足夠的水庫及溉灌系統以生產足夠的米糧，有舒適的住宅與社區使民安居，有便利的交通如高鐵、捷運、高速公路等等使全國形成一日生活圈，這都是多年來臺灣的土木工程師對社會所做出點點滴滴的貢獻所累積的成果。羅馬非一日可成，臺灣的土木工程師亦非一日之間就有頂尖的技術，也不是一日就可興建眾多的民生設施，因此瞭解臺灣的土木工程師自古以來是如何養成，土木工程技術是如何傳承並逐步發揚光大，是值得深入瞭解之事。特別是近百年隨著臺灣近代化的過程中土木工程師是在學校教育的方式下有系統的獲得訓練以及傳承經驗、提升技術，這部份的土木工程教育更值得土木相關人員以及對教育史有興趣者的關注。

成功大學土木工程系李德河教授(今成功大學名譽教授)所著「臺灣高等土木工程教育史」，提供了我們以及後世瞭解臺灣土木工程高等教育如何開始，在過去的近一百年中，師生如何在日治時期、二戰、戰後初期、美援時期以及經濟起飛時期經歷日文、中文、英語的專業用語的改變以及制度的翻轉下如何調適與創新發展。瞭解土木工程高等教育過去發展的來龍去脈，可以成為我們規劃未來發展的基本藍圖。雖然近來國內土木工程產業的光芒似乎已經受到被稱為護國神山的半導體產業所掩蓋，但是土木工程高等教育未來仍會在國家基礎建設、防災、能源、氣候變遷，以及跨領域人才培育上持續參與，並擔負重責大任。在參與的同時，也將不斷導入創新的IoT、BIM、AR、VR技術、材料與理論，共同面對人類文明在地球或外太空其他星球永續發展所衍生的持續性挑戰。

成功大學土木工程學系系主任
吳建宏
2022/12 於成大土木系系館

作者　序

當地球上有人類出現時「土木工程」就已同時存在，因其乃是人類為了滿足「食衣住行」的基本生活需求，並提供更安全、舒適及方便的環境而產生的知識與技術。人類社會在持續追求更佳的生活環境時，此種知識與技術必定繼續的創新，更要一代一代的向前累積並將其傳承下去。

在古老的時代，土木工程的知識、技術的傳承多是以父傳子、兄傳弟、師傅傳徒弟的「師徒制」方式延續而下。但到了近代，由於「土木工程」的大型化、複雜化以及國家組織的進化，就逐漸出現由國家主導的傳承方式，由訂定制度、設立學校、召聘多位有知識、經驗的師傅開始，然後招收較多的徒弟進行更多且更新的「土木工程」知識、技術的傳承，因此廣義的「土木工程教育」是包括「師徒制」的傳承方式以及「學校制」的教育方式。惟本書「臺灣高等土木工程教育史」的主要部份是以臺灣的「學校制」土木工程教育為論述對象。

本書的第一章「臺灣土木工程教育概況」是因臺灣由史前時代開始，經過荷蘭時代、明鄭、清領到日治以及戰後時期經歷數次重大的改朝換代，每次的改朝換代不僅是人種、語言、文字的根本置換，典章制度、包括教育制度也都一起打掉重做，不同的人種、不同的制度所形塑出的教育方式亦不同，也在臺灣的工程教育上留下不同的成果與樣態，第一章就是將臺灣的土木工程的知識及技術傳承的演化加以概略說明。

此外，由於臺灣的「學校制」工程教育是始於日治時期，所以二戰前(1945年以前)的臺灣土木工程教育幾乎可以說是戰前「日本土木工程教育」的一環，而1945年二戰結束日本戰敗，日本全面退出臺灣，各級學校師資瞬間大量不足，此時聯軍中國戰區總司令蔣介石將軍接受聯軍總司令麥克阿瑟將軍的命令，到臺灣接受在臺日軍的投降，於是在日軍受降之後逐漸有中國籍師資進入學校。

在1949年中國共產黨在中國建立「中華人民共和國」，中國國民黨的「中華民國」政府轉進到臺灣，大量的知識份子亦隨之來臺，進而填滿各級學校的師資空缺，所以由歷史長河而觀，臺灣的土木工程教育在1945年以前是受日本工程教育系統的影響，在1945年以後則是受到中國戰前的工程教育制度及所培育出的人才所左右。因此本書第二章「臺灣土木工程教育的基因」就針對影響臺灣土木工程教育基礎的二戰前的日本工程教育及中國工程教育進行論述說明。

第三章「臺灣土木工程教育的發展演進」則是以編年史的方式來記載臺灣土木工程教育的演變，主要是以從日治時期即已成立土木科系的學校一 ① 國立臺灣大學(臺北帝國大學)、② 國立成功大學(臺南高等工業學校→臺南高等工業專門學校→臺灣省立臺南工業專科學校→臺灣省立工學院)、③ 臺北科技大學(臺北州立臺北工業學校→臺灣省立臺北工業職業學校→臺灣省立臺北工業專科學校→國立臺北工業專科學校→國立臺北技術學院)的演化經過加以條列式的記載。此外在日治時期為臺中高等農業專門學校，戰後在1961年改制為綜合大學的中興大學，因其前身在日治時期已經存在，在戰後改制時亦同時成立土木系，所以本章亦將其演變歷史列入。本章除了針對各校在日治時期的演變情形加以敘述外，並分別對戰後初期(1945年～1950年)、美援時期(1951年～1965年)以及1966年～1990年代各校土木工程教育的進化事項加以詳細列述。此外，由1990年代到近年之變化則以簡單條列方式為之。

第四章「1950年代以後新設土木類科系概況」則是將二戰後新成立或在臺復校的公私立大學、科技大學其成立土木類科系之歷史以條列式方式列出，期能將我國實施土木工程教育的場域全貌清楚顯示。

第五章則為短話四句的結語。

李德河

2022年12月

總編輯　序

由「土木工程」的英語「Civil Engineering」，可知它是「與人民生活有關的工程」。「人民的生活」的基本內涵，包括「食、衣、住、行」及「育、樂」。其中「住」和「行」即與「土木工程」直接相關，包括興建住宅、道路鐵道、橋樑；而其它四項也與「土木工程」間接相關。例如要建造水庫、鋪設灌溉系統與興建工廠，才能以水力發電、種植農作物及生產食品和衣著。此外，為不受洪水、海潮的侵害，則須疏濬河道、修築河堤、海堤等也都是「土木工程」的事項。

溯自劉銘傳理台起，經日治時期、戰後復建期及執行多期的經建計畫，在臺灣境內逐步進行：縱貫鐵路、高雄港、嘉南大圳、日月潭發電所、東西橫貫公路、十大建設、環島鐵路、高速鐵路------等艱巨的工程建設，幸賴政府培育了充分的土木工程人才，得以順利完成，從而締造臺灣經濟奇蹟，大幅改善人民生活。

為因應土木工程建設的需求，臺灣總督府於1918年設立的「臺灣總督府工業學校」，即設有土木科；隔年由「臺灣總督府工業講習所」改制的「公立臺北工業學校」(1923年二校合併為臺北工業學校，是臺北科技大學的前身)，也設土木建築科，這是「土木」在臺灣工業學校中出現的肇始。其後，在許多工業學校、工業專門學校、工業職業學校、普通大學、工業專科學校、技術學院及科技大學都設置土木科、系、所。

本書作者李德河教授於1974年由成功大學土木系學士班畢業，復於1976年在同系獲碩士學位。其後，赴日本京都大學工學研究科深造；1983年春，獲頒博士學位後，即回母系任教與研究，迄今近四十年。李教授的專長是大地工程、岩石力學及工程地質等，除教學及指導研究生外，也長期執行大計畫，並在成大及數個土木相關學會擔任重要職務，對土木工程教育的發展過程、大地環境變遷議題及土木科技相當熟稔，允稱為編撰土木工程教育發展史的不二人選。筆者有幸獲得李教授首肯編撰本書，完成此一內容豐富、條理分明的大作，筆者深感敬佩，藉此一隅敬致由衷的謝意。

國立成功大學 化學工程學系
名譽講座教授 翁鴻山 謹識

序

目錄

第一章

臺灣土木工程教育概況

第一節　「土木工程」的由來

「土木工程」、「土木工學」是由英語「Civil Engineering」翻譯過來的，由英漢字典查「Civil」顯示其主要的意思是「市民的、公民的、平民的」，也就是說「Civil Engineering」從字義看是「與市民有關的工程」，或「與人民生活有關的工程」，亦即可說是「民生工程」。

自古以來，「人民的生活」所追求的基本內涵，不外乎「食、衣、住、行」以及「社會安全」，而要使人民「豐衣足食」則必需開闢農田、鋪設灌溉系統，才能有助於種稻、植桑、養蠶、種棉花，同時在「住」的方面則須廣建住宅、官舍以使人民能安居，官員亦能安心奉公；在「行」的方面則須鋪築道路、跨河架橋以使人、貨之交通順暢。此外，為保護人民不受洪水、海潮的侵害，則須疏通河道、修築河堤、海堤等等。

上述這些具有「公共性」以及「與人民生活有關」的工程就是Civil Engineering的主要內涵。

在19世紀後半，日本在面臨歐美列強的侵略壓力下進行「明治維新運動」，日本全面歐化，引進歐美的典章制度、技術與先進知識。其中將歐美先進國家的「Civil Engineering」這門新的學問引進日本的學者，一定面臨應如何賦予它一個適當的「和式名稱」的問題。

其結果由1877年(明治10年)官立東京大學初設時，成立理、法、文、醫四個學部(院)，其中理學部中至少設有"機械工學"、"土木工學"、 "冶金學" 及 "應用化學" 四個學科。由這個事實可以知道在1877年東京大學設立時已將「Department of Civil Engineering」

取名為「土木工學科」，亦即引進 "Civil Engineering" 的日本學者認為其最適當的「日本和名」就是「土木工學」。

為何日本的「Civil Engineering」的相關學者不將其直接翻譯成「市民工學」或「民生工學」，而選擇「土木工學」做為其「日本和名」，推測可能的原因有二：

1. 明治時代剛從德川幕府的手中將國家權力回歸到天皇身上，在富國強兵的政策環境下，若強調「市民」、「民生」等以民為重的概念，將有可能使人民延伸出對民權、民主的需求，其將使崇高的皇權受到挑戰，甚至逐漸動搖國本。
2. 「Civil Engineering」的內涵太過豐富，若為配合「食、衣、住、行」的需求而將之翻譯成「農田灌溉工程」或「道路橋樑工程」或「築屋工程」，都無法完整的將Civil Engineering的內涵表示出來。

然而十九世紀中葉，日本的Civil Engineering學者可能發現這些當時「與人民的生活有關的工程」都有一個共通點，就是都與「土地」有關，也都是使用土(石)及木(竹)為材料，亦即凡是與「土、木」有關的工程大都是與「民生」有關的工程。

所以為了避免引起政治上的掛礙且足以代表所有的「與人民的生活有關的工程」就使用概括性的名稱「土木工學」做為「Civil Engineering」的日本和名。

在臺灣則於1918年(大正7年)8月由臺灣總督府設立的五年制「臺灣總督府工業學校」(臺北工專的前身)，設有機械、應用化學及土木等三科，這是「土木」在臺灣工業學校中出現的開端。

如今，到了21世紀，人類社會經過多年長足的進步後，現在的「Civil Engineering」的內涵，已較19世紀中葉時更加多彩多姿，除了蓋房屋、鋪路、造橋、築堤等工程外，尚衍生出水利工程、環境衛生工程、測量空間資訊工程、營建工程、都市計畫、鋼結構工程、海洋工程、自然災害防治工程等等。「土木工程」的名稱是否尚能以更廣義的方式涵蓋所有21世紀「Civil Engineering」的內涵，則是一個有趣且值得思考的話題。

第二節　臺灣土木工程教育的興起與概況

一、前言

臺灣的土木工程教育，由歷史的演進來看，是到了二十世紀初的日治初期，才由官方出錢設立實業學校來傳授土木工程的技術，並逐漸提升實業教育的水準，最後亦設置工業專科、大學工學部來培養高級土木工程人才。而日治時期以前臺灣的土木工程教育大都是以民間的師徒制來傳授土木技術，如父傳子、子傳孫或師傅傳徒弟，或部落的長老傳給年青的一輩，如此代代相傳維持土木技術於不墜。

回觀臺灣的過往歷史，可以將荷蘭時代以來稱為歷史時期，因為是荷蘭人首先使用文字將發生於臺灣的事務記錄下來並留傳下來。在荷蘭人來臺以前(1624年以前)臺灣的古老事情只留存在古老的傳說之中，那個沒有文字記載的時期就是臺灣的史前時期。

二、史前時期先民的住屋

史前時期住在臺灣的先民，主要是屬於南島語系的族群，在平地上是平埔族，在山區則為高山族，這些住在臺灣的先民不管住在平地或山區至少在新石器時代以來(6000年前以來)就已經住在此地，先民在島上生活也須要進行必要的Civil Engineering的運作，最主要的應該是居住的工程。由中央研究院典藏的清代<蕃社采風圖>呈現平埔族人「乘屋」(蓋房子)的情景(圖1-1)。由此圖可知平埔族人的「乘屋工程」是一項群體合作的工程，這項工程技術是將竹、木、草等材料分別構築成房屋的基礎、四壁及屋頂部份，而後再將之組合成住屋，這是一種部落群體與個體皆需要傳承的技術及技藝，這個傳承也是史前臺灣平埔族的土木工程教育的一環。至於高山族群中，特別是魯凱族、排灣族及少數布農族及泰雅族，因為居住地是靠近中央山脈，有豐富的板岩材料可資使用，所以他們的居住工程就以興建石板屋(照片1-1)為主。同樣的，構築石板屋的工程技術包括材料的準備、石板堆砌方式等等，也是一項部落群體與個體皆需要一代又一代傳承下去的工程教育的課題。

圖1-1　蕃社采風圖-乘屋[1]

照片1-1　石板屋

三、荷治時期

(一) 引入歐洲文明

開啟臺灣歷史時期的荷蘭人，在1624年於現在臺南安平海邊的砂丘島(古名台窩灣島(Tayowan))上興建一座城堡 — 熱蘭遮城(Fort Zeelandia)展開為期38年的荷人治臺的歷史(1624年～1662年)。

荷治時期，荷人將歐洲大航海時代的文明包括土木、建築、造船、醫學、教育、航海、農耕、工藝、宗教、法律、國際貿易、文字等等帶入臺灣，不但促使臺灣由史前時代進入歷史時期，更在荷治38年的時間，荷人由傳教士廣開學校，教導平埔族人學習荷蘭的宗教、語言、文字以及相關的技術、技藝，並使多數的平埔族民集體接受基督教信仰。

特別是這些傳教士不僅學習當地的平埔族語，還用羅馬字編纂平埔族(如：西拉雅族新港社)的用語字典，同時教導新港社民以羅馬字母書寫自己的語言，進而將基督教的聖經翻譯成新港語，圖1-2為古荷蘭語與新港語並列的「馬太福音」[2]。在荷治時期以後平埔族人尚使用羅馬字的「新港語」與漢人訂定土地契約文書，最遲到1813年也就是荷人離臺後150年，仍然有平埔族人繼續使用荷蘭人所教的羅馬字在簽訂契約。

Het H. Euangelium
na [de beſchrijvinge]
MATTHEI.
Het eerſte Capittel.

1 HET Boeck des Geſlachtes JESU CHRISTI, des ſoons Davids / des ſoons Abrahams.
2 Abraham gewan Iſaac. ende Iſaac gewan Jacob. ende Jacob ghewan Judam / ende ſijne broeders.
3 Ende Judas ghewan Phares ende Zara by Thamar. ende Phares ghewan Eſrom. ende Eſrom gewan Aram.
4 Ende Aram gewan Aminadab. ende Aminadab gewan Naaſſon. ende Naaſſon gewan Salmon.
5 Ende Salmon ghewan Boöz by Rachab. ende Boöz gewan Obed by Ruth. ende Obed ghewan Jeſſe.
6 Ende Jeſſe ghewan David den Koningh. ende David de Koningh gewan Salomon by de ghene die Urias

Hagnau ka D'lligh
Matiktik ka na ſaſoulat ti
MATTHEUS.
Naunamou ki lbægh ki ſoulat.

1 SOulat ki kavouytan ti JEZUS CHRISTUS, ka na alak ti David, ka na alak ti Abraham.
2 Ti Abraham ta ni-pou-alak ti Iſaac-an. ti Iſaac ta ni-pou-alak ti Jakob-an. ti Jacob ta ni-pou-alak ti Juda-an, ki tæ'i-a-papar'appa tyn-da.
3 Ti Judas ta ni-pou-alak na Fares-an na Zara-an-appa p'ouh-koua ti Thamar-an. Ti Fares ta ni-pou-alak ti Eſrom-an. Ti Eſrom ta ni-pou-alak ti Aram-an.
4 Ti Aram ta ni-pou-alak ti Aminadab-an. Ti Aminadab ta ni-pou-alak ti Naaſſon-an. Ti Naaſſon ta ni-pou-alak ti Salmon-an.
5 Ti Salmon ta ni-pou-alak na Boös-an p'ouh-koua ti Rachab-an. Ti Boös ta ni-pou-alak na Obed-an p'ouh-koua ti Ruth-an. Ti Obed ta ni-pou-alak ti Jeſſe-an.
6 Ti Jeſſe ta ni-pou-alak ti David-an ka na Mei-ſaſou ka Si bavau. Ti David ka na Mei-ſaſou ta ni-pou-alak ti Salomon-an p'ouh-
A koua

CHAP. I. (1) THE book of the generation of Jesus Christ, the son of David, the son of Abraham. (2) Abraham begat Isaac; and Isaac begat Jacob; and Jacob begat Judas and his brethren; (3) and Judas begat Phares and Zara of Thamar; and Phares begat Esrom; and Esrom begat Aram; (4) and Aram begat Aminadab; and Aminadab begat Naasson; and Naasson begat Salmon; (5) and Salmon begat Booz of Rachab; and Booz begat Obed of Ruth; and Obed begat Jesse; (6) and Jesse begat David the king; and David the king begat

圖1-2　古荷蘭語與新港語並列的「馬太福音」[2]

(二) 帶入歐洲土木工程技術

在土木工程方面，荷治時期荷蘭人帶來了歐洲最先進的工程技術，1624年在台窩灣島(Tayowan)的砂丘上所興建的臺灣第一座磚造城堡 — 熱蘭遮城，開始時是具有稜堡的一層建築(如圖1-3)[3]，而後逐年往砂丘下方擴建，到了1640年代已成為內城三層、外城一層的三層磚造構造物群(圖1-4)[3]。在軟弱的砂丘上築城沒有高超的土木工程技術是無法完成的。同時這個城堡經過將近400年的今天，其厚實的磚牆經歷過不少的颱風豪雨、地震、炮火的侵襲，尚能雄偉的矗立在安平古堡內(照片1-2)。證明了17世紀荷蘭土木工程技術與品質的優良，現在由照片1-2城堡磚牆的局部放大(照片1-3)可以看到荷人砌磚時，是按照一定的規則行之，砌磚時必定一排砌長邊，下一排則砌短邊，同時上下磚縫不可連成一線，如圖1-5所示。

圖1-3　手繪熱蘭遮城鳥瞰圖(1630年)[3]

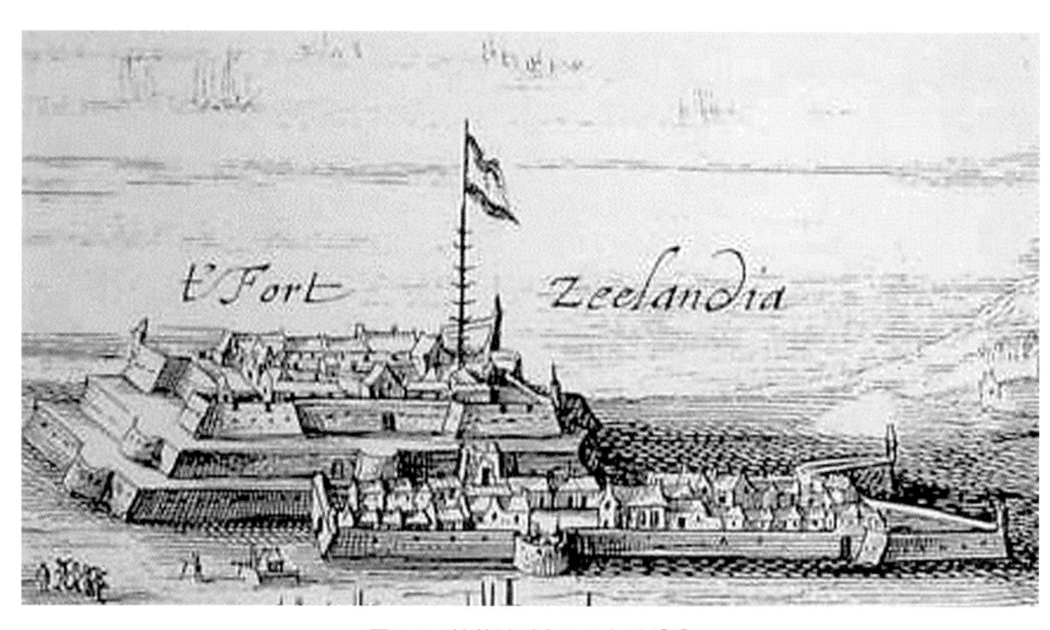

圖1-4　熱蘭遮城(1640年代)[3]

照片1-2　熱蘭遮城外城城牆殘蹟

照片1-3　熱蘭遮城之砌磚形式

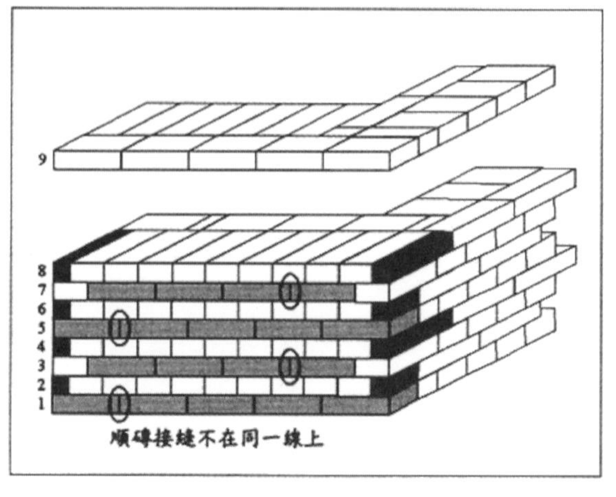

圖1-5　荷式砌磚法

此種砌磚法稱為「荷式砌磚法」，荷式砌磚法不僅在荷蘭國內的磚構造上可以看到，在荷蘭人的海外領地、殖民地的磚構造上都可看到，這是一種荷蘭人通用的工程施工規範，也應是荷蘭的土木工程教育內容的一項。

再由圖1-3熱蘭遮城在1630年代的繪圖可以知道城堡最初是蓋在砂丘上的一層構造物，而在城堡的前方有一座商館兼倉庫的建築物，若將此建築物的邊緣加以延伸，可以發現此張圖是使用「一點透視法」繪出的結果，若使用一點透視法的原理可以再將圖1-3拓繪出此構造物的平面圖如圖1-6所示[4]。可見荷蘭人在繪製工程設計圖時，不是只繪出抽象的示意圖，而是繪出可以按圖施工的精確工程圖。由此可知17世紀荷蘭的土木工程技術水準的高超，在其國內必定也存在著實施高水準土木工程教育的體系。

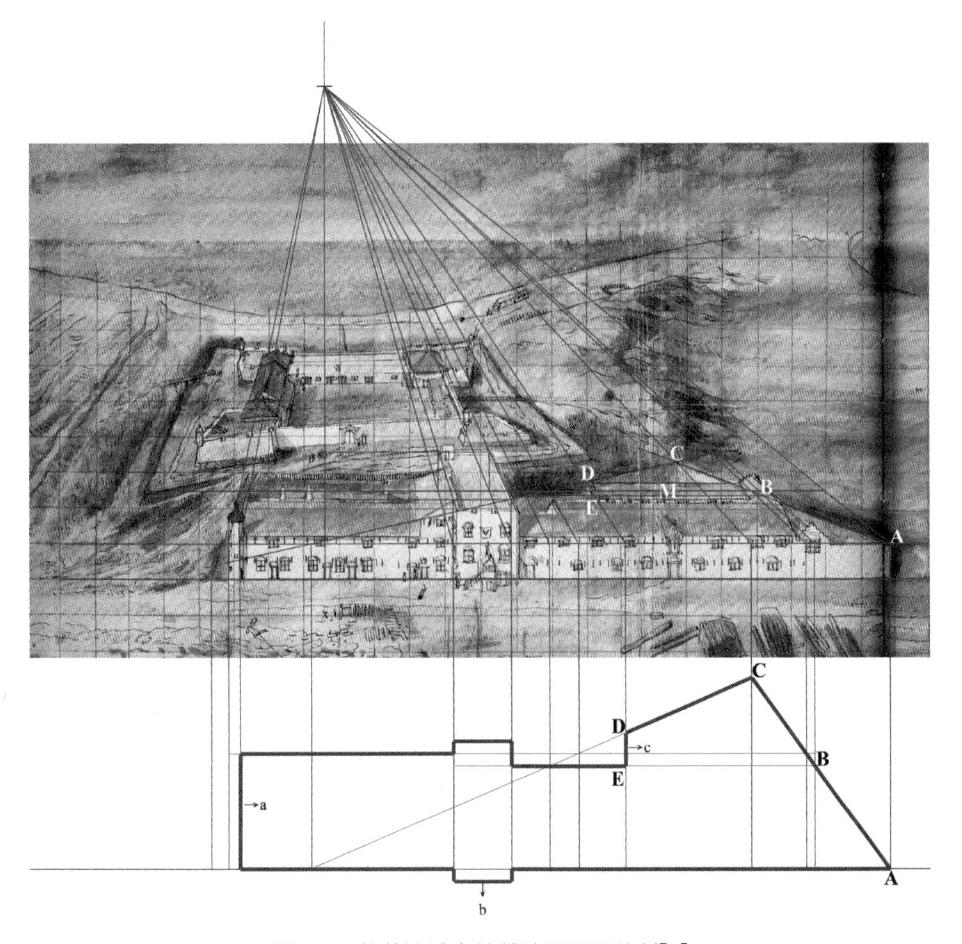

圖1-6　熱蘭遮城商館基地平面圖繪製[4]

此外，荷蘭人在大航海時代可以駕駛大船順利往返歐洲與東方之間，基本上其海上的測量技術一定優秀。同時，其在臺灣開墾農田並劃分土地分租給漢人、東南亞人耕作稻米、甘蔗，並按土地面積收取租稅時，其土地測量技術也應該不錯。

所以荷治時期荷人為臺灣帶來了多項先進的土木工程技術，其應該也會在傳教士所設立的學校中或實際工程施工過程中傳授給平埔族人，或渡海來到臺灣打工的漢人外勞，這些都是臺灣在荷治時期土木工程教育內容的一環。

2020年在臺南鐵路地下化工程中，在臺南市前鋒路與東豐路附近(黃檗寺遺址的東北側)挖掘到疑似清領早期的房屋結構，如照片1-4所示。圖中磚牆的砌磚方式就是使用「荷氏砌磚法」，顯示荷人雖已離臺，荷人的土木工程技術尚在臺灣繼續傳承了一段時間。

照片1-4　臺南鐵路地下化工程出土疑似清領早期磚牆構造

四、明鄭、清領時期

1662年鄭氏父子結束荷蘭人在臺的統治，由1662年到了1683年鄭克塽降清為止，鄭氏王朝的22年期間幾乎是使用荷人留下的基礎在運作，重大土木工程除了臺南孔廟、寧靖王府、官設寺廟外，幾乎沒有足以留名的工程可言。進入清領時期，所有的民宅、官署就以漢式構造為主，甚至圍城築牆(如照片1-5之臺灣府城小東門段城垣殘跡)亦皆以土(石、磚)、木(竹)為主要的材料，雖然在清領末期之1887年劉銘傳曾在北部鋪設鐵路、挖掘隧道，所用材料除了土、木外尚有銅、鐵等，但為數不多。

在明鄭、清領時期，雖然在臺灣各地曾經設有學堂、私塾等教育場所，但都以傳授儒學、四書五經為主，以應科舉之需。在古老的漢傳社會階級觀念「士農工商」的作祟下，士為高、工為低，所以土木工程的技術傳承，如大木匠、泥水匠的養成教育不受官方重視，又回到了民間的師徒制，父傳子、子傳孫、師傅傳徒弟，土木技術的傳承都留在民間，並沒有官設技術養成所在有系統的培育土木工程人才，並發展土木工程技術。

小東門城垣殘跡

小西門

照片1-5　小東門城垣及小西門城門遺跡(成功大學光復校區勝利路旁)

五、工程教育的發軔

1895年因朝鮮問題導致日本與滿清的對立，進而發生日清的甲午戰爭，戰敗的滿清將其認為「男無情、女無義、鳥不語、花不香」的臺灣的主權、治權全部割讓給日本。其後五十年間臺灣在日本的統治下，透過日本間接吸收歐、美的先進文明，並依臺灣的發展狀態逐步建立適合臺灣的實業教育，包括土木工程教育的體系。此體系乃是逐漸由初等、中等再提升至高等實業教育，最後並建立大學工程教育的一系列體制。

1945年美國以兩顆原子彈結束了二次世界大戰，日本戰敗必須放棄臺灣交由聯軍託管，聯軍總司令麥克阿瑟將軍下令中國戰區總司令蔣介石代表聯軍接受在臺日軍的投降，並代聯軍暫時管理臺灣的行政，1945年10月蔣介石派陳儀擔任託管臺灣的行政長官進駐臺灣。在臺發展多年的日式工程教育系統亦瞬間結束，取而代之的是中國式的工程教育體系。

1949年中華人民共和國在北京成立，中華民國政府離開中國本土，許多學者、知識份子隨著國民政府遷移到臺灣，於是臺灣的工程教育體系內幾乎是由中國來的師資承擔教導傳授的工作。

因此，要有系統的討論近代臺灣的工程教育史，包括土木工程教育史，必須由日治時期開始談起，而要談到日治時期的臺灣工程教育，必先瞭解日本自明治維新以來的工程技術教育的演變，因為臺灣之所以成為日本的領土，也是明治維新所產生的結果。

若要探討戰後初期臺灣的工程教育，則戰前臺灣的工程教育成果以及戰前的中國工程教育的實施概況亦須瞭解，因為隨著二戰的戰敗，在臺日本人於戰後初期陸續離臺，包括工程技術人員及工程教育者，而在此兵荒馬亂的時代，維持臺灣工程教育於不墜的是戰前所培育的臺灣工程人才及暫時留用的日籍教師，以及由中國招聘而來的工程經驗者及工程教育者。

戰後初期由於戰前所培育的臺灣工程人才多屬少數精英，人數本不多，同時留用的日籍教師在二二八事件前後陸續離臺，加上由中國招聘而來的工程教育者亦屬少數，而於1949年逃難來臺的人員之專業、素質亦參差不齊，所以工程教育的施行是在嚴竣且克難的環境下進行。

在1950年6月25日爆發朝鮮戰爭後，美國杜魯門總統馬上宣佈「臺灣海峽中立化」，並派遣第七艦隊進駐臺灣海峽，同時自1951年開始到1965年為止提供臺灣約15億美元的援助，雖然其中半數以上為軍事援助，但亦在工程、農業、糧食以及教育上提供不少的援助。在美援時期，美國除了提供經濟援助外，亦派遣大學教授來臺協助教學與研究的改善，並推薦臺灣的教師赴美進修，對戰後臺灣的工程教育水準的提升有不少的貢獻。

1971年中華人民共和國進入聯合國，以及1974年美國與中華人民共和國建交，1975年蔣介石逝世，國民政府才放棄反攻大陸的政策，逐漸轉為建設臺灣的施政方向，於是自1970年代初期開始進行十大建設，藉由建設臺灣的基本Infrastructure如高速公路、鐵路電氣化、港灣、造船廠、煉鋼廠以及核能發電廠等等，以厚植國力，造就1980年以後長達20年的經濟起飛期。在此段時期，由於經濟發展及國家建設對人才的需求，於是增設了很多大學，而大學師資的需求則由戰後美援時代以來自國內畢業的學生在留學美國、日本、歐洲取得學位後回國填補此項需求，同時亦快速提升國內大學工程教育的質與量。

本書在探討臺灣的近代土木工程教育內涵時，必須對臺灣工程教育具有深遠影響的戰前日本的工程教育、戰前臺灣的工程教育及戰前中國的工程教育進行必要的瞭解。

此外，臺灣自1949年5月19日頒布戒嚴令後到1987年7月15日解除戒嚴令，在這38年中設立公私立學校是受到嚴格的管制，但在1985年時教育部頒布<開放新設私立學校處理要點>，重新開放私立學校之增設，允許民間籌設工學院、醫學院、技術學院以及二專及五專，高等教育的發展逐漸由管制走向開放，所以自1987年到1995年臺灣的大專院校增設了18所。在1996年4月教育部又頒布<專科學校改制技術學院與技術學院及科技大學設專科部實施辦法>後，造成一窩蜂地由專科升格為技術學院，再升格為科技大學的現象[5]。到了2018年9月就有44所大專院校是自1960年代設立的專科學校改制成技術學院或科技大學，其結果造成臺灣專科等級的基礎工程人才不足，而大學畢業生技術能力不佳，高不成低不就的現象處處可見。臺灣的技職教育體系受到嚴重的扭曲，再加上臺灣自1980年代開始出現出生人口數緩步下降現象，到了21世紀少子化的現象更加明顯，大量擴張的高等教育院校因而受到學生來源不足的衝擊，於是開始招收外籍生包括中國學生，以維持學校的運作，惟此法並非萬能，所以在2010年代逐漸有私立學校面臨經營不下的窘境而關校之現象發生。

到了2020年代，教育部亦體認到臺灣工程教育體系所培育出的基礎工程人才有所不足，所以又開始重視專科學制的重要性，逐漸允許科技大學另設專科部重新培育基礎工程人才。

回首臺灣百年來「學校制」工程教育的演變，「土木工程教育」是其中主要的參與者，不管國際大環境的變化如改朝換代，或國內小環境的變化如少子化，皆在臺灣土木工程教育的發展中留下多彩多姿的印記，其更將促使臺灣的土木工程教育對環境的變遷持續調適，一步一步的開拓下去、發展下去，因為「Civil Engineering」是隨時要為人類社會提供更安全、舒適及方便的環境而存在的知識與技術。

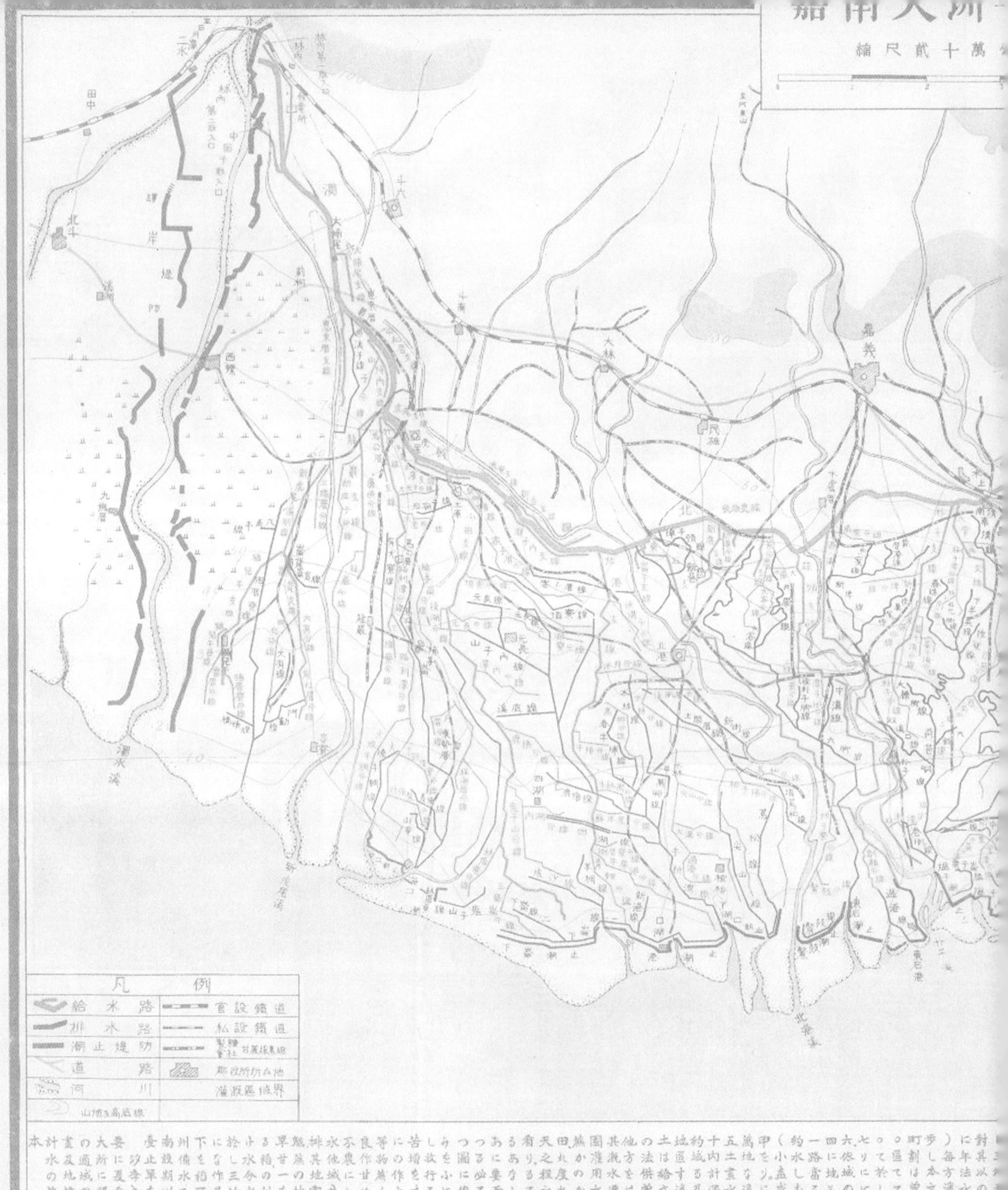

本計畫の大要　臺南州下に於ける旱魃排水不良等に苦しみつつある看天田蕪園其他の土地約十五萬甲（約一四六、七〇〇町歩）に對
水及適所に汐止設備をなし水稻甘蔗其他農作物の增收を圖るにあり。之れか灌漑方法は區域内土地を小水路に依りて區劃し每年其
の地域に夏季旱期水稻作三分の一の地域に甘蔗作を行ふに必要なる程度の用水を供給する計畫なり。蓋し當地域に於ては本方法以
施設の望なきを以て可及的水利を均霑せしめんとするに依る。而して之れか水源は曾文溪及濁水溪に求むるものにして曾文溪水の
文郡官田庄烏山頭に於て官田溪を締切り一大貯水池を築造し一方烏山嶺に隧道を穿ち曾文溪上流より導水し官田溪域の雨水と共
て適宜流出給水の方法を執り濁水溪水に付ては斗六郡莿桐庄新庄子の全溪護岸より取入れ圳路に依り溪水を其儘田園に引用せし
とす。排水設備は要所に排水路の堀鑿と共に在來排水路の改修をなし惡水排除を充分にし又海岸適所に汐止堤防を築造し海水の浸

工事設計の大要
烏山嶺隧道延長千七百十間　仝暗渠延長百三十間　仝開渠延長二百間　最大流量千八百立方秒尺　官田溪貯水面積一億一千萬平
仝有效最大貯水量五十五億立方尺　給水路幹線延長二十一里余　仝支線延長二百八十二里　排水路及汐止堤防延長九十二里

事業費
本工事は當初總工費四千二百萬圓を以て大正九年より向ふ六ヶ年間に完成すへき豫定なりしか財界不況等已むを得さる關係によ
限を昭和四年度迄延長し工費も亦四千八百十六萬三千五圓に增加せしも後不可抗力に基因する事故の發生又は構造物の確保上設
必要起りたる等の關係にて結局總工費を五千三百八十萬四千七十八圓に變更せり内二千七百五萬九千四百圓は國庫補助金其他は
を負担す

工事の效果（備考　工事の效果は當組合に於て調査したるものにして大正五年より大正十年に至る六箇年間に於ける農產物の平均價格により計算せり）

區分		總額（千位未滿切
灌漑を受くへき土地作物中主要なるものの產額の增加	米產額の增加年額	4,62.0
	砂糖產額の增加年額	2,402.0
灌漑地總收入（收穫物代）の增加年額		20,339.0
[illegible]		[illegible]

嘉南大圳組合

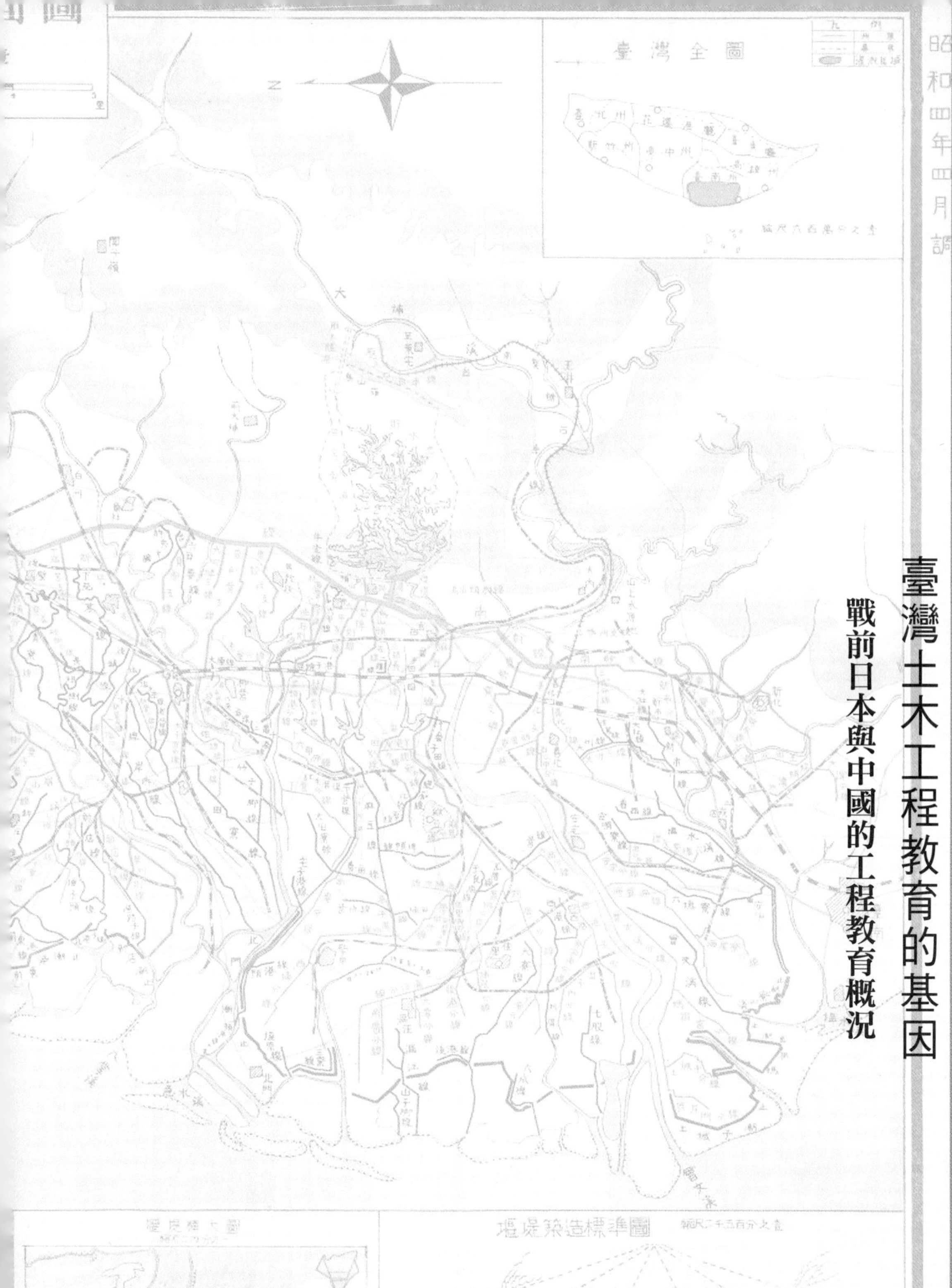

第二章

臺灣土木工程教育的基因

戰前日本與中國的工程教育概況

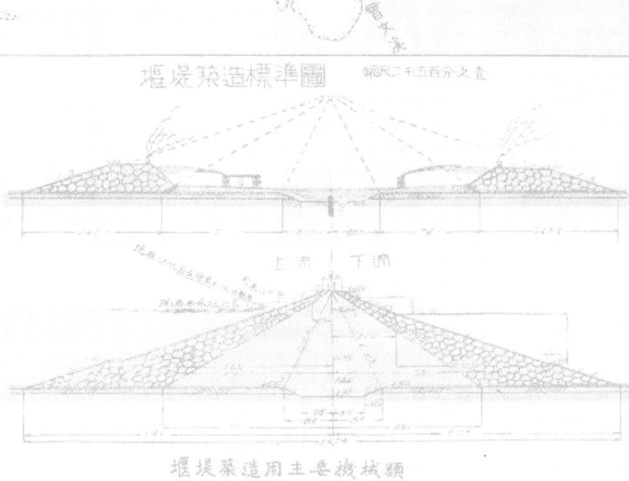

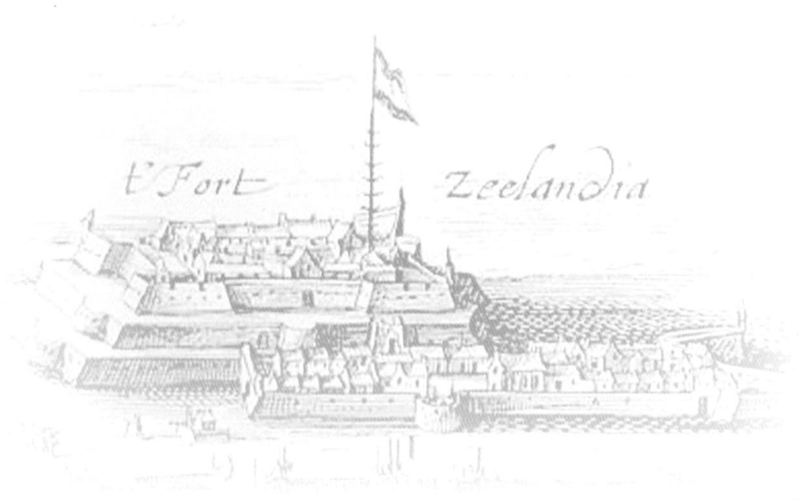

第一節　明治維新以後的日本工程教育概況

首先探討日本自明治維新以後，工程技術人員的培育學校之形成及其內涵[6]。

1868年(明治元年)日本結束幕府時代，在明治天皇(照片2-1)的領導之下開始進入君主立憲的時代，同時全國推動全面歐化。

照片2-1　明治天皇[7]

1870年(明治3年)創設工部省，主導日本鐵路、電信、燈塔、礦山、製鐵五項事業的推動，同年成立工部省電信局修技學校，並於1871年增設工部寮作為推展工部省自己之工程教育的機構。

1873年(明治6年)由亨利・賴雅(Henry Dyer)主導設立工部大學校，修課年限6年，分為預科學、專門學及實地學三個階段。1877年(明治10年)成立工部省鐵道局鐵道工技生養成所。1885年(明治18年)日本設立內閣制度，工部省廢省。

另一方面，於1877年(明治10年)4月12日文部省合併東京開成學校及東京醫學校，創立文部省管轄的官立東京大學，初設法、理、文、醫四個學部及預備門。

1886年(明治19年)依據帝國大學令，官立東京大學改稱為帝國大學，同時吸收工部大學校，將其與東京大學理學部之工學相關科系包括機械工學、土木工學、冶金學、應用化學四學科以及附屬造船學科組成工藝學部後再與工部大學校合併成為帝國大學工科大學(註：以後的東京帝國大學工學部)。1897年(明治30年)隨著京都帝國大學(現之京都大學)的設立，原帝國大學更名為東京帝國大學。

至於官立東京大學的由來，乃是起源於幕府時代的洋學學校「開成所」，進入明治年代時稱為開成學校，1870年改稱大學南校，其後改稱南校，再改稱第一高等中學，於1873年稱為開成學校，在1877年(明治10年)東京開成學校再與東京醫學校合併改稱官立東京大學。東京大學初設時有理、法、文、醫四個學部，其後將東京農林學校併入為農學部，1897年改稱東京帝國大學。

1886年(明治19年)成立帝國大學工科大學時，其學科組成為土木工學、機械工學、造船學、電氣工學、造家學、應用化學、採礦及冶金學，第二年再追加造兵學科。而工科大學在設立時，包括校長及教授共11名，只有一名是平民出身，其餘10名皆為幕府時代士族之子弟，但全部都是國家派遣出國留學的歸國學者。

1886年(明治19年)亦是日本開始經濟成長的起始年。此時，日本的國立工程技術人員(engineer)的養成學校為：

①帝國大學工科大學(由工部大學校及官立東京大學理學部之工學學科合併)。

② 東京職工學校(東京工業大學的前身)→目的在培養職長(領班)。

在1890年 ①、② 類的畢業生共393名，其中228名進入官廳體系，真正能為產業界貢獻的學生並不多。

表2-1為日本在1896年到1914年之間，除了訓練高級技術人員的大學之外，訓練教育中級工程技術人員的專門學校及初級基礎工程技術人員的實業學校之數量推移表，由此表可見在經濟開始成長之1886年之後，於1896年時培育基礎工程技術人員的工業學校只有7間，而高等工業學校則無。到了20世紀初，明治末年日本已經領有臺灣之1905年，全日本之工業學校有30間，高等工業學校才只有4間。1914年(大正3年)時，高等工業學校亦只有8所。

表2-1 大學以外之工程技術體系的學校數量之推移[6]

	1896年(明治29年)	1905年(明治38年)	1914年(大正3年)
專門學校			
高等工業學校 ●	0	4	8
農業專門學校	0	2	5
實業學校			
農業學校	10	117	251
工業學校 ●	7	30	35
徒弟學校	16	46	117
水產學校	—	10	13
商船學校	—	7	11
實業補習學校	93		

1886年以後，支撐日本經濟成長的工程技術人員有二大主流：

① 由帝國大學畢業繼承西歐技術的知識並擔任「指導及指揮」的高級技術人員。惟帝國大學工科大學每年畢業的學生人數不足以應付需求，所以後來才有京都帝國大學(1897年設立)、九州帝國大學(1911年設立)、東北帝國大學(1907年設立)等之設立，當京都帝國大學(第二個帝國大學)設立時，原帝國大學改稱東京帝國大學。但是各所帝國大學所教育出來的工科學生亦僅能滿足官廳及大企業之需求。

② 由職工學校畢業擔任現場職長(フォアマン)(領班)的中級技術人員。如東京職工學校之設立，乃是提供產業界技術人員，東京職工學校於1890年(明治23年)改名為東京工業學校，1901年(明治34年)改制為東京高等工業學校，為現在東京工業大學之前身。

到了明治末年除了東京以外，在大阪、名古屋、熊本、仙臺、桐生等地亦設立高等工業學校，初期之高等工業學校所設置之學科都是與在地產業有所關連，如染織、窯業、釀造等。因此，實質上能提供民間產業所需的工程技術人員，是高等工業學校所教育出來的畢業生。

由於明治初期接受國家工程教育的學生，以及而後出國留學再回國任教的教授，其出身多與幕府時代的士族以及明治維新的新貴有關，因此自東京帝國大學工學部畢業的技術者多具二個共通的特徵：(1) 皆是經常以國家的角度來思考問題，同時保留武士的氣質與風格，是為國士。(2) 在工作上的價值基準，則以重視原文書以及工程技術的母國(亦即在大學受教時的授課教授之留學國家)的經驗。

帝國大學所訓練出來的學生除了活躍於日本本土外，亦在殖民地臺灣發揮其所學並呈現其對臺灣的深遠貢獻，最具代表性的如濱野彌四郎(照片2-2)，其自1896年到1919年在臺灣總督府的支援下為臺灣自基隆、臺北、臺中到臺南等多處城鎮進行自來水的淨水、供水系統的規劃、設計與施工，可說是臺灣自來水之父。他就是1896年(明治29年)畢業於東京帝國大學工科大學土木工學科的學生。此外，規劃、興建桃園大圳以及烏山頭水庫和嘉南平原灌溉系統 — 嘉南大圳(圖2-1)的八田與一(照片2-3)，他於1910年(明治43年)畢業於東京帝國大學工學部土木工學科，他們皆是接受明治時期的國家工程教育的工程師，在年過弱冠之時即能負起興建國家基礎工程的重責大任，並有耀眼成就的代表。

到二戰結束前，日本共設立九個帝國大學，除了上述之東京帝國大學(1877年)，京都帝國大學(1897年)、東北帝國大學(1907年)及九州帝國大學(1911年)外，尚有大阪帝國大學(1913年)、北海道帝國大學(1918年)及在海外的京城帝國大學(1924年，今韓國的國立首爾大學)、臺北帝國大學(1928年，今國立臺灣大學)以及名古屋帝國大學(1939年)等，在日本內外培育了眾多的社會菁英。

照片2-2　濱野彌四郎

照片2-3　八田與一

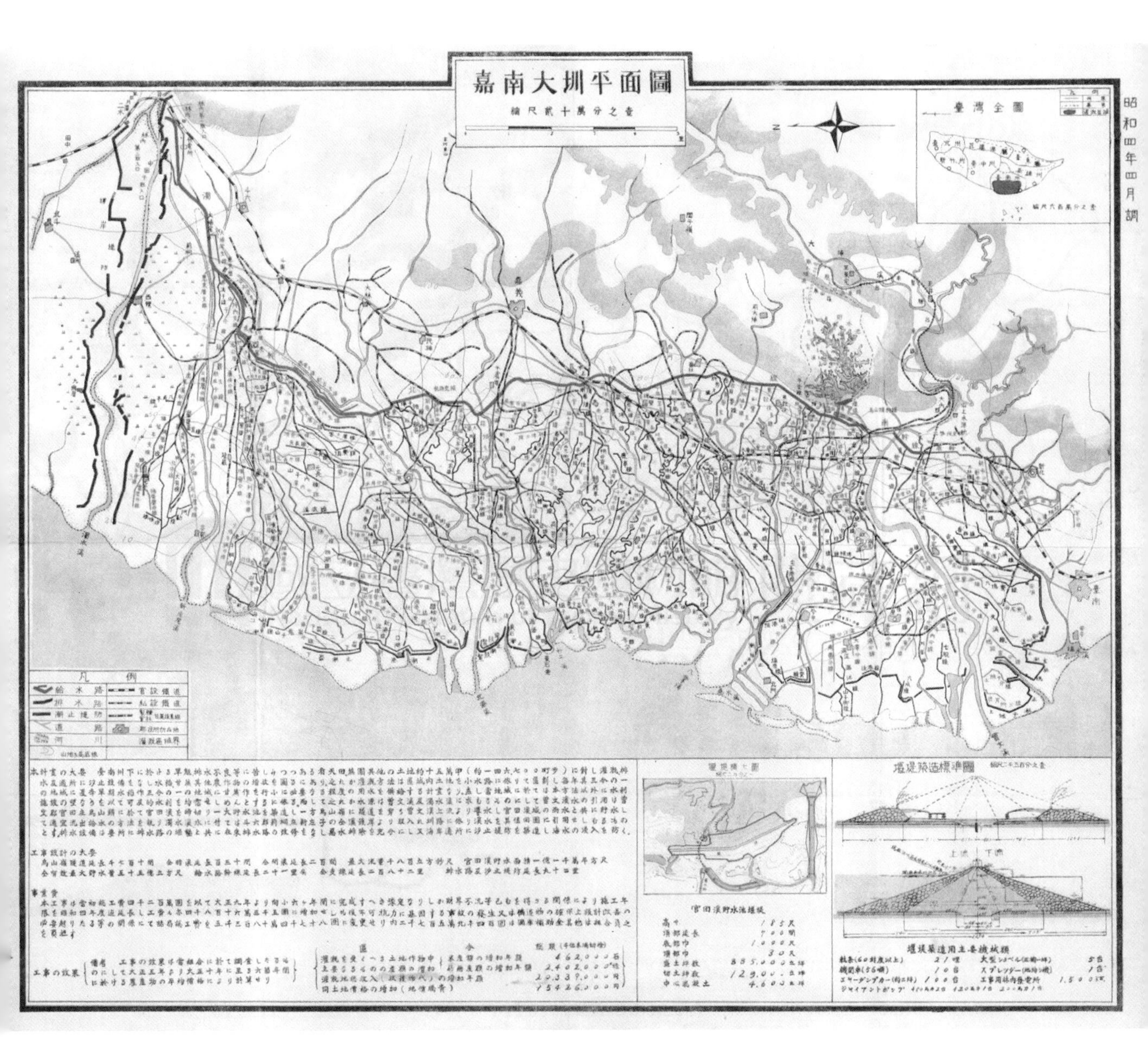

圖2-1　嘉南平原上的嘉南大圳灌溉系統圖
（國立臺灣歷史博物館典藏網）

第二節　戰前及戰後初期中國的工程教育(1920年～1950年)

一、戰前

中國在北洋政府的時代(1913年～1928年)，模仿日本的教育制度，大量設立專門學校及單科大學，在20世紀20年代國民黨北伐勝利後(1928年)，美國的制度成為模仿的對象，擬在每一省設立一所國立大學，更由於政治、國防及經濟上的需要，亦開始注重高等教育中"實科"的推動。在對日抗戰前10年，中國的高等工程教育在規模上有很大的擴充，在質及量上亦有顯著的提升，是中國高教史上的一段黃金時期[8]。

1929年4月26日國民政府公佈由國民黨第三次全國代表大會決議的<中華民國教育宗旨及其實施方針>條令，共有8條，其中第4條明列：『大學及專門教育，必須注重實用科學，充實學科內容，養成專門智識技能，並切實陶融為國家社會服務之健全品格。』

1931年6月15日國民政府行政院公佈<確定教育設施趨向案>提出六項對各級各類教育的發展興革之規定，其中針對"實科教育"的有二項：一為盡量增設各種有關產業及國民生計之專科學校，二為大學教育以注重自然科學及實用科學為原則。於是 ① 1928年由「清華大學」改為「國立清華大學」，② 1924年成立的「廣東大學」於1926年改名為「國立中山大學」以及 ③ 重慶大學，分別於1932年(清華大學)、1934年(中山大學)及1935年(重慶大學)成立工學院。所以到了1936年，根據統計，全中國專科以上學校共有108所，設有工程院系的有36所。其中國立的大學和獨立學院有19所，設有工程科系的有12所。省立的大學和獨立學院有17所，設有工程科系的為8所。私立大學和獨立學院有42所，其中有11所設有工程科系。在1937年中國對日抗戰爆發之前，高等工程院系的體制化已全面展開，表2-2為1936年中國高等工程院校設系簡表，在總共36院校中設有土木系的院校有25處，設有水利系的有3處，其中同濟大學工學院除了土木系外尚設有測量系。整體而言，設有土木相關系的工程院校佔全部的2/3以上。而表2-3為自1928年到1937年中國專科以上學校工科在校生與畢業生的統計表，顯示由1928年在校工科生有2,770人到1936年則有7,001人，但1937年中國對日抗戰爆發時，學生數就降到5,770人。

表2-2　全中國高等工程院校簡況表(1936年)[8]

學校性質	院校名	所設系	所設系數	所在地
國立	中央大學工學院	土木、電機、機械、建築、化工	5	南京
	北平大學工學院	機械、電機、紡織、應用化學	4	北平
	清華大學工學院	土木、機械、電機	3	北平
	武漢大學工學院	土木、機械	2	武昌
	中山大學工學院	土木、化工、電機、機械	4	廣州
	山東大學工學院	土木、機械	2	青島
	同濟大學工學院	土木、機械、測量	3	上海
	浙江大學工學院	土木、機械、電機、化工	4	杭州
	交通大學(工科分三院)	土木、機械、電機	3	上海
	交通大學唐山工程學院	土木、礦冶	2	唐山
	中法國立工學院	土木、鐵道、機械、電機	4	上海
	北洋工學院	土木、礦冶、機械、電機	4	天津
	吳淞商船專科學校(交通部立)	輪機	1	上海
	西北農林專科學校	水利	1	武功
省立	山西大學工學院	土木、機械、採冶	3	太原
	湖南大學工學院	土木、機械、採礦、電機	4	長沙
	廣西大學工學院	土木、機械、採礦工程	3	梧州
	襄勤大學工學院	機械、建築、化工	3	廣州
	東北大學工學院	土木、電工專修科	2	北平
	重慶大學工學院	土木、採冶、電機	3	重慶
	雲南大學理工學院	土木、採冶	2	昆明
	河北工業學院	電機、水利、市政工程、化學製造	4	天津
	江西工業專科學院	土木、採礦冶金	2	南昌
	河南水利工專科學院	水利	1	開封
	山西工業專科學院	機械、電機、應用化學	3	太原
私立	金陵大學理學院	工業化學、電機	2	南京
	復旦大學理學院	土木	1	上海
	大夏大學理學院	土木	1	上海
	南開大學理學院	電工、化工	2	天津
	震旦大學理工學院	化學工業、電力機械、土木	3	上海
	嶺南大學工學院	土木、工程	2	廣州
	廣東國民大學工學院	土木	1	廣州
	天津工商學院	機械、橋路	2	天津
	之江文理學院	土木	1	杭州
	焦作工學院	土木、采礦冶金	2	焦作
	南通學院	紡織	1	南通
總計	36院校		91	19市

表2-3 全中國專科以上學校工科在校生與畢業生統計表 (1928年～1937年)[8]

年度	在校生	畢業生
1928	2770	302
1929	3145	434
1930	3719	412
1931	4063	932
1932	4441	897
1933	5281	1008
1934	5889	1163
1935	5511	1037
1936	7001	1322
1937	5770	969

此外，留學教育亦是國民政府在高等教育上的重要組成元素，在1929年1月中國教育部向各省區教育行政單位發出訓令『選派留學生應注重理工二科，併嚴加考試』。在1930年4月南京召開的第二次全國教育會議就留學教育通過四項原則，其中就有『以後選派國外留學生，應注重自然科學及應用科學，以應國內建設的需要，並儲備專科學校及大學理、農、工、醫等學院的師資……』。所以自1929年到1937年，中國之出國工科留學生累計有1,328人，佔留學生總數7,594人之17.5%。

1937年日本大舉入侵中國，對日抗戰全面爆發，大批學校被迫停辦或向內地遷移，致使數以萬計的學生流離失學，造成當時中國的大學生數驟然降低，惟當各學校遷至中國西南、西北地區，經過合併與整頓，各校恢復招生後，中國的大學在校生數又逐年增加，表2-4為中國抗戰時期向內陸遷移的學校所設工程科系，各校主要的工程科系為土木、機械、電機、化學、礦冶等。

表2-4　中國抗戰時期內遷高校所設工程系科及其分布概況表[8]

校院名稱	地址	所設工程系科
國立西南聯合大學工學院	雲南 昆明	土木、機械、電機、化學、航空工程學系 電訊專修科、工科研究所
國立中央大學工學院	四川 重慶	土木、機械、電機、化學、建築、水利 航空工程學系、工科研究所 機械特別研究班及航空工程訓練班
國立中山大學工學院	廣東羅定 雲南澄江 等地	土木、機械、電機、化學、建築工程學系
國立交通大學	四川 重慶	土木、機械、電機、造船、航空工程學系 電信研究所
國立交通大學貴州分校	貴州平越 四川璧山 等地	土木、礦冶工程學系
國立同濟大學工學院	雲南昆明 四川南溪	土木、電機、機械工程學系、測量學系
國立武漢大學工學院	四川樂山	土木、機械、電機、礦冶工程學系 機械專修科、工科研究所
國立浙江大學工學院	廣西宜山 貴州遵義 等地	土木、機械、電機、化學工程學系 工科研究所
國立湖南大學工學院	湖南辰溪	土木、機械、電機、水利、礦冶工程學系 工科研究所
國立廈門大學理工學院	福建長汀	土木、機電工程學系
國立雲南大學工學院	雲南會澤	土木、礦冶工程學系
國立中正大學工學院	江西泰和 寧都	土木、機械、化學工程學系
國立廣西大學理工學院	廣西桂林 貴州榕江 等地	土木、機械、電機、礦冶、化學工程學系
國立復旦大學理學院	四川重慶	土木工程學系
國立貴州大學工學院	貴州貴築 安順	機電、土木、礦冶工程學系
國立重慶大學工學院	重慶沙坪壩	土木、電機、機械、化學、礦冶、建築工程學系
國立山西大學工學院	山西臨汾 陝西宜川 等地	土木、機電工程學院
國立西北工學院	陝西城固	土木、機械、電機、化學、紡織、礦冶、水利 航空工程學系、工業管理學系、工科研究所

續表2-4　中國抗戰時期內遷高校所設工程系科及其分布概況表[8]

校院名稱	地址	所設工程系科
國立北洋工學院	浙江泰順	土木、機電工程學系、應用化學系
國立中央工業專科學校	四川重慶	土木、機械、電機、化學工程科
國立中央技藝專科學校	四川樂山	造紙、紡織染、化學工程科
國立西北技藝專科學校	甘肅蘭州	農田水利科
國立西康技藝專科學校	西康西昌	土木、礦冶、機械、化學工程科
國立黃河流域水利工程專科學校	河南鎮平	水利工程科
私立大同大學工學院	上海	電機、化學、土木工程學系
私立金陵大學理學院	四川成都	電機工程系
私立大夏大學理學院	貴州貴陽赤水	土木工程學系
私立嶺南大學理工學院	廣東曲江	土木、電機工程學系
私立廣東國民大學工學院	廣東開平曲江	土木工程學系
私立廣州大學理工學院	廣東開平臺山等地	土木工程學系
私立震旦大學理工學院	上海	土木、電機、化學工程學系
私立天津工商學院	天津	土木、建築、機械工程學系
私立南通學院	上海	紡織科
私立銘賢學院	山西運城河南陝縣四川金堂等地	機械、化學、紡織工程
私立川康農工學院	四川成都	
湖南省立工業專科學校	湖南南岳	
廣東省立工業專科學校	廣東高要雲浮	土木(1946.4)、水利、機械、化學、紡織、工程科

中國在對日抗戰期間，整個高等教育的發展非常的顯著，學校數由1936年的108所增加到1945年的141所，增加30.5%，科系數亦從723個增加到982個，成長35.8%，在校生亦從41,922人增加到83,498人，增加了99.2%，其中屬於高等工程教育者，則是增長最快的類組。

再由表2-5，1936年與1945年中國高等教育各類組所設科系數的比較，由表中工科類由1936年的99個科系到1945年成為155個科系，增加了56個，與其他類組，理、醫、農、文、法、商、教育等相較，僅次於教育類組。總之，在抗戰期間，中國的高等工程教育在數量上不管是學校數、科系數以及學生數，都有很大的增長。

表2-5　中國抗戰前後高等教育各科類所設系科數比較表[8]

學年度	工	理	醫	農	文	法	商	教育
1936(A)	99	160	23	54	192	82	55	58
1945(B)	155	140	38	102	174	128	92	153
B－A	+56	-20	+15	+48	-18	+46	+37	+95

二、戰後初期

中國抗戰勝利後，由於經過8年戰爭的洗禮，國民希望在和平安樂的環境下重建經濟與家園，因此自戰後最初兩年(1945年～1947年)，中國高等工程教育獲得短暫的穩定與擴充。

1945年9月在中國全國教育善後復員會議中，蔣介石(照片2-4)[9]說：『抗戰期間，軍事第一，建國時期，教育第一，要為國家民族，造就新青年，才能建設一個現代國家。…… 今後的問題，是如何使建國工作和教育的設施相配合。…… 所以，今後的教育，不但須注重土木、即電機、機械、水利，都應當的注重，以培養各種建設人才 ……。』因此懷著和平建國、實現工業化的憧憬，大批青年學生進入各大學的工學院。在1947年中國高等學校在校生中工科生佔17.8%，但到了1949年則增加到26.0%。

照片2-4　蔣介石[9]

然而，工科學生數量的增加，並不表示工程教育的品質也相對提升。由於1937年到1945年之間對日抗戰，使大部份的大學、專校之校舍、設備、圖書等遭受嚴重破壞。同時由於學生數大增，每位學生所分配到的教育資源更少，特別是1946年國共內戰全面爆發後，各大學、專校更陷入危境之中，內戰造成社會動盪、學生流離失所，並有一波又一波的學潮使得學校無法正常運作與教學，是以從1946年到1949年國民政府敗逃臺灣為止，中國的高等工程教育幾乎是處於完全停滯的狀態[8]。

第三章

臺灣土木工程教育的發展演進

第一節　日治時期臺灣的實業教育及土木工程教育概況（1895年～1945年）

一、實業教育的發軔

1895年(明治29年)臺灣成為日本的領地，對日本而言臺灣是其最初第一個殖民地，對殖民地的經營其尚無經驗，是以日治初期在施政上的摸索，在與殖民地的原有住民間的磨合，都讓明治政府受到很大的考驗。由於在清領時期，臺灣並無正式的工程相關的教育體系，因此日治初期為了經營殖民地，在臺灣實施適當的實業教育以訓練合適的人才是有其必要。因此日治時期的臺灣實業教育可以說是依循日本在殖民地上的產業政策的需要及演變而定，並反映出從農業為重進而邁向工業化的發展過程。

日治初期，在臺灣的實業教育，最先是於1900年(明治33年)在臺灣總督府國語學校內所設的實業科，以及農業試驗場招收講習生，教師則由總督府的技師與職員擔任。其後再將此等實業教育的任務交付新設立的總督府殖產部糖業講習所及學務部工業講習所。

1900年(明治33年)10月，制定總督府國語學校鐵道通信科臨時規程，在校內設立鐵道科及通信科，讓修完國語學校三年課程的學生可以入學，以培養鐵道員與通信士，1901年(明治34年)7月，有18人畢業進入鐵道部工作。

1904年(明治37年)9月制定總督府糖務局糖業講習生養成規定。在1906年於臺南大目降(新化)糖業試驗所招收糖業研修生入所學習，共招收糖業科41人，機械科33人，修業年限為2年。畢業生可被糖業試驗場任用為職員，此乃考量臺灣產業發展的重點，開始進行糖業及農林等相關的實業教育，以培養適用的人才[10]。

1919年(大正8年)，依修正的臺灣公學校令，在公學校內可併設簡易的實業學校，對受完六年初等學校教育的畢業生準備進入社會就業時依各地區產業的實際情況，施以二年以內的農業、商業、工業、水產等有關的初級實業教育。

1922年(大正11年)4月，依總督府第79號令，頒布「公立實業補習學校規則」，將併設在公學校的簡易實業學校獨立出來，成為補習學校。對學生施以基礎或到中等程度的實業教育，並以農業補習學校為主，修業年限由一年到三年以內。

除了實業補習學校外，在1919年(大正8年)4月，依總督府公布的公立實業學校官制，設立臺南州立嘉義農林學校以培育開發阿里山林業所需人才。此後在1926年(大正15年)設立臺北州立宜蘭農林學校。而後設立高雄州立屏東農林學校、臺中州立臺中農業學校、臺中州立員林農業學校、臺南州立臺南農業學校、臺東廳立臺東農業學校、高雄州立高雄農業學校、花蓮港廳立花蓮港農業學校共計九所學校(農林學校3所、農業學校6所)，修業年限為五年，各校畢業生對振興地區產業有相當貢獻。

同樣在中等實業教育的商業學校及工業學校亦有所設立。在商業學校方面，1917年(大正6年)5月28日臺灣總督府公佈「商業學校官制及規則」，在6月14日設立臺灣第一所商業學校「公立臺北商業學校」(今之國立臺北商業大學)。1919年(大正8年)4月20日臺灣總督府公佈「公立實業學校官制」，設立「公立臺中商業學校」(今之國立臺中科技大學)，修業年限為5年，教學科目除了國文、數學、英語等一般科目外，還有現代簿記、商事法規、商業文書、算盤術等。在工業學校方面，於1912年(明治45年)7月5日臺灣總督府設立「民政局學務部附屬工業講習所」，所長為隈本繁吉(照片3-1-1)，分設木工科、金工及電工

照片3-1-1　隈本繁吉

科，專收臺籍學生，此為臺灣工業教育之肇端。1914年(大正3年)6月23日改名為「臺灣總督府工業講習所」[10]。

二、土木工程教育的肇始

1918年(大正7年)8月18日臺灣總督府公佈「工業學校官制」，在講習所原址增設「臺灣總督府工業學校」(五年制)，設機械、應用化學、土木等三科(專收日籍學生)，此為臺灣在工業學校設置土木科之開端。

1919年(大正8年)4月1日「臺灣總督府工業講習所」改名為「臺灣公立臺北工業學校」。1921年(大正10年)總督府公佈公立工業學校規則，「臺灣總督府工業學校」改組為「臺北州立臺北工業學校」。當時已有200名畢業生，修業年限為5年，本科有土木、建築、電氣、機械、應用化學等五科，同時亦設有修業3年的專修科，有金屬細工、家具木工兩科，以招收日本人為優先。後來「臺北州立臺北工業學校」改名為「臺北州立臺北第一工業學校」，而由工業講習所改名為「臺灣公立臺北工業學校」則改稱「臺北州立臺北第二工業學校」(以收臺籍學生為主)[10]。

1923年(大正12年)4月二校合併改稱「臺北州立臺北工業學校」，除了應用化學、機械、土木外，尚有電氣及建築共五科，1937年(昭和12年)4月又增設採鑛科。

除了「臺北州立臺北工業學校」外，接著在1938年「臺中州立臺中工業學校」、1941年「臺南州立臺南工業學校」、1942年「高雄州立高雄工業學校」、「花蓮港廳立花蓮港工業學校」、1944年「新竹州立新竹工業學校」、1944年「臺中州立彰化工業學校」、「臺南州立嘉義工業學校」等八校先後成立。

除了公立學校外，私立工業學校為1917年(大正6年)，由財團法人東洋協會臺灣支部開辦「私立臺灣商工學校工科」，後來改名為「私立開南工業學校」。由於技術系統的師資不足必須從日本招聘，同時總督府的技師與企業的技術人員在退休後延聘擔任實習教學的指導，對職業教育頗有貢獻。

到了1944年4月(昭和19年)公立工業學校有9所，私校有1所，合計10所，學生總數為5,628人，臺灣人學生有3,180人，佔全部學生的57%[10]。

戰後「臺北州立臺北工業學校」歷經數次改名及改制，在1997年改名為「國立臺北科技大學」。

三、高等實業教育的興起

至於臺灣有關高等實業教育方面，除了1918年(大正7年)4月2日在臺北成立的「臺灣總督府醫學校專門部」，並於1919年4月30日改名為「臺灣總督府醫學專門學校」之外，在1919年(大正8年)1月4日公佈臺灣教育令後於1919年4月創設「臺灣總督府高等商業學校」(供日人就讀，1926年8月改名為「臺北高等商業學校」(今之臺灣大學管理學院))，以及在臺南的「臺灣總督府商業專門學校」(供臺灣人就讀，1926年8月改名為「臺南高等商業學校」)(照片3-1-2)，位置在現今臺南永福國小。

此外，1919年4月19日成立「臺灣總督府農林專門學校」，設立農業科、林業科；1922年4月1日改名為「臺灣總督府高等農林學校」；1927年5月13日改名為「臺北高等農林學校」；1928年4月1日併入臺北帝國大學。

照片3-1-2　臺南高等商業學校

由於1922年2月6日發佈第二次臺灣教育令，1922年4月1日施行，實施「內臺共學」的制度，臺灣人子弟也能與日本人子弟同樣接受高等實業教育。1927年總督府召開評議會討論臺灣的實業教育議案，基於臺灣的工業產值逐年增加，以及未來作為南進基地之所需，將實業專門學校領域由過去的醫學、農林、及商業三大支柱再擴大至工業部門，同時亦將工業教育的層級提升，由臺灣僅有一所中等實業教育階段的「臺北工業學校」之上再向上提升，增設臺灣最初的工業專門學校。於是在1931年(昭和6年)1月7日依敕令二號公佈總督府各學校官制

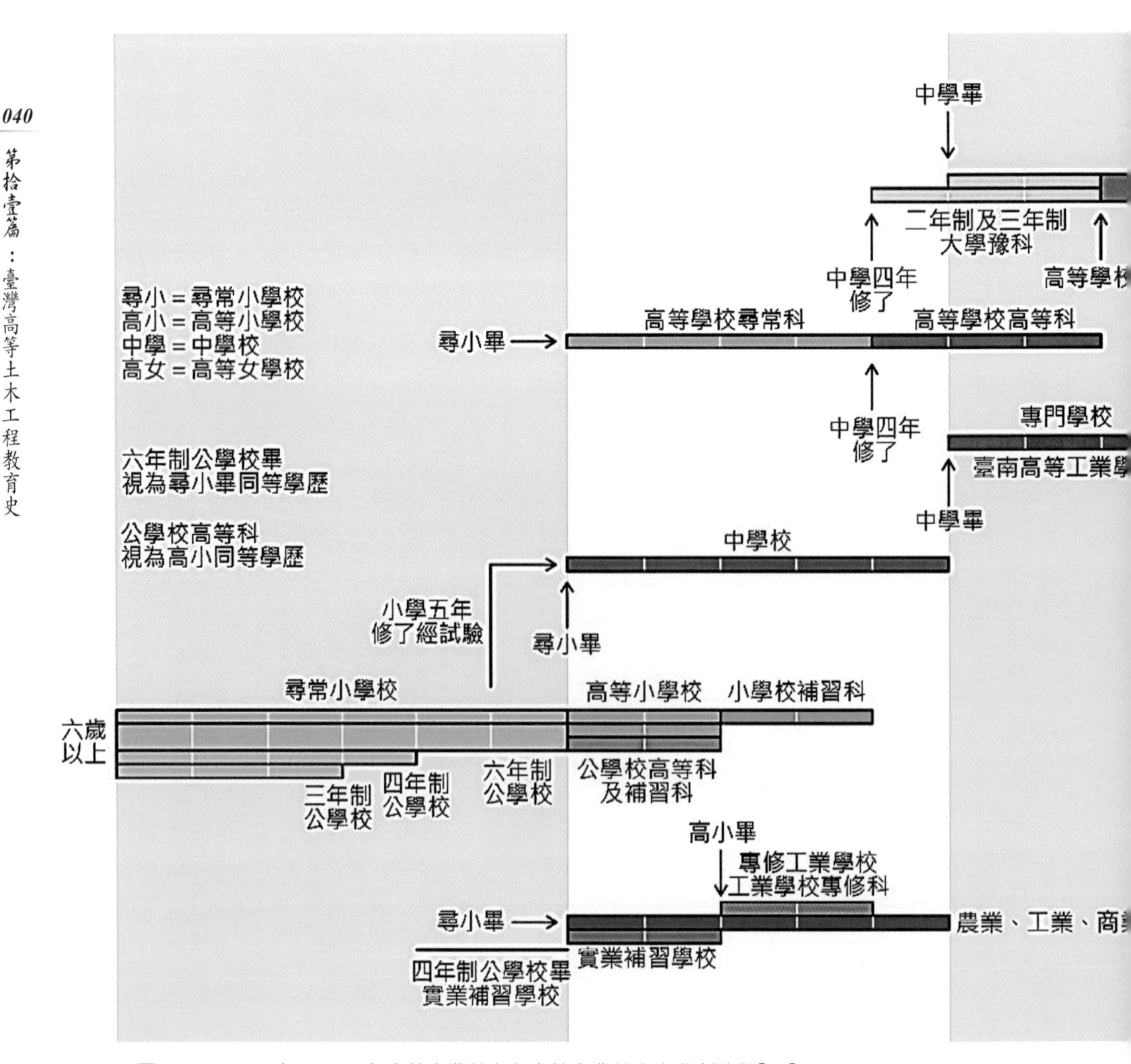

圖3-1-1　1931年～1942年中等實業教育與高等實業教育之學制比較[11]

修正案，1931年(昭和6年)1月15日，公佈總督府高等工業學校規則，設立「總督府臺南高等工業學校」，並依當時臺灣的實際狀況，決定先設立電氣、機械、應用化學等三科，修業年限3年，每一科的招生人數為30人。

由圖3-1-1[11]日治時期1931年至1942年各級學制關係圖可以看出中等實業教育(工業學校、商業學校、農業學校)與高等實業教育 — 專門學校(高等工業學校、高等商業學校、高等農業學校)在招收學生的教育程度以及修業年限等的差異。

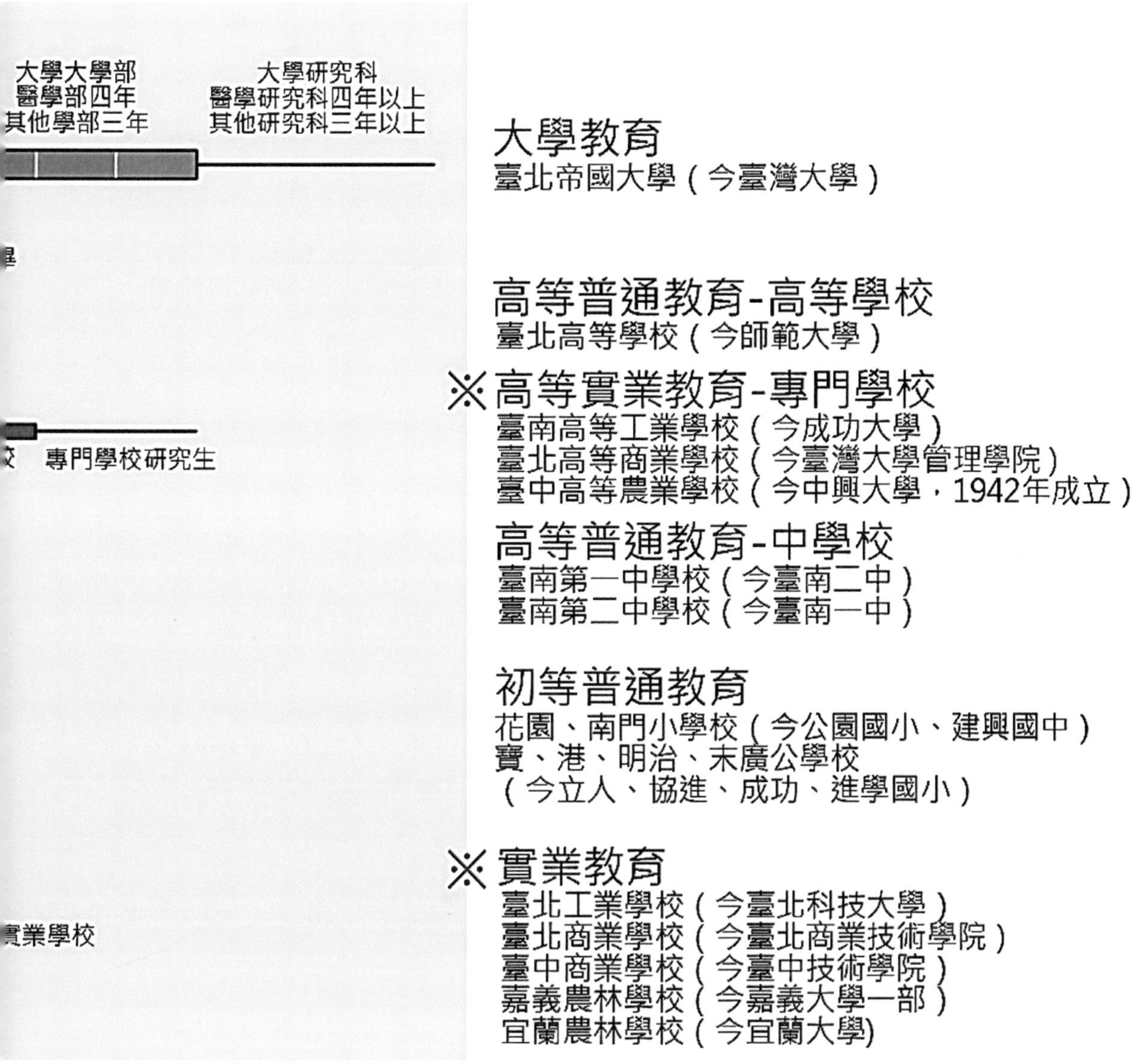

大學大學部
醫學部四年
其他學部三年

大學研究科
醫學研究科四年以上
其他研究科三年以上

大學教育
臺北帝國大學（今臺灣大學）

高等普通教育-高等學校
臺北高等學校（今師範大學）

※高等實業教育-專門學校
臺南高等工業學校（今成功大學）
臺北高等商業學校（今臺灣大學管理學院）
臺中高等農業學校（今中興大學，1942年成立）

專門學校研究生

高等普通教育-中學校
臺南第一中學校（今臺南二中）
臺南第二中學校（今臺南一中）

初等普通教育
花園、南門小學校（今公園國小、建興國中）
寶、港、明治、末廣公學校
（今立人、協進、成功、進學國小）

※實業教育
臺北工業學校（今臺北科技大學）
臺北商業學校（今臺北商業技術學院）
臺中商業學校（今臺中技術學院）
嘉義農林學校（今嘉義大學一部）
宜蘭農林學校（今宜蘭大學)

實業學校

四、日治後期臺灣內外局勢(1930年～1945年)

由於教育的發展是受到整個社會、國家甚至是國際間的環境與情勢所左右，在安和樂利的社會環境下，教育可用正常的步調向前邁進，若是在多事之秋的年代，則連維持教育正常的運作都將受到各式各樣的阻礙，更不用奢談教育的發展。

所以在深入探討日治時期後段(1930年代到二戰結束的1945年之間)臺灣高等工程教育的興起與發展之前，對此階段作為大日本帝國領地的臺灣，其所受到的內外環境與情勢的巨大改變應有所認知，方能體會在此變動的年代中臺灣工程教育尚能向前發展誠屬不易，同時對在校師生身陷時代巨變的漩渦中所受到時局的翻弄，與身不由己的無奈，亦能有所同感。

首先，在1930年(昭和5年)臺灣總督府技師八田與一完成了烏山頭水庫及嘉南平原的灌溉系統 — 嘉南大圳，使得由濁水溪以南到鹽水溪、二仁溪一帶總共約有15萬公頃自古以來的看天田成為可以穩定生產水稻的良田，提升臺灣的稻米產量，使嘉南平原成為臺灣的穀倉之一，這是土木工程對社會產生極大貢獻的一例。

1931年(昭和6年)

4月25日臺灣發生第二次霧社事件

9月18日在中國東北發生918事變(滿州事變)，日軍佔領瀋陽。

1935年(昭和10年)

日本在臺始政四十週年，在臺北舉辦紀念博覽會。

1937年(昭和12年)，臺灣的國語家庭開始普及

7月7日中國河北省宛平縣蘆溝橋日軍與中國29路軍發生軍事衝突，是為蘆溝橋事變；12月，日軍佔領南京。

1938年(昭和13年)

日本公佈國家總動員法，戰爭的氣氛更加濃厚，戰時體制逐漸增強。

1939年(昭和14年)

9月1日納粹德國入侵波蘭，英國、法國向德國宣戰，第二

次世界大戰爆發。

1940年(昭和15年)

9月27日日本、德國、義大利三國結盟為軸心國(Axis Power)。

1941年(昭和16年)

日本帝國海軍於美國時間1941年12月7日攻擊美國夏威夷珍珠港海軍基地，爆發太平洋戰爭。臺灣盛行皇民化教育。

1942年(昭和17年)

6月4日到6月7日美國海軍與日本海軍在中途島海域進行大規模海戰，日軍慘敗。臺灣原住民青年組成高砂義勇軍，前往南方戰線。

1943年(昭和18年)，臺灣開始實施海軍志願制度。

9月8日，義大利政府向英軍投降。

11月22日至26日，美、英、中於埃及開羅會商日本的戰敗處置，是為開羅會議(Cairo Conference)。

11月25日，美國第14航空隊派出12架B25H、8架P38G、8架P51A戰機由中國飛越臺灣海峽轟炸新竹機場，這是美軍首次空襲臺灣。

1944年(昭和19年)

日本對臺灣人開始實施徵兵制度。

為避免在美軍空襲中受害，臺灣實施「學童疏開」(疏散到鄉間)。

10月，美軍為掩護在菲律賓發動雷伊泰島登陸戰，發動對臺灣的戰術轟炸，美國陸軍第二十航空隊於10月14、16、

17日轟炸臺灣各地。

12月30日，陸軍大將安藤利吉任臺灣總督。

1945年(昭和20年)

1月，美軍為了掩護在菲律賓仁牙因灣登陸戰再度發動對臺灣的空襲，其中軍事目標以機場及港口為主。

自1月11日起，美軍第五航空隊總計對臺灣發動7,709架次的空襲，投下15,804噸各式炸彈及61,445加侖的汽油彈(napalm)。

2月1日，10時40分臺南發佈空襲警報，美國軍機編隊投彈。

3月1日起，美軍大規模對臺南進行無差別轟炸，政府機關、商業區、住宅區、醫院、學校均成為投彈的目標，3月1日的空襲死亡90名，受傷146名，燒毀1,520戶。照片3-1-3為美軍拍攝3月20日空襲臺南的照片，市區、州廳一帶一片火海、煙霧。

照片3-1-3　1945年臺南大空襲
(圖資來源：美軍轟炸任務月報)

4月上旬到6月中旬，美軍第10軍團由海陸進攻沖繩，美軍有84,000人傷亡，日軍約有7,400人被俘，107,000名軍人傷亡，沖繩居民約有142,000名傷亡。

5月8日，德國無條件投降。

5月31日，美軍進行「臺北大空襲」，美軍第五航空隊派出118架B-24轟炸機對臺北實施無間斷轟炸，共投彈310噸，至少有759名因空襲死亡，64人失踪，總督府被炸如照片3-1-4。

照片3-1-4　1945年轟炸後的總督府廳舍
（圖資來源：維基百科）

8月6日與8月9日，美軍分別在日本廣島及長崎投下原子彈。

8月15日，昭和天皇在日本標準時間中午12時向日本全國發表《終戰詔書》，宣佈日本政府決定接受同盟國集團的無條件投降之要求，二戰結束。

9月2日，聯合國最高司令官麥克阿瑟(Gen. Doglas MacArthur)發佈「一般命令第一號」(General Order No.1)，其中對中國戰區統帥蔣介石授權：「在中國(滿州除外)、臺灣及北緯十六度以北之法屬印度支那境內的日軍高階司令官及所有陸、海、空軍及輔助部隊應向蔣介石大元帥投降。」

10月5日，國府在臺北成立臺灣省行政長官公署及臺灣省警備司令部前進指揮所。

10月17日，國府第72軍搭乘美國軍鑑登陸基隆。

10月24日，在美國紐約成立「聯合國」，會員國有美、英、中、法、俄等五十一國。

10月24日，蔣介石委派陳儀為臺灣省行政長官兼警備總司令。

10月25日，蔣介石委派陳儀代表盟軍來臺接受臺灣總督安藤利吉代表日本政府簽署降書。

第二節　高等工程教育的興起

以下就針對日治時期臺灣首先實施高等工程教育的「臺灣總督府臺南高等工業學校」的成長情形依年序敘述，其後再對日治時期臺灣唯一的大學「臺北帝國大學」及工學部的設立以及土木工學科的內涵加以說明。

一、臺灣總督府臺南高等工業學校(臺灣總督府臺南工業專門學校)

1931年(昭和6年)1月15日，依臺灣總督府高等工業學校規則，設立臺灣最初的工業專門學校—「總督府臺南高等工業學校」，第一任校長由總督府學務部視學官若槻道隆擔任(照片3-2-1)。

若槻道隆(わかつき みちたか，Wakatsuki Michitaka)(1883年～1959年)，日本長野縣人，1907年(明治40年)畢業於東京帝國大學哲學科，曾任米澤高等工業學校教授、長野中學校校長。1925年(大正14年)來臺任臺灣總督府內務局文教課視學官。1928年(昭和3年)5月兼任臺北高等商業學校教授，同年6月奉命到歐美各地考察一年。1930年(昭和5年)7月升任總督府文教局學務課長。1931年(昭和6年)授命為臺南高等工業學校創校委員，並成為臺南高等工業學校校長，直到1941年(昭和16年)3月才退休回日本，他是創校後第一任校長，也是任期最長的校長(1931年～1941年)，為臺灣總督府臺南高等工業學校的發展奠定良好基礎。

照片3-2-1　若槻道隆校長

1931年4月10日第一屆新生入學，有電氣工學科25人，機械工學科25人，應用化學科22人。在臺南高等工業學校第一屆新生開學典禮中，若槻校長勉勵將來要擔當發展臺灣高等工業之重責大任的全體新生，要：

「頭腦冷靜、心胸寬大、手腳敏捷」。

1940年(昭和15年)2月臺南高等工業學校增設電氣化學科。

1941年(昭和16年)3月若槻道隆校長退休回日，由佐久間巖接任第二任校長。

照片3-2-2　佐久間巖校長

佐久間巖(さくま いわお，Sakuma Iwao)(1891年～?)(照片3-2-2)，日本千葉縣市原郡養老村人，1917年畢業於日本九州帝國大學工學部應用化學科，曾任桐生高等工業學校講師，1929年在九州帝國大學完成其應用化學博士學位，1930年出任臺灣總督府臺北高等商業學校教授，1930年4月任臺灣總督府在外研究員，前往德國、英國、美國進行研究，回臺後任臺南高等工業學校應用化學科教授，1941年出任臺南高等工業學校第二任校長。

1943年(昭和18年)因應戰時需要，總督府於3月28日命令修改「臺南高等工業學校令」，其中第二條「機械工學科改為機械工學部及化學機械部，電氣工學科改為電力學部及通訊工學部，應用化學科改為纖維化學部及油脂化學部，電氣化學科改為電氣化學部及金屬工業部」。

1944年(昭和19年)3月30日第二位校長佐久間巖教授因招生入學的問題，被總督府免職[12][14][15]，機械工學科長末光俊介教授代理校長。

末光俊介(すえみず しゅんすけ，Suemitsu Shunsuke)(1894年～?)(照片3-2-3)，日本福岡縣人，1920年(大正9年)九州帝國大學工學部機械工學科畢業，曾於三井鑛山株式会社及基隆炭鑛株式会社工作，1932年(昭和7年)任教於島根縣濱田高等女學校，1933年(昭和8年)任職於南滿州鐵道株式会社擔任撫順炭鑛工作課的職務，1942年(昭和17年)轉任臺南高等工業學校機械工學科科長。1944年(昭和19年)3月佐久間巖校長辭職後，短暫代理臺南工業專門學校校長一職，戰後短暫留任。

照片3-2-3　末光俊介校長
(戰後拍攝，謝爾昌教授捐贈，成大機械系典藏)

1944年(昭和19年) 4月1日，臺灣總督府令第139號《臺灣總督府高等工業學校規則》改正為《臺灣總督府工業專門學校規則》，其中第二條從原來之學科機械科、電氣科、應用化學科、電氣化學科，再追加土木及建築兩科，並另加制定第五條「工業專門學校教練及修練當為一體」。

1944年臺南工業專門學校入學考試錄取機械工學科83名，電氣工學科79名，應用化學科30名，電氣化學科38名，土木工學科及建築學科各錄取40名。

1944年(昭和19年)9月26日，本日理應舉行畢業典禮，但因三年級學生動員入營、入團，畢業典禮省略，畢業證書寄送給畢業生本人。

1944年(昭和19年)10月21日總督府令

免除末光俊介教授代理校長職，指派臺灣總督府臺中師範專門學校校長甲斐三郎任臺灣總督府臺南工業專門學校校長。

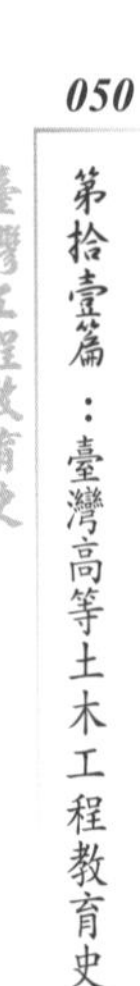

照片3-2-4　甲斐三郎校長

甲斐三郎(かい さぶろう，Kai Saburo)(1894年～？)(如照片3-2-4)日本東京人，1921年東京帝國大學理學部數學科畢業，曾經擔任新潟高等學校及高知高等學校教授，1925年來臺擔任臺北高等學校教授，於1930年任臺灣總督府在外研究員前往歐美考察，1933年擔任臺北高等學校數學教授，1943年任臺灣總督府臺中師範專門學校校長。

1945年(昭和20年)2月21日，臺南工業專門學校舉行入學考試，含筆試、口試及身體檢查(惟錄取學生並未正式上課)。

1945年(昭和20年)8月15日，二次世界大戰結束。

1945年(昭和20年，民國34年)10月24日，陳儀行政長官來臺。

1946年(民國35年)3月1日，王石安博士正式接任「臺南工業專門學校」校長，改校名為「臺灣省立臺南工業專科學校」。

1946年(民國35年)10月15日「臺灣省立臺南工業專科學校」正式升格為「臺灣省立工學院」，由王石安博士擔任工學院院長。

1931年(昭和6年)創建的「臺南高等工業學校」，是在1943年(昭和18年)「臺北帝國大學」設立工學部之前，是臺灣高等工程教育的最高，也是唯一的教育機構，是臺灣由農業邁向工業的過程中，提供重要專門技術人員的主要養成所。

惟在1944年(昭和19年)4月1日成立的土木科所招收的第一屆學生40名，在一年級時就在戰爭與空襲的氛圍下驚濤駭浪的修完；二年級上學期局勢更加混亂嚴峻，幾乎無法正常上課。到了夏天更面臨日本戰敗、改朝換代的重大難關，日籍學生被遣返日本，臺籍學生雖可留下來繼續學習，但以往從小所受的日本式教育，瞬間變成中國式的教育體系，這些土木科的第一屆學生以及其後的第二、三屆學生在改朝換代以及學校學制的改變下如何在曲曲折折的學習道路上不斷的越過難關完成學業，將於本章第三節第四小節之(三)詳細說明。

二、臺北帝國大學及工學部

在日治時期臺灣的最高學府唯一的大學就是「臺北帝國大學」，其前身可由日本領臺開始談起，1895年(明治28年)日本在臺始政後於臺北開設「大日本臺灣醫院」，1896年(明治29年)改稱「臺北病院」，1897年(明治30年)在「臺北病院」內由院長山口秀高開設「醫學講習所」以培養臺灣本地醫師。1899年(明治32年)成立「臺灣總督府醫學校」，原「醫學講習所」學生分別收進醫學校本科二年級及一年級學生。

1919年(大正8年)改制為「臺灣總督府醫學專門學校」，1927年改稱「臺灣總督府臺北醫學專門學校」。

1928年(昭和3年)3月16日，依據敕令第30號成立「臺北帝國大學」，設置文政學部、理農學部與附屬圖書館。在文政學部中設有哲學科、史學科、文學科、政學科等四學科，而在理農學部則設立生物學科、化學科、農學科、農藝化學科。

首任總長(校長)為幣原坦(1870年～1953年)(照片3-2-5)。

幣原坦(しではら たん，Shidehara Tan)，日本大阪府門真市人，東京帝國大學文科大學國史學科畢業。曾任東京高等師範學校教授、日本文部省視學官、東京帝國大學教授、廣島高等師範學校校長。

1925年(昭和元年)七月幣原坦接獲臺灣總督伊澤多喜男之邀聘，為設立臺北帝國大學（今日臺灣大學之前身）而努力，並親手主持了臺北帝國大學的規畫籌建，奠定了臺灣大學綜合學制的基礎，於1928年－1937年任臺北帝國大學第一任總長(校長)，1938年獲臺北帝國大學名譽教授。

照片3-2-5　幣原坦總長

1928年(昭和3年)4月，臺北帝國大學合併「臺北高等農林學校」，設立「附屬農林專門部」。

1936年(昭和11年)1月1日，設置醫學部，3月31日整合「臺灣總督府臺北醫學專門學校」，並於該處設置「臺北帝國大學附屬醫學專門部」，即今「國立臺灣大學醫學院」。

1937年(昭和12年)三田定則(みたさだのり，Mita Sadanori)(1876年～1950年)出任臺北帝國大學第二任總長(校長)(照片3-2-6)。

照片3-2-6　三田定則總長

三田定則，日本岩手縣盛岡市人，1901年畢業於東京帝國大學醫科大學，留校擔任助教。1909年，前往德、法留學，研究法醫學。1914年回日獲博士學位後於1918年任東京帝國大學教授。1934年，來臺出任臺北帝國大學醫學部創設準備委員，1937年之後則升任臺北帝國大學第二任總長(校長)，其在臺灣奠定法醫及血清研究的基礎，1941年辭去總長職，1943年獲臺北帝國大學名譽教授。

1939年(昭和14年)設立臺北帝國大學「熱帶醫學研究所」，1941年(昭和16年)4月4日則設置大學預科。

1941年(昭和16年)4月，安藤正次(あんどう まさつぐ，Andō Masatsugu)(1878年～1952年)出任臺北帝國大學第三任總長(校長)(照片3-2-7)。

安藤正次，日本東京都人，1904年畢業於東京帝國大學文學部語言學科，曾任日本女子大學國文科教授，早稻田大學教授。1926年來臺受聘為臺灣總督府高等學校(今師範大學)語言學教授，1932年接任臺北帝國大學文政學部部長，1940年退休返日，1941年再度返回臺北帝國大學，4月成為第三任總長，1945年3月辭總長一職返回日本。

照片3-2-7　安藤正次總長

1943年(昭和18年)臺北帝國大學設立工學部，7月由原九州帝國大學教授安藤一雄出任第一任工學部長，工學部並於1943年(昭和18年)10月20日開始授課[17]。臺北帝國大學工學部設立時，設有機械工學科、電氣工學科、應用化學科、土木工學科四科，同時設有16個講座。

1944年(昭和19年)7月1日臺北帝國大學工學部又增設10個講座總共有26個講座。

1945年(昭和20年)4月10日臺北帝國大學工學部再增設五個講座，總共有31個講座。

照片3-2-8　安藤一雄總長

1945年(昭和20年)5月安藤一雄(照片3-2-8)接任臺北帝國大學第4任總長(校長)。

安藤一雄(あんどう かずお，Andō Katsuo)(1883～1973)，日本香川縣人，1908年東京帝國大學應用化學科畢業，留校任講師，1910年升任助教授，1911年轉任九州帝國大學工科大學助教授，1912年起赴德、英、美留學研究兩年半，1915年升任教授，1917年獲得工學博士學位，1938年任九州帝國大學工學部部長，1941年退休，1943年7月日本內閣任命出任臺北帝國大學首任工學部長兼應用化學第二講座教授[16]。

1945年(昭和20年)5月由臺北帝國大學工學部共通講座應用數學及力學講座教授庄司彥六(1890年～？)接任第二任工學部長。

庄司彥六，日本山形縣人，東京帝國大學理科大學理論物理學科畢業，1934年獲得理學博士學位，1943年10月任臺北帝國大學工學部共通講座教授。

三、高等土木學科之創設

(一) 臺北帝國大學土木工學科

1943年(昭和18年)臺北帝國大學設立工學部，由原九州帝國大學教授安藤一雄出任第一任工學部長[17]。臺北帝國大學工學部設立時成立土木工學科等四科，同時設有16個講座，其中與土木相關者有：土木工學第一講座(混凝土工學)、第二講座(橋樑)、第三講座(上水及下水)等三個講座。此為臺灣在大學教育體系中開設土木工程相關科系的濫觴。

1944年(昭和19年)7月1日工學部又增設10個講座，其中與土木工學相關的有二個講座：土木工學第四講座(河川及港灣)及土木工學第五講座(鐵道及道路)。

1945年(昭和20年)4月10日工學部再增設5個講座，其中與土木工學相關的有一個講座，即土木工學第六講座(結構力學)。

將以上土木工學科各講座的主題及主持的教授、設置年份列表，如表3-2-1。

表3-2-1　臺北帝國大學土木工學科講座設置年份及主持者一覽表

講座	主題	主持者	設置年份
第一講座	混凝土工學	當山道三教授	1943
第二講座	橋樑	樋浦大三教授	1943
第三講座	上水及下水	米屋秀三教授	1943
第四講座	河川及港灣	勒使川原政雄助教授及吉村善臣技師	1944
第五講座	鐵道及道路	田中清助教授及谷口廣三、北川幸三郎技師	1944
第六講座	構造力學	谷本勉之助助教授	1945

1. 入學

1943年(昭和18年)臺北帝國大學土木工學科第一屆入學新生有：金尾教瑩、梅野康行、高嶺秀夫、石田正明、村尾修治、上野達人、今村善介，有口松樹等8名[17]。

1944年(昭和19年)由預科畢業入學土木工學科的學生不詳，但1945年(昭和20年)由預科畢業進入土木工學科的學生有：照屋馨、矢野一德、米村正照、下川輝久、加納誠治郎、西池氏寬等人，其餘者不詳[17]，這些日籍學生可能於終戰時都被遣返日本。

到1945年4月為止，臺北帝國大學土木工學科的講座教授、助教授、講師的學經歷如表3-2-2所示[16]，皆具非常紮實之實務經驗。

表3-2-2　臺北帝國大學工學部土木工學科師資學經歷一覽表

職稱	姓名	學歷	職務、課程	擔任臺北帝國大學教職前之經歷
教授	當山道三	東京大國大學土木工學科畢業、工學博士	第一講座	滿鐵、日本大學教授
教授	樋浦大三	北海道帝國大學土木工學科畢業、工學博士	第二講座	北海道廳技師、內務省技師
教授	米屋秀三	東京帝國大學土木工學科畢業	第三講座	水道協會誌抄錄委員
助教授	勅使川原政雄	東京帝國大學土木工學科畢業	土木施工法・混凝土實驗・土木製圖課程、第四講座	待考
講師	吉村善臣	九州帝國大學土木工學科畢業	第四講座	臺灣總督府交通局道路港灣課技手、技師、臺灣都市計畫臺北地方委員會委員
助教授	田中清	東京帝國大學土木工學科畢業（返回日本後獲東京大學工學博士學位）	第五講座	待考
講師	谷口廣三	東京帝國大學土木工學科畢業	第五講座	臺灣總督府鐵道部任技手、技師
講師	北川幸三郎	京都帝國大學土木工學科畢業	第五講座	臺灣總督府土木局技手、技師、臺灣電力會社監理官
助教授	谷本勉之助	東京帝國大學土木工學科畢業（返回日本後獲東京大學工學博士學位）	土木材料法・特殊測量學・一般測量・實習及製圖課程、第六講座	遞信省電氣廳技師

資料來源：國史館館刊第52期(2017年6月)

2. 課程

此外，由1943年(昭和18年)臺北帝國大學設立工學部時所訂定的工學部規程(昭和18年5月28日制定)中明訂工學部(含土木工學科)的大學生，必須修滿150個學分以上，且要通過論文計畫或實驗報告等之考試，方能取得工學士學位。

同時，規程中列出大學課程中與土木工學科相關的科目有：土木材料、水理學第一、一般測量、特殊測量(含三角測量)、國土計畫、地震學、混凝土、鐵筋混凝土、橋樑、上下水道第一、上下水道第二、河川、港灣、發電水力、鐵道第一、鐵道第二、道路、土木應用力學、灌溉及排水、土木施工法、土木行政法、水理學第二、南方工業經營、南方勞務衛生等。

在實作方面的課程有：一般測量實習及製圖、特殊測量實習及製圖、混凝土實驗、鐵筋混凝土計畫及製圖、橋樑計畫及製圖第一、橋樑計畫及製圖第二、上下水道計畫及製圖、河海工學實驗、河川測量實習及製圖、港灣計畫及製圖、水力計畫及製圖、河川計畫及製圖、鐵道計畫及製圖、土木應用力學演習、土木製圖、土木材料實驗、土質實驗等。

由以上的科目列表可看出臺北帝國大學土木工學科其設定要培育訓練出來的土木工程人才，除了要具備基本的「教養學科」的能力—外國語文、數學、物理、化學等之外，須要修得土木材料、混凝土及鋼筋混凝土、土木力學、土木公共工程(橋樑、鐵道、道路、發電水力、河川、港灣)，以及對提升社會公共衛生，減少傳染病危害的上、下水道工程等之設計規劃的專業能力，並培育國土計劃的視野。此外亦非常注重實作的計畫及製圖的訓練，以使培養出來的土木工程人才，將來不管進入官、產、學界皆能獨當一面，在面對工程問題時能在國土規劃的概念下，依據深厚的理論實務基礎進行工程之規劃、設計以及施工、監造，有如東京帝國大學土木工學科可以培養出規劃、設計、監造臺灣烏山頭水庫及嘉南大圳之灌溉、排水系統的八田與一，以及為臺灣南北各市鎮規劃、設計、監造自來水系統的濱野彌四郎等一樣的人才。

3. 改制

1945年(昭和20年)11月15日臺北帝國大學由國府接收，改稱「國立臺北大學」。

1946年1月正式定名為「國立臺灣大學」，「土木工學科」改名為「土木工程學系」。

在「臺北帝國大學」於1943年設立土木工學科後，臺灣的土木工程教育系統才形成一個完整的體系，具備了初等、中等、高等的實業教育以及大學教育的場域，臺灣本地終於可以自己培育出一連貫的初等技工、中等技士及高等技師以承擔各種不同層次工程的人才，為提升臺灣的工業水準提供完整的人力支援。

(二) 臺南工業專門學校土木科

1944年(昭和19年) 2月25日臺南高等工業學校新設土木、建築科，招生申請獲得通過。3月24日入學合格者名單發表，土木科40名，建築科40名。

1944年(昭和19年) 4月1日，臺灣總督府令第139號《臺灣總督府高等工業學校規則》改正為《臺灣總督府工業專門學校規則》，其中第二條從原來之學科機械科、電氣科、應用化學科、電氣化學科，再追加土木及建築兩科，並另加制定第五條「工業專門學校教練及修練當為一體」。

1944年(昭和19年) 4月1日機械工學科長末光俊介教授代理校長，並自4月1日起兼任土木科科長。

依照計畫土木科的授課內容與擬聘師資，如表3-2-3。

表3-2-3　土木科預定授課內容及師資[22]

授課內容	擬聘師資
地質學、建築材料、應用力學	昭和19年度(1944年)增員第三(教授)
測量、製圖及實習、施工法	昭和19年度(1944年)增員第四(副教授)
地質學、道路、鐵道、製圖及實習	昭和20年度(1945年)增員(教授)
河海工學、衛生工學、製圖及實習	昭和21年度(1946年)增員(教授)
鐵筋混凝土工法、發電水力學、製圖及實習	昭和21年度(1946年)增員(教授)
測量、家屋構造、製圖及實習	昭和21年度(1946年)增員(副教授)

1944年(昭和19年)4月，「臺灣總督府臺南高等工業學校」改稱為「臺灣總督府臺南工業專門學校」，正式增設土木與建築兩科，此為繼1943年(昭和18年)臺北帝國大學工學部設立土木工學科以來，臺灣的高等工程教育系統中第2個設立土木工學科的學校，也是設立建築學科的第1個學校。

1944年臺南工業專門學校入學考試錄取機械工學科83名，電氣工學科79名，應用化學科30名，電氣化學科38名，土木工學科及建築學科各錄取40名，其中土木工學科中臺籍學生有許金水、高肇藩、澄田博光(鄧凱雄)、高津進一(陳金川)、陳芳祥、林能弘、劉新民、劉文宗等8名，約佔新生人數的2成。

1944年(昭和19年)5月5日，土木科及建築科入學典禮。

1944年(昭和19年)8月15日總督府令：總督府技手白根治一任臺灣總督府臺南工業專門學校教授。

白根治一(しらね じいち*，Shirane Jiichi)，日本山口縣人，北海道帝國大學土木專門部畢業。1927年大學畢業後即到臺灣，在總督府交通局擔任鐵道部技手，1942年7月由鐵路局彰化保線區長轉任臺北保線區長[22]。

1945年(昭和20年)8月15日，二戰結束，日本戰敗。

1945年(昭和20年)9月10日，由白根治一教授擔任土木科代理科長。

1946年(民國35年)3月1日，王石安博士正式接任「臺南工業專門學校」校長，改校名為「臺灣省立臺南工業專科學校」，「土木科」改稱「土木工程科」，由白根治一代理土木科主任。

1946年(民國35年)10月15日「臺灣省立臺南工業專科學校」正式升格為「臺灣省立工學院」，「土木工程科」則升格為「土木工程學系」，白根治一繼續代理土木系主任。

---

* 名字的唸法未經本人確認。

至於1944年(昭和19年)4月入學的第一屆土木科的學生40名在一年級下學期時就受到戰爭及美軍空襲的影響，艱難地結束一年級的「教養及基礎學科」之後，於二年級上學期戰爭及空襲更加激烈，幾乎無法正常上課，到了暑假就遇到改朝換代的大關卡，以往熟悉的日本工程教育養成系統，一下子要改成中國式的教育體系，同時語言亦從日語變成中國語。在改朝換代的過程中，日籍學生、老師被遣返日本，臺籍學生留下來斷斷續續地完成學業，是一種困擾、不幸，也是一種挑戰與機運。

第三節　戰後初期的臺灣高等土木工程教育發展概況（1945年～1950年）

一、前言

戰前臺灣的工程教育體系中，在中等工程教育方面主要是以「臺北州立臺北工業學校」為首，並由「新竹州立新竹工業學校」、「臺中州立臺中工業學校」、「臺中州立彰化工業學校」、「臺南州立臺南工業學校」、「臺南州立嘉義工業學校」、「高雄州立高雄工業學校」、「花蓮港廳立花蓮港農業學校」等共同培育臺灣的中等工程技術人員。在高等工程教育方面，於1931年創立的「臺南高等工業學校」則是主要培育高等工程技術人員的學校，直到創立於1928年的「臺北帝國大學」在1943年設立工學部之後，培育高等工程專門技術人員的教育機構才分由南北二校擔負。

在土木類工程教育方面，「臺北州立臺北工業學校」的前身「臺灣總督府工業學校」在1918年設立時設有土木科，此乃臺灣在工業學校設置土木科之肇始，而土木類高等工程教育方面，須到1943年「臺北帝國大學」設立工學部時，同時設立土木工學科，此為臺灣在大學、專校中設立土木科系的開端。接著1944年改稱「臺南工業專門學校」的原「臺南高等工業學校」在1931年初設時只有電氣、機械及應用化學三科，於1944年改名之同時增設土木及建築兩科，土木科之設立較臺北帝國大學晚一年。

「臺南工業專門學校」在1944年4月設立土木科時，錄取第一屆新生40名，其中臺灣籍學生約佔2成。第一任土木科科長是由代理校長的機械科科長末光俊介教授兼任。在1945年9月太平洋戰爭結束後由白根治一教授擔任土木科代理科長。

不過在1945年太平洋戰爭結束時，戰前「臺北帝國大學」及「臺南工業專門學校」所招收的土木科學生，皆尚在學中，並以學生的身份迎接戰爭的結束，亦即戰前臺灣雖有受完中等工程教育的州立工業學校土木科的畢業生，但尚未培養出受完高等工程教育的大學或專科畢業的土木科學生。

1945年10月25日陳儀行政長官代表盟軍來臺接受日軍之投降，各校日籍教師、職員以及學生開始撤退回日本，初期由少數接管人員主持學校行政外，課務之運作及日常事務之處理皆由臺籍教職員負責推動，但在1949年隨著中華人民共和國在北京建國，中華民國政府轉進臺灣時與國府來臺的大量知識份子，就填補了各校日籍教師的職缺。

由於戰後不久臺灣工程教育體系中的日籍教師多被遣送回日本，其職缺多由中國籍的師資填補，這些中國籍的教師除了少數曾留學歐美、日本以外，皆是戰前接受中國高等工程教育訓練出來的人員，其等對臺灣戰後30～40年的工程教育具有絕對性的影響力。因此培養出這些來臺的中國籍教師的戰前中國的工程教育亦是影響臺灣戰後工程教育內涵的重要基因之一。

二、戰後初期臺灣內外重要事件(1945年～1950年)

在1945年8月6日與8月9日，美軍在日本廣島及長崎投下原子彈，造成數十萬人的死傷後，昭和天皇於8月15日宣佈無條件投降，二戰結束。

1945年9月2日，盟軍最高司令麥克阿瑟發佈「一般命令第一號」，授權中國戰區統帥蔣介石：「在中國(滿州(東三省))除外、臺灣及北緯十六度以北之法屬印度支那(越南北部)境內的日軍高階司令官及所有陸、海、空軍及輔助部隊，應向蔣介石大元帥投降。」[20]

1945年10月5日，國民政府在臺北成立「臺灣省行政長官公署」及「臺灣省警備司令部前進指揮所」。

1945年10月17日，在美軍護航下，國民政府第72軍分乘三十餘艘美軍軍艦抵達基隆。

1945年10月24日，蔣介石委派陳儀為「臺灣省行政長官兼警備總司令」，陳儀搭乘美國軍機抵達臺北松山機場。

1945年10月24日，「聯合國」在美國紐約成立，會員國有51國。

1945年10月25日，臺灣省行政長官兼警備總司令陳儀於臺北公會堂(今之中山堂)代表盟軍接受臺灣總督兼第十方面軍司令官安藤利吉代表日本政府簽署降書(照片3-3-1)。

照片3-3-1　中山堂舉行的受降儀式懸掛英、中、美、蘇等盟軍國旗
(擷取自kipp的部落格)[21]

1945年11月起，由臺灣省行政長官公署與警備總司令部組織成立「臺灣省接收委員會」，主要分為三部份：一是軍事接收，二是行政的接管與重建，三是日產的接管與處理等。

1945年11月至1946年底，1年內遣返日軍相關人員16萬餘人，及在臺日本人(除少部份留用外)32萬餘人，共約48萬餘人。

1946年，中國共產黨與組成國民政府的中國國民黨爆發第二次國共內戰。

1947年1月1日，國民政府主席蔣介石簽署命令，頒佈由制憲國民大會通過之《中華民國憲法》。

1947年2月28日，臺北市發生市民與憲兵衝突，引爆「228事件」(照片3-3-2)。在「行政長官公署(今之行政院)」前之示威請願民眾遭到憲兵以機槍掃射，造成數十人傷亡，事件遂擴大。

照片3-3-2　二二八事件，民眾包圍專賣局臺北分局，在馬路上焚燒專賣局設備
(擷取自kipp的部落格)[21]

1947年3月8日，蔣介石派遣增援軍一萬三仟人由基隆登陸，並宣佈戒嚴，軍警展開搜捕及鎮壓行動，不少社會菁英、民意代表、學生、民眾遭到槍決、逮捕入獄或失蹤，臺民傷亡慘重。

1947年4月22日，陳儀撤職，國民政府廢除長官公署制度，改組為省政府，並派前駐美大使魏道明為首任臺灣省主席。

1947年7月19日，國民政府公告《動員戡亂完成憲政實施綱要》，確定戡亂與行憲並進的方針，從此中國全國進入「動員戡亂時期」[23]。

1948年3月29日，在中國南京召開行憲後第一屆國民大會第一次會議，於4月18日通過《動員戡亂時期臨時條款》，4月20月至29日舉行第一任總統、副總統選舉，蔣介石當選中華民國第一任總統，李宗仁當選為副總統。

1949年1月5日，國民政府派陳誠為第二任臺灣省主席。

1949年1月21日，由於面對國共內戰軍事失利以及經濟改革失敗，蔣介石宣佈引退，由副總統李宗仁代理中華民國總統職位[24]。

1949年3月20日，臺大法學院學生與省立師範學院學生共乘一輛腳踏車，經過大安橋附近被員警攔下毆打並拘押至警察局，之後臺大與師院數百名學生包圍警局，其後經過多次遊行示威之後，於4月6日大批憲警分批逮捕臺大及師範學院學生多人，最後有19人遭到羈押審判，此為「四六事件」，其為臺灣1950年代白色恐怖的濫觴[25]。

1949年4月12日，臺灣省發佈施行「戒嚴令」。

1949年5月24日，中華民國立法院為了處置中國共產黨叛亂，通過了《懲治叛亂條例》。自1949年5月20日起至1992年5月18日止33年間之戒嚴時期，軍事法庭受理政治案件29407件，官方最保守估計無辜被害者約14萬人～20萬人，他們是「白色恐怖」的最直接犧牲者。其中1960年執政當局將12萬6,875人列為「行踪不明」人口而予撤籍，可知戒嚴時期受迫害致死的人數應極為龐大[26]。

1949年6月15日，由於在中國國共內戰中，國民政府從臺灣運送大量物資支援作戰，導致臺灣物資大量缺乏，物價飛漲無法控制，於是施行幣制改革，將臺幣四萬元換成新臺幣一元。

1949年8月5日，美國國務院發表「美國對華關係白皮書」，是杜魯門政府為在國共內戰中對華政策失敗卸責，該書發表後美國停止對中華民國軍事援助，也不承認中共當局。

1949年10月1日，中國共產黨毛澤東在北京建立「中華人民共和國」，包括蔣介石在內，國民黨軍及相關人士由中國敗走臺灣，到1950年共約有二百萬中國人移至臺灣，中華民國代理總統李宗仁逃亡美國，結束中華民國。

1949年12月7日，國民政府遷都臺北。

1949年12月21日，吳國禎就任第三任臺灣省主席。

1950年1月5日，美國杜魯門總統發表「不介入臺灣海峽爭端」聲明。

1950年3月1日，蔣介石在臺北復行視事，就任在臺第一任總統。

1950年6月13日，公佈通過《動員戡亂時期檢肅匪諜條例》，以嚇阻臺灣人民不得反抗政府，並擴充解釋犯罪構成要件，縱容情治單位機關介入所有人民的政治活動，通行的標語與口號是「消滅萬惡共匪」、「殺絕朱毛匪幫」、「檢舉匪諜人人有責」、「匪諜就在你身邊」、「殺朱拔毛」、「槍斃共產黨」等[26]，並在各級學校教導學生傳唱一系列的「反共抗俄」的歌曲。

1950年6月25日，韓戰爆發。

1950年6月27日，美軍第七艦隊巡防臺灣海峽，美國再度對蔣介石提供軍事及經濟援助。

1951年9月8日，包括日本在內的49個國家代表在舊金山簽署「舊金山和約」。此是第二次世界大戰的大部份同盟國成員與日本簽訂的和平條約，中華民國、中華人民共和國與蘇聯等國並未參與簽署[27]。

「舊金山和約」第2條第2款指明『日本政府放棄臺灣、澎湖等島嶼的一切權利、權利名義與要求』，此條約在1952年4月28日正式生效，亦即在1952年4月28日以前，日本政府尚保有臺灣、澎湖等島嶼的一切權利、權利名義等。

以下分別對「臺北帝國大學」、「臺南工業專門學校」及「臺北州立臺北工業學校」之土木科在戰後初期(1945年～1950年)由日本式工程教育體系切換成中國式工程教育體系的演變與發展概況加以說明。

三、臺北帝國大學土木工學科(國立臺灣大學土木工程學系)(1945年～1950年)

(一) 臺北帝國大學改制及其它大事

1945年11月15日中華民國教育部派遣中央研究院植物研究所所長羅宗洛博士、中央大學陸志鴻及馬廷英連同秘書王永到臺北接收臺北帝國大學，並改稱為「國立臺北大學」。

戰後第一任校長羅宗洛校長(1898年～1978年)(照片3-3-3)，中國浙江黃巖縣人，日本北海道帝國大學本科畢業，1930年日本北海道帝國大學農學博士，為近代中國植物生理學主要創始人，曾任國立中山大學、暨南大學、中央大學教授、浙江大學生物系教授，1948年當選中國中央研究院院士，兼植物研究所所長。校長任內對內強調中國文化價值，對外設法抗拒行政長官陳儀插手干涉校務。

照片3-3-3　羅宗洛校長

1946年1月臺北帝國大學正式定名為「國立臺灣大學」，「工學部」改稱「工學院」。

1946年7月羅宗洛辭校長職，行政長官陳儀以預算干預人事，為其去職的遠因，其於1948年11月回中國上海。

1946年8月由擔任戰後工學院第一任院長，原中央大學教授之陸志鴻接任戰後第二任校長。

陸志鴻校長(1897年～1973年)(照片3-3-4)，中國浙江嘉興人，日本東京帝國大學工學部礦冶科畢業，曾任教於南京工業專門學校，國立中央大學土木系，曾任中央大學工學院院長。

陸志鴻校長任內延攬中國籍學者來臺，以曾經留學日本的「知日系」學者居多，如工學院院長魏喦壽、醫學院教務主任葉曙等，但又處處受制於陳儀的意見。

照片3-3-4　陸志鴻校長

1946年8月臺灣大學也在臺北、上海、福州等地招考一年級新生。同時自日本各大學臺籍學生陸續回臺就讀。

1947年2月臺北發生228事件。

1947年8月臺灣大學又在臺北、上海、福州招考新生。

1948年6月陸志鴻辭校長職，由中央研究院化學研究所所長莊長恭博士擔任戰後第三任校長，陸志鴻校長轉任機械系教授並擔任土木系工程材料課程。

莊長恭校長(1894年～1962年)(照片3-3-5)中國福建晉江縣人，北京農業專門學校畢業，美國芝加哥大學學士、碩士及博士，曾任教於東北大學化學系、武漢大學，曾擔任國立中央大學理學院院長，國立中央研究院化學研究所第2任所長。

照片3-3-5　莊長恭校長

莊長恭校長接任後延聘的中國籍學者以留學歐美為主，如文學院院長沈剛伯、哲學系主任方東美等。

1948年6月，本年度共有畢業生17人，含1946年(民國35年)8月招考入學的學生與轉學生，畢業生中6人為轉學生。

1948年12月7日莊長恭校長離開臺灣飛回中國，由臺灣大學醫學院院長杜聰明兼教務長代理校長。

1949年1月，中央研究院歷史語言所所長傅斯年教授擔任戰後第四任校長。

傅斯年校長(1896年～1950年)(照片3-3-6)中國山東聊城人，北京大學畢業，1920年遊學歐洲倫敦大學及柏林大學，1926年擔任中山大學文學院院長，1928年創建中央研究院歷史語言研究所。

照片3-3-6　傅斯年校長

照片3-3-7　錢思亮校長

由於中國內戰加劇，傅斯年校長上任後努力號召中國學者來臺，因此為避開戰亂，各地學者、教授來臺為數不少。

1950年12月傅斯年校長逝世，教育部聘錢思亮為臺灣大學戰後第五任校長。

錢思亮校長(1908年～1983年)(照片3-3-7)中國浙江餘杭人，生於河南新野縣，清華大學化學系畢業，美國伊利諾大學博士，曾任北京大學化學系主任，西南聯合大學教授，臺灣大學化學系教授、系主任。

(二) 土木工學科改名及學生入學、師資與課程概況

1945年11月15日臺北帝國大學改稱為「國立臺北大學」，同年聘許整備先生為土木系助教。

1946年1月臺北帝國大學正式定名為「國立臺灣大學」，「工學部」改稱「工學院」，「土木工學科」改稱為「土木工程學系」。

1946年8月聘趙國華、關永山為土木系教授，並有四位日籍教師留任。由土木系1947年(36學年度)及1948年(37學年度)的課程表而觀，四位日籍教師為島津恭太、吉田榮松、安美立德及大倉三郎等。

1946年8月臺灣大學也在臺北、上海、福州等地招考土木工程學系一年級新生，共錄取11名。同時自日本各大學臺籍學生陸續回臺就讀，在土木系二年級有4名(相當於昭和20年(1945年)4月入學)，三年級有6名(相當於昭和19年(1944年)4月入學)。

1947年8月臺灣大學又在臺北、上海、福州招考新生，土木系錄取29名，並新聘徐世大教授、虞兆中副教授及助教徐基元、盧衍祺等，許整備升為講師，此時一年級學生有29人，二年級有18人，三年級有4人，四年級有6人。

在戰後動盪不安的時期，臺灣大學工學院所錄取的學生來源、出身背景非常多樣，表3-3-1為36學年度(1947年)入學土木工程、機械工程、電機工程、化學工程等學系的一年級學生第1學期的必修及選修科目表，必修科目除了國文、英文、數學、物理、化學之外，還有三民主義、中國通史，以及給臺灣籍的學生必修的國語、給中國籍的學生必修的日語，充分表現出當時臺灣複雜的處境。

同時數學、物理、化學還分成四組，一、二組的學生不會日語，三、四組的學生會日語，所以數學的三、四組的授課教授是日籍教授吉田榮松。

1948年6月本年度共有畢業生17人，含1946年(民國35年)8月招考入學的學生與轉學生，畢業生中6人為轉學生。

表3-3-1　臺大工學院36學年度修習學程表

國立台灣大學第三十六年度第一學期工學院學生修習學程表

土木工程·機械工程·電機工程·化學工程學系一年級

科目	每週時數 講演	每週時數 實驗	擔任教員	必修或選修	學分	備註
三民主義	一		許汝鐵	必	一	
國文	五		一、二組沈[illegible]閣；三組王[illegible]；四組[illegible]	必	三	
英文	五		一、二組陳[illegible]；三、四組林迺敏	必	四	
中國通史	二		謝康	必	一	
數學	五		一組許振榮；二組施拱星；三、四組吉田榮松	必	四	
物理	四	三	一組俞[illegible]；二組孫[illegible]；三、四組蘇林官	必	五	
化學	三	三	一、二組陳[illegible]；三組[illegible]侃如；四組[illegible]	必	五	[illegible]
投影幾何	二	六	徐學[illegible]	必	二五	
國語	二		吳守禮	選	一	本省籍學生必修
日語	二		曹欽源	選	一	非本省籍學生必修
計						

在36學年度第1學期(1947年8月)，土木工程學系二年級的科目中尚有部份由日籍教授擔任，如：島津恭太(機動學)、微分方程(吉田榮松)、德文(安美立德)，在土木工程學系三年級及四年級，則有選修的構造力學、耐震學是由大倉三郎教授擔任。

36學年度第2學期(1947年2月)，在土木系的授課老師中日籍老師有二年級的安美立德授德文，三年級、四年級的磚石結構由大倉三郎擔任，以及三年級的高等結構計畫、建築大意亦由大倉三郎擔任。

到了37學年度第1學期時(1948年8月)，只剩二年級微分方程由吉田榮松教授擔任，其後則未見日籍教授擔任任何課程，亦即此時日籍教授已完全被遣送回國。從此以後，臺灣大學土木系的授課老師主要是由中國來臺者擔任。

1948年6月陸志鴻辭校長，職轉任機械系教授並擔任土木系工程材料課程。

1948年8月，臺灣大學土木系再聘中央大學丁觀海教授以及第一屆畢業生陳文祥擔任助教。

1949年到土木系任教的有盧恩緒教授、清華大學陶葆楷教授、中央研究院院士凌鴻勛教授等。

1950年8月土木系新聘武漢大學土木系畢業，由臺灣省立工學院土木系轉入的陳克諴教授。

此外，在戰後兵荒馬亂的時期在臺灣大學土木工程系任教的中國籍、日本籍、臺灣籍教師及其所擔任的課程如表3-3-2所示。

表3-3-2　在戰後初期臺灣大學土木工程系的教師其所擔任的課程

教師	課程
趙國華教授	基礎工程、土壤力學、工程契約與規範、結構設計公路工程土石結構
關永山教授	投影幾何與工程畫、鋼筋混凝土
湯麟武教授	港灣工程
徐世大教授	水力學、水文學及水利工程、污水工程、都市給水、水工計劃
朱書麟教授	水力發電
陸志鴻教授	工程材料
盧恩緒教授	結構學、高等結構學、結構設計、大地測量
陶葆楷教授	給水工程、污水工程、給水及下水計畫
凌鴻勛教授	鐵路工程、鐵路管理
丁觀海教授	彈性力學、鋼筋混凝土學及設計、高等材料力學
王師羲教授	高等結構學、鐵道曲線及土工、飛機場工程、航空站工程 木結構計劃、房屋建築
陳克誠教授	土壤力學、水力學、海港工程
大倉三郎教授	建築大意、磚石結構、高等結構計畫
虞兆中副教授	應用力學及材料力學
許整備講師	測量學、平面測量
吉田榮松教授	微分方程
周宗蓮 （兼任教授）	給水工程
陳政和	都市計劃、公路、鐵道工程、路工計劃
盧毓駿 （兼任教授）	都市計劃
馮鍾豫 （兼任講師）	水文學
鄒承曾 （兼任講師）	道路工程

在1946年8月臺灣大學土木系的設備有①專業圖書室、②測量室、③土壤力學實驗室。特別是1950年8月經濟部水利實驗處與農學院農工系合辦水工實驗室成立，協助土木系開授水力實驗課程。同時土木系亦加強擴充土壤力學實驗室之設備，並加強工程材料實驗。

四、臺南工業專門學校土木科
(臺灣省立臺南工業專科學校土木工程科、臺灣省立工學院土木工程學系)(1945年～1950年)

(一) 臺南工業專門學校改制及其它大事

1945年8月15日太平洋戰爭結束，日本戰敗。

1945年10月25日陳儀行政長官來臺，「臺南工業專門學校」改稱為「臺灣省立臺南工業專科學校」。惟正式改稱「臺南工業專科學校」是在王石安博士正式擔任校長的1946年3月1日。

照片3-3-8　王石安博士照片
(1950年畢業紀念冊)[29]

1946年3月1日臺灣省行政長官公署聘任曾留學日本、德國的重慶大學教授兼系主任的王石安博士接管臺南工業專科學校，請電氣工學科臺灣籍教授李舉賢協助。

王石安校長(照片3-3-8)，中國安徽桐城人，日本京都帝國大學天文科理學士，德國達姆施塔特工科大學航空工程學系畢業，德國布倫克工科大學航空工程研究所工學博士，曾任中華民國航空委員會飛機製造廠工程師，國立中央工業專科學校教授，四川重慶大學教授兼系主任。

1946年3月中旬「臺灣省臺南工業專科學校」舉辦35學年度招生考試，所錄取新生將與34學年度二次錄取(1945年4月及10月)但始終未上課的學生合班，作為新學年度的一年級[13]。

1946年4月「臺灣省立臺南工業專科學校」招收新生有機械工程科50名、電氣工程科49名、應用化學科30名、電氣化學科40名、土木工程科30名、建築學科30名，此為戰後第一次招收的學生，將於五月入學。

1946年5月15日正式上課，結束自1945年10月以來的停課狀態，但並未上專科課程，而是全校各年級學生與臺灣籍教師一律上北京話課程，直到7月暑假開始為止，共上了1個半月。

1946年10月15日「臺灣省立臺南工業專科學校」奉教育處令正式升格為「臺灣省立工學院」，院長由王石安擔任，惟招收大學部新生則要等到1947年8月(36學年度)。

1947年1月依臺灣省行政長官公署頒佈徵用日籍員工暫行辦法，臺灣省立工學院呈報教育處繼續留用日籍教授有25位，名單如下表3-3-3。

表3-3-3　臺灣省立工學院留用日籍人員的25人名單(成大文書組提供)

臺灣省立工學院留用日籍人員概覽

姓名	職名	擔任教課情形：擔任科目	擔任教課情形：[illegible]	[illegible]	應同留台之家屬人數	備註
甲斐三郎	教授	數學	一二		[illegible]	[illegible]
末光俊介	仝	[illegible]	[illegible]		[illegible]	[illegible]
新井準一郎	[illegible]	[illegible]	[illegible]		[illegible]	[illegible]
千千岩助太郎	[illegible]	[illegible]	[illegible]		[illegible]	[illegible]
桂田德勝	教授	[illegible]	[illegible]		[illegible]	[illegible]
林謙介	仝	[illegible]	[illegible]		[illegible]	[illegible]
由布俊一	仝	[illegible]	[illegible]		[illegible]	[illegible]
村上泰藏	仝	[illegible]	[illegible]		[illegible]	[illegible]
百瀨五十	仝	[illegible]	[illegible]		[illegible]	[illegible]
森永元一	仝	物理	[illegible]		[illegible]	[illegible]
岡村善勝	仝	[illegible]	[illegible]		[illegible]	[illegible]
但馬雅夫	教授	[illegible]	[illegible]		[illegible]	[illegible]
品川孝雄	仝	[illegible]	[illegible]		[illegible]	[illegible]
安恒次六	仝	[illegible]	[illegible]		[illegible]	[illegible]
福家保太	仝	德語	一四		沒有	[illegible]
小川國男	仝	[illegible]	八		沒有	[illegible]
小田良省	副教授	體育	一〇		[illegible]	[illegible]
村松銀作	仝	物理	一二		[illegible]	[illegible]
田中謙一郎	仝	[illegible]	[illegible]		[illegible]	[illegible]
大木甚藏	仝	[illegible]	[illegible]		[illegible]	[illegible]
白根次一	[illegible]	[illegible]	[illegible]		[illegible]	[illegible]
後藤惣平	教授	[illegible]	[illegible]		[illegible]	[illegible]
佐藤吉之助	講師	[illegible]	四		妻一人	[illegible]
織田久勝	[illegible]	[illegible]	[illegible]		[illegible]	[illegible]
佐藤源治	[illegible]	[illegible]	[illegible]		[illegible]	[illegible]

臺灣總督府臺南高等工業學校

1947年2月24日臺灣省立工學院呈報教育處自35學年度第2學期起將原有臺南工業專科學校專科一年級學生改為臺灣省立工學院大學先修班，專科二年級學生改為大學一年級下學期，專科三年級學生改為大學二年級下學期；不願改入大學者仍在原班畢業，惟名稱為專修班，至其畢業為止。

1947年2月28日發生228事件，全臺民情大憤，秩序大亂，漫延極速，省立工學院師生為求在亂局中保護教職員生，由教授會會長電機系教授兼主任李舉賢、前任教務主任孫炳輝教授等以及學生自治會長鄧凱雄(土木系)等，出面與代理校務的教務主任葉東滋力維危局。

1947年3月11日憲兵隊一連進入省立工學院捕去學生自治會長鄧凱雄及學生領袖機械系陳德信、張正生、電機系林宗棟等[13]。

1947年3月13日憲兵隊再入省立工學院，捕去教授會長李舉賢、前教務主任孫炳輝、電機系教授黃龍泉、講師鄭川、化工系學生王振華等。

1947年3月31日王石安院長發證明書與化工系一年級學生王振華家長函請臺南區指揮部，即賜取保釋放。

1947年4月3日王石安院長發證明書給機械系陳德信、電機系林宗棟家長，請臺南區指揮部釋放學生返校上課。

1947年4月9日臺灣南部綏靖區臺南區指揮部送回土木系學生林能弘，為省立工學院師生因二二八事件被捕者由院長王石安、訓導主任楊奮武具保，送回學校「從嚴訓管」的開始[13]。

1947年4月下旬徵用的日籍教授一律遣送回日本。

1947年5月5日臺灣省立工學院學生機械系林才華、吳慶年，電機系彭孟基、陳顯榮、曾繼紹，土木系董鴻文、劉新民，建築系徐哲琳等22人，『自動備具悔過書，呈送敝院，請求代轉』臺南綏靖分區指揮部『鑒核，准予自新』。此時省立工學院師生為二二八事件牽連被捕者，除電機系主任李舉賢、講師鄭川外，其餘均以院長王石安、訓導主任楊奮武的具保獲釋回校『嚴加管教』[13]。

1947年5月17日臺灣省立工學院呈報教育部，以全省35學年度除省立臺北高級中學外，均無新制高中畢業班次，是故於36學年度不擬招收一年級學生。

1947年7月17日臺灣省立工學院與省立農學院、師範學院三校首度舉辦聯合招生[13]。

1948年4月10日教育廳通令限期禁絕沿用日語文教學，違令者教員即予解聘，校長及教務主任並予連帶處分。

1949年6月15日臺灣幣制改革，舊臺幣4萬元＝新臺幣1元。

1949年10月1日中華人民共和國成立，國民政府遷移臺灣。

(二) 臺南工業專科學校暨省立工學院時期土木工程科系教育概況

1. 改制及當時之師資

1945年9月白根治一教授任土木科代理科長。

1945年10月25日，「臺南工業專門學校」改稱為「臺灣省立臺南工業專科學校」，「土木科」改稱「土木工程科」。

1946年2月，征用後藤定年(照片3-3-9)為土木科教授。

照片3-3-9　後藤定年教授

後藤定年(ごとう さだとし*，Gotou Satatoshi)，日本福岡縣人，臺北帝國大學農學科畢業，歷任臺中第二中學校、臺南第二中學校、臺南農業學校教諭，1946年2月才被征用為土木系教授[22]。

由於臺南工業專科學校各科教授多屬專門人才，當時因交通困難，中國籍的師資一時不易招聘，所以不得不暫時留用日籍教師。因此土木工程科代理主任由白根治一教授繼續擔任。同時由日本各大學轉學回臺而編入1944年度(昭和19年，民國33年)的同學有五位，即張冠玉、陳端祥、許金燦、廖福裕、邱賜德。

1946年10月15日「臺灣省立臺南工業專科學校」奉教育處令正式升格為「臺灣省立工學院」。「土木工程科」升格為「土木工程系」，由白根治一教授代理土木工程系系主任。

1947年1月臺灣省立工學院呈報教育處繼續留用日籍教授有25位。當時，土木工程系內之留任的日籍教師除了名單中之代理主任白根治一教授及擔任專科課程之後藤定年教授之外，尚有神村孝太郎講師，臺籍教師則有林錫池兼任講師等。

依表3-3-3所列教師擔任科目，白根治一教授開授：土木施工、鐵道工學、製圖；後藤定年教授開授：灌溉工學、鐵筋、水理學、製圖。

除了由表3-3-3所列白根治一教授及後藤定年教授之授課科目外，由成大博物館所出版之「臺灣省立工學院院史展特刊」中可看到戰後土木工程科日籍師資所擔任之科目如表3-3-4[19]。

表3-3-4　土木工程科日籍師資擔任科目表[19]

土木科教員擔任課目表
Names of Professors and Courses, Civil Engineering Dept.

姓名 Name	擔任課目 Courses
白根治一	測量、施工法、衛生、地下構造/ Surveying, Construction Method, Hygiene, Underground Structure
後藤定年	水理學、灌漑、鐵筋/ Underground Waterway, Irrigation, Reinforcing Bar
新居春一	應用力學/ Applied Mechanics
白木原民	河川/River
八田一維	土木材料、道路/ Civil Materials, Road

* 名字的唸法未經本人確認。

2. 日籍教師遣送回日本後土木系師資之充實

1947年4月下旬徵用日籍教授一律遣送回日，土木工程系只剩林錫池兼任講師，並由其暫時代理土木工程系的系主任。同時，商請高雄港務局林則彬局長酌派該局高級工程師數位擔任土木系之專科課程之臨時兼任講師[13]。

1947年8月王石安院長聘南京吳書發為土木系教授，並任土木系主任。

表3-3-5為228事件後，1948年初土木系的師資及專長科目[22]。

表3-3-5　1948年初土木系的師資及專長科目[22]

姓　名	專長科目
吳書發	平面測量學、大地測量學、測量學
黃炳堯	應用力學、材料力學
戴英本	水力學、基礎工程、水文學、河工學、水力發電工程、灌溉工程
林錫池	道路工程、鐵路工程、土石結構及基礎
史惠順	最小二乘式、應用天文學、各系測量學有關課程

1948年8月1日聘請江鴻博士為土木系教授(照片3-3-10)，並暫代土木工程系主任，任期一年。

照片3-3-10　江鴻教授
(1951年畢業紀念冊)[30]

1948年10月1日新聘同濟大學土木工程系工學士，德國漢諾威工程大學工學博士，歷任中央大學土木系教授、同濟大學土木系教授兼工學院長的倪超博士為土木系主任，如照片3-3-11。

照片3-3-11　倪超教授
(1950年畢業紀念冊)[29]

3. 首屆畢業生

1947年6月28日臺灣省立工學院畢業典禮中，以工學院專科部名義畢業者在土木工程科有許金燦、許金水及陳金川三名，其他10名同學自願編入工學院土木工程系三年級班，繼續就讀2年，有鄧凱雄、高肇藩等人。許金燦、許金水及陳金川三名為臺灣高等土木工程教育中最先完成學業的臺籍學生，較臺灣大學土木系第一屆畢業生(1948年6月畢業)還早一年。

1949年6月20日首屆臺灣省立工學院學生畢業典禮。畢業生共計69名，土木工程系有林能弘、高肇藩、張冠玉、廖福裕、鄧凱雄、劉文宗、蘇梓郎、邱賜德、蔡子威、陳端祥等10名。來校徵求畢業生之工程機構以規模較大之政府工程機構為多，如臺灣鐵路局(錄取廖福裕、蘇梓郎)、高雄港務局(劉文宗、張冠玉)、臺灣省公路局(林能弘、鄧凱雄)、臺灣省水利局(陳端祥、邱賜德)等，而蔡子威畢業後回香港，高肇藩則留校任助教。

1949年6月20日畢業的臺灣省立工學院土木系的第一屆畢業生，主要是由1944年4月臺南工業專門學校設立土木科時錄取的臺籍學生，以及戰後由日本回臺的編入生為主，並有兩位中國轉入土木系的學生一起畢業。

在1944年4月臺南工業專門學校土木科第一屆錄取40名學生(實際錄取41名)，其中臺籍學生有8名，戰後日籍學生陸續返回日本，而這些臺籍的學生雖然是於1944年(昭和19年)入學，部份學生於1947年6月以專科生畢業，但多數學生要到1949年(民國38年)才能畢業離校。根據1944年入學新生之一的鄧凱雄在《成大六十年》所述[14]，原因是入學時是日治時期剛由「臺灣總督府臺南高等工業學校」改名為「臺灣總督府臺南工業專門學校」的土木科。戰後1946年3月學校又改制為「臺灣省立臺南工業專科學校」，「土木科」改名為「土木工程科」。1946年10月再升格為「臺灣省立工學院」，「土木工程科」則改制為「土木工程系」。在日治時期的工業專門學校的修業期限為3年，但在二戰末期由於戰爭愈來愈激烈，學生充員當日本兵，同時學校變成營房，所以三年的學制在戰時可以短縮半年，提早畢業。原本二年半就可提早畢業的第一屆土木科臺籍學生，在戰後復學時被臺灣省政府教育廳認為他們的中學只讀5年(參考圖3-1-1)，不符合中國式初中三年、高中三年的六年學制，因此必須再補讀一年。此外，由專科升格為工學院是由三年制升格為四年制的學校，因此要取得臺灣省立工學院土木工程系的學士學位，還須再補讀一年，因此由戰前原本可以只讀二年半就可畢業的臺南工業專門學校第一屆土木科學生，到戰後必須唸完五年，亦即由1944年入學，熬到1949年才能由臺灣省立工學院畢業，並取得土木工程學士的資格。

補讀二年的時間中，一年的時間是研讀與專門技術無關的中國史地、三民主義和北京話(國語)等課目[14]。

4. 充實後之師資

由於1949年隨國民政府遷臺的公務人員、知識份子相當多，除了被安插到公務機構外，亦多進入各級學校擔任教職及行政職，所以1950年土木系的師資充實不少，由中國而來的大學生亦進入土木系就學。

由1950年1月臺灣省立工學院土木系三年級學生與教授的合影(照片3-3-12)顯示學校教師大都由中國徵聘教師來臺，不足者則函請各單位如港務局派員擔任臨時講師。

照片3-3-12　1950年臺灣省立工學院土木系三年級團體照
(土木系40級朱榮彬提供)

1950年前後，臺灣省立工學院土木系的師資如下表3-3-6所列，教授陣容堅強、履歷之盛，凌駕各系之上，由各教授的履歷可知其專長以水利、港務居多，而在1951年的畢業紀念冊上土木系的老師如照片3-3-13所示。

表3-3-6　1950年土木系師資表

職稱／姓名	履歷
教授兼系主任 倪　超	同濟大學土木工程系畢業，1937年德國漢諾威工業大學博士畢業，曾去新疆視察水利，曾任國立同濟大學工學院院長、連雲港工務局長等。
教授　江鴻	德國慕尼黑大學畢業，曾任同濟大學工學院院長(在倪超之前)兼訓導長、水利示範工程處處長，尚兼高雄港務局及台糖公司顧問。
教授　羅雲平	哈爾濱工業大學畢業，德國漢諾威高等工科大學博士，1939年同濟大學教授，1944年中央大學教授，1948年出任長春大學校長，1949年5月到工學院任教授。
教授　劉兆濱	曾任安徽全省公路局長、港務局局長。
教授　林柏堅	日本九州帝國大學工學部土木科畢業。
教授　黃友訓	同濟大學土木工程系畢業，德國柏林工業大學博士，曾任廣州黃埔港工程局技正。
教授　陳克誠	武漢大學土木系畢業，曾任全國水利局技正，出席世界動力會議，1950年8月轉入臺灣大學土木系。
教授　丁觀海	山東大學畢業，曾任教山東大學土木工程學系，1948年春來工學院，1950年轉往臺灣大學土木系。
副教授　魏　澤	同濟大學土木系畢業，曾在同濟大學、重慶大學，於1950年來工學院任教，後離臺。
講師　王叔厚	1955年～1977年任水利系教授。
講師　戴英本	1951年副教授，1959年～1965年任水利系教授。
講師　史惠順	1943年同濟大學測量工程學系畢業，留校任助教。1948年9月來臺任省立工學院土木系講師，主講測量學，1958年赴美普渡大學進修1年。
助教　姜中庸	1948年同濟大學測量系畢業。
助教　高肇藩 (留職停薪9.1)	1949年8月任土木系助教。

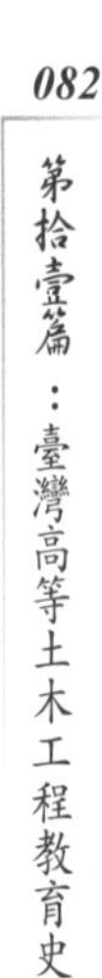

照片3-3-13　土木系教授
(1951年畢業紀念冊)[30]

1950年6月土木系的畢業生與師長的合照如照片3-3-14[29]。此為省立工學院土木系的第二屆畢業生，共有劉新民、王櫻茂、陳廉泉等13名，如表3-3-7[29]土木系畢業生名冊中所列，其中王櫻茂留校擔任助教，而後成為土木系教授、系主任(1976.08～1979.07)，此屆學生在校修課時已分為水利組、結構組、路工組。

照片3-3-14　1950年6月土木系畢業生與師長合照
(1950年畢業紀念冊)[29]

表3-3-7　1950年6月土木系畢業生名冊[29]

土木工程系

姓名	系組	生年月日	籍貫
劉義興	路工組	一七、一、二	臺南縣
張金波	〃	四、二、二六	臺北市
劉新民	結構組	一五、三、六	臺南縣
楊清野	水利組	一四、	臺中縣
陳芳振	結構組	一六、一、一五	臺北縣
楊忠正	路工組	一五、一〇、二九	臺中縣
王櫻茂	〃	三、四、七	臺南縣
黃顯榮	〃	一七、一、二六	臺南縣
曹漢卿	結構組	一五、三、三	新竹縣
林俊英	路工組	一八、一、一四	臺南縣
陳龐泉	〃	一七、五、二六	臺南縣
鄭瀛偉	〃	一五、一〇、[illegible]	臺南縣
吳振彰	〃		廣東

5. 土木系館

1950年3月新的土木系館完工，是由臺南市光復營造廠承包施工，落成典禮5月11日與工學院運動會合併舉行。由1950年臺灣省立工學院畢業紀念冊中所列學校的新聞記事如圖3-3-1所示[29]，記載興建歷時12個月所用經費約為舊臺幣140億元。同時記載當時土木系系內儀器甚少，有價值的只是三、五台水準儀及經緯儀，當時的新館的外觀如照片3-3-15[29]，立面則如照片3-3-16(為普渡大學徐立夫教授(Prof. R. Norris Shreve)於美援時期所攝)。

工院新建土木工程館 近日全部完工

【本報工院訊】新建土木工程館已於近日全部竣工，院方為便利籌備慶祝計，特將慶祝新館落成典禮移至五月十一日與本院運動會合併舉行。消息已由週會宣布，屆時當有一番盛況云云。

【本報工院通訊】本院原有六個工程學系，而機械、電機、化工、電化四系均有獨立之工程館及圖書儀器設備，惟土木、建築二系獨無，這當然是因爲該二系是後設的，歷史未久，設備未臻完善。院方有見及此，曾向省府要求撥款建設土木、建築二工程館，因省府財政困難祇允先建土木館，遂於去年四月間撥款來院俾便興工，是時院方即購工程材料，開始工作，嗣以物價波動，致原有計劃頓於破壞，新館建築工事一時將告停頓未能進行，迨至年初，復由省方撥款來院，招商承辦，新館始得於焉誕生，前後歷時約十二個月，用費在一百四十億元舊臺幣之譜。

本館外形及結構與其他各館相若，亦係磚建之平屋，因使用上有所差別，故內部隔營稍異於其他各館。現有儀器甚少，有價值者除三五台水準儀及經緯儀外，可謂別無所有，至圖書方面更是談不上設備了。果以造就土木工程人材着想，其一切設備實有待於大大充實。

新館建於電化工程館之右方，與原有四館排成與直一線，在綠樹芳草間襯着道綠紅建築物，不禁使人感到本館之秀麗堂皇。可惜四週野草爭榮，道路[illegible]，且[illegible]內推土成山，[illegible]及[illegible]，共[illegible]更須[illegible]時日來整理了！（小天）

圖3-3-1 土木工程新館落成新聞記事

(1950年畢業紀念冊)[29]

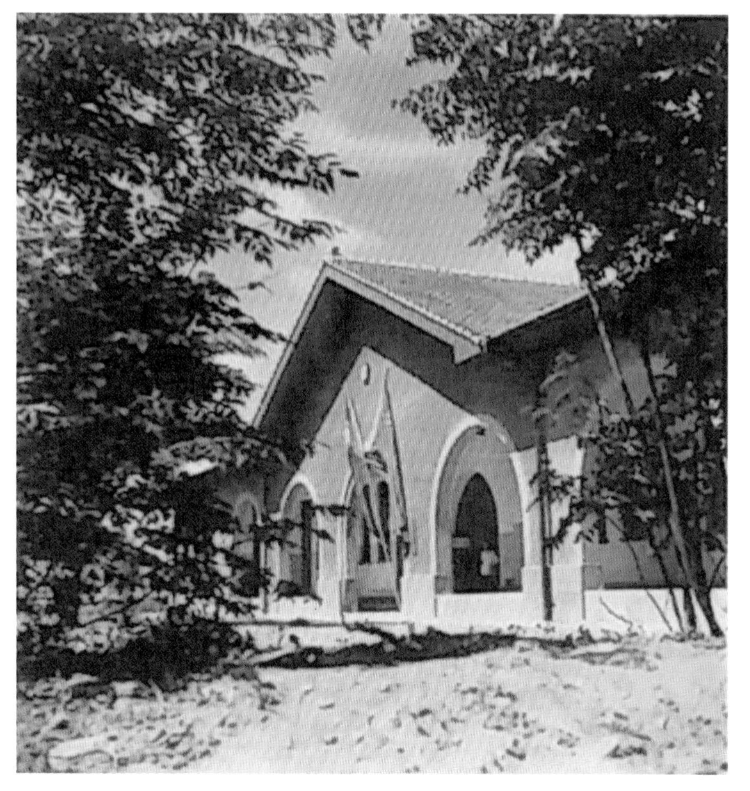

照片3-3-15　土木工程新館落成
(1950年畢業紀念冊)[29]

照片3-3-16　1950年完工之土木系新館
(徐立夫教授典藏照片)

1950年時，土木系之試驗室有道路、模型、測量儀器、水力、混凝土及土質等試驗室。

1950年土木工程系完成的新建系館只有面向工學路的部份，土木工程系並使用位於現在工學路第二棟系館(以前為電機系，現為資工系)與第三棟系館(以前為化工系，現為資源系)之間東側的二樓木建築為教室，如圖3-3-2[29]及照片3-3-17[32]。

圖3-3-2　工學院平面圖
(1950年畢業紀念冊)[29]

照片3-3-17　1950年土木系使用之二樓木建築教室[32]
(化工系1977年畢業紀念冊)

6. 土木系教師之研究

土木系的教授除了授課外，並進行相關的研究，1950年7月土木系呈報教育廳之研究專題有：

1. 江鴻、羅雲平：臺灣鄉村環境衛生問題之研究與改進。
2. 江鴻、陳克諴：嘉南大圳渠道漏水問題改善之研究、臺灣地下水源之調查與利用。
3. 倪超、羅雲平：臺灣鐵路之研究、臺灣農村建設改進之研究。
4. 陳克諴、戴英本講師：臺灣水利之研究。

1950年10月臺灣省立工學院與經濟部中央水力實驗處簽訂成立臺南水工試驗室之合約，並由土木系主任倪超博士暫代主任。1951年(民國40年)12月31日臺南水工試驗室竣工落成(照片3-3-18)[31]。

照片3-3-18　水工試驗室外景
(1955年畢業紀念冊)[31]

(三) 日治末期到戰後初期校科系體制的演變及學生的進出與修習

在1931年(昭和6年)1月15日設立的「臺灣總督府臺南高等工業學校」在第一任校長若槻道隆的領導下逐漸成長茁壯，但到了1937年(昭和12年)7月7日蘆溝橋事變後，戰爭的氛圍也開始影響到學校的運作與學生的學習，臺南高等工業學校的學生須參加軍事動員協助軍需工廠生產或接受軍事勞動、訓練等，能留在學校學習的時間由3年逐漸減少到2年6個月。1942年4月臺南高工學生制服由黑色轉換成國防色，1943年開始禁煙、禁酒且必須打綁腿上課，學校的軍事化色彩日漸濃厚[22]。

1944年4月1日「臺灣總督府臺南高等工業學校」改稱為「臺灣總督府臺南工業專門學校」，同時正式增設土木科與建築科，並錄取第一屆的學生各40名。

1944年6月專門學校的學生全被動員到全臺各地工作，3年級學生在一個多月後即回到學校準備畢業考試，1年級、2年級的學生則以二等兵的身份，以學校宿舍為兵營，每天在臺南市內挖戰壕，並到市外挖個人用防空壕等[22]。

1944年4月入學的土木科、建築科的第一屆新生開學後，尚能享受到短暫的學生生活，4月入學後曾上過化學、數學、獨語(德語)等共通學科，由於物資短缺，學生只能用教師手印的教材上課，但到了10月美軍開始空襲臺灣後就被編入軍隊。1945年3月入學的第二屆學生也同樣入了軍隊，終戰前1944年4月、1945年3月的入學生大部份在終戰時是以帝國陸軍二等兵升格為一等兵後除役，再回到學校上課。日籍學生回校後由學校發給在學證明書後返回日本，結束了與臺南工業專門學校的短暫情緣[22]。

對1944年、1945年考入臺南工業專門學校的學生在入學後即遭遇到「學徒動員」，幾乎沒能安心唸到書，而其中的日籍學生，多數並未取得臺南工業專門學校的學位就回到日本。

戰後1946年3月王石安校長接收學校後，5～6位的臺籍教授擔任重責大任，因師資不足大部份日籍教授繼續留任，但1947年228事件後於1947年4月底留任的日籍教授全體被遣返日本，一時之間師資奇缺，而後逐漸由中國籍的教師接任，上課的用語也逐漸由日語改為中國話[22]。

由1943年「臺南高等工業學校」經1944年改稱「臺南工業專門學校」，到1945年8月15日二戰結束，1945年10月25日在臺日軍受降，1946年3月王石安校長就任校長，學校改稱「臺灣省立臺南工業專科學校」以及同年10月改制為「臺灣省立工學院」，在這紛亂的過程中除了學校名稱改變、學校體制改變、學校校長、土木科系主任亦多所變換。

由於從日治末期到戰後初期，國內外情勢急速轉變之際，學校與科系亦隨之產生巨大的變動，為能清楚掌握變化的狀況，今將校科系的改變以簡表表列出來如表3-3-8。其中，校名、校長的變動情形十分清楚明瞭，而土木科系主任的變動情形稍微複雜較值得關心。土木科系主任在土木科成立時是由代理校長末光俊介兼任，終戰時由白根治一代理，到了王石安接任校長以及校名改為「臺灣省立臺南工業專科學校」時亦是由白根治一擔任代理科主任，甚至學校改制為「臺灣省立工學院」，土木科改為「土木工程學系」時，白根治一還是擔任代理系主任，當1947年4月底留任的日籍教授全部都被遣返日本時，才由系中僅剩唯一的林錫池兼任講師代理系主任，直到1947年8月王石安校長在南京聘請吳書發先生為土木系教授並任系主任為止。其後於1948年8月到10月由江鴻代理，自1948年10月1日起則由倪超擔任系主任，直到1968年8月交棒給周龍章為止，其擔任系主任的期間長達20年。

表3-3-8　1943年～1947年校科系的改變

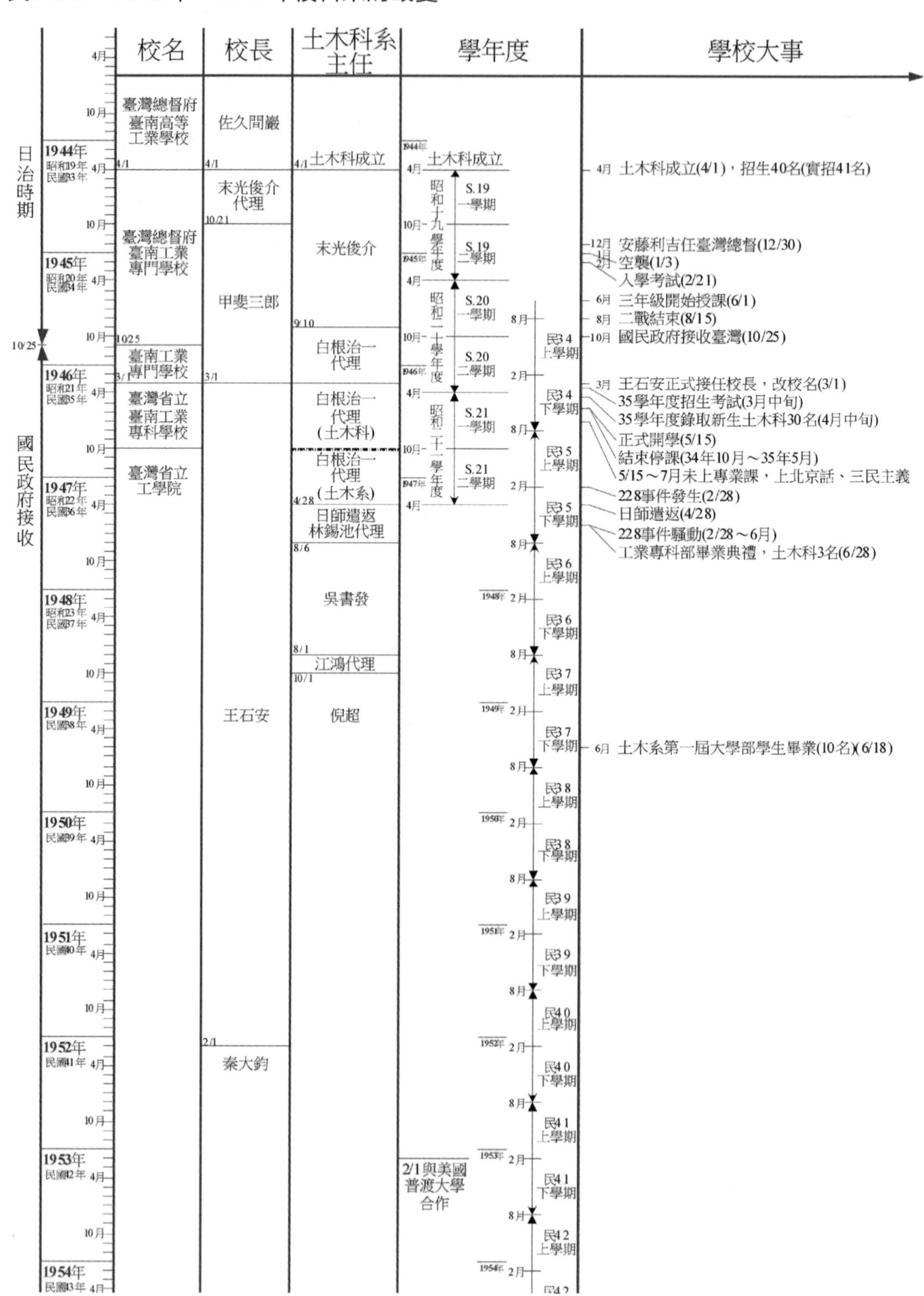

在學生方面，1944年4月臺南工業專門學校土木工學科成立時，第一屆新生名額為40名，但實際共錄取41名，其中日籍學生有33名外，臺籍學生有8名，約佔全部新生人數的2成，由昭和19年(1944年)入學學生的學籍簿(表3-3-9)可以知道這些學生的出身學校、住所以及本籍地，並可加以分析以瞭解其分佈情形。

表3-3-9　昭和19年(1944年)土木科第一屆入學學生的學籍簿

姓名	本籍	出身學校	住所
下須登	鹿兒島縣a	臺南第一中學	臺北市
小林良一	宮城縣c	臺北工業學校	臺北市
山下昭	愛媛縣b	臺南第一中學	高雄州
山口登	愛知縣c	臺北工業學校	臺北市
天羽孝司郎	德島縣b	臺中第二中學	臺中市
太田芳雄	兵庫縣b	臺南第一中學	臺南市
日淺智	愛媛縣b	臺南第一中學	臺南市
出島勝	東京都c	臺中第二中學	臺中州
加藤秀雄	宮城縣c	花蓮港中學	花蓮港市
半田盛一	島根縣b	臺南第一中學	臺南市
外間完治	沖繩縣a	沖繩第二中學	那霸市
田立需	岐阜縣c	臺北工業學校	臺北市
石橋佐稔	廣島縣b	新竹中學	新竹州
多田弘	福岡縣a	臺南第一中學	高雄州
池村德治	沖繩縣a	宮古中學	沖繩縣
西山覺	廣島縣b	臺北第一中學	臺北州
佐田成裕	熊本縣a	高雄中學	高雄市
角入三郎	廣島縣b	高雄中學	高雄州
松永英二	山口縣b	臺北第一中學	臺北市
松尾幹一	東京都c	嘉義中學	嘉義市
林能弘*	臺北州d	臺北工業學校	臺北市
河村浩	山口縣b	臺南第一中學	新營郡
法亢章二	東京都c	嘉義中學	嘉義市
柳沼茂	福島縣c	安積中學	高雄市
秋元和夫	埼玉縣c	臺北第三中學	廣東省
姬野梶彥	大分縣a	臺北工業學校	臺北市

續表3-3-9　昭和19年(1944年)土木科第一屆入學學生的學籍簿

姓名	本籍	出身學校	住所
宮城光德	沖繩縣a	臺北第一中學	臺中州
高津進一*(陳金川)	臺南州d	臺南第一中學	曾文郡
高肇藩*	高雄州d	私立長榮中學	岡山郡
許金水*	臺南州d	臺南第二中學	臺南市
野田裕司	鹿兒島縣a	臺北第一中學	臺北市
陳芳祥*	臺北市d	臺北第二中學	臺北市
善方時夫	福島縣c	臺南第一中學	臺南市
菱川幸雄	岩手縣c	高雄中學	高雄市
須田光三郎	郡馬縣c	花蓮港中學	花蓮港市
劉文宗*	新竹州d	新竹中學	新竹州
劉新民*	臺南州d	嘉義中學	嘉義郡
慶田五夫	鹿兒島縣a	臺北工業學校	臺北州
澄田博光*(鄧凱雄)	臺南州d	臺南第一中學	臺南市
橋口利久	鹿兒島縣a	佐吉保中學	高雄州
齋藤弘	佐賀縣a	臺北工業學校	臺北州

註：*為臺籍學生，a：沖繩、九州地區、
b：四國、西日本地區(關西地區以西)、
c：東日本地區
(關西地區以東，含中部地區、關東地區以及東北日本地區)、
d：臺灣。

1. 第一屆土木科入學新生本籍地的分佈情形

若將日本分成：a. 沖繩、九州地區；b. 四國、西日本地區(關西地區以西)；c. 東日本地區(關西地區以東，含中部地區、關東地區以及東北日本地區)；d. 臺灣，則本籍地的分佈如圖3-3-3。

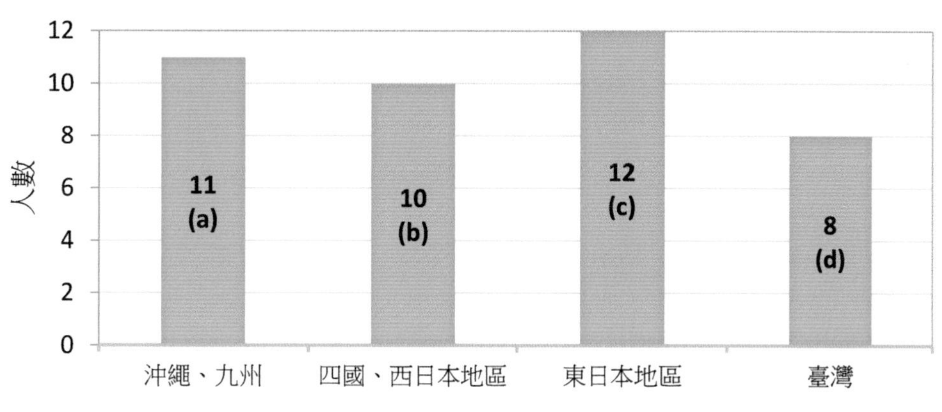

圖3-3-3　第一屆土木科入學新生本籍分佈圖

由圖3-3-3可見第一屆土木科新生的本籍地除了北海道以外，幾乎平均分佈在日本的本州、四國、九州以及沖繩等地，各地區均有10～12名學生，而本籍為臺灣者亦有8位。因此亦可知在日治時期由日本移住臺灣的日本人除了來自沖繩、九州、四國等較接近臺灣的區域外，由本州的西側到東側，甚至到東北日本亦有日本人移住臺灣。

2. 第一屆土木科新生出身學校的分佈情形

將所有新生的出身學校依錄取人數排列，則如圖3-3-4所示。

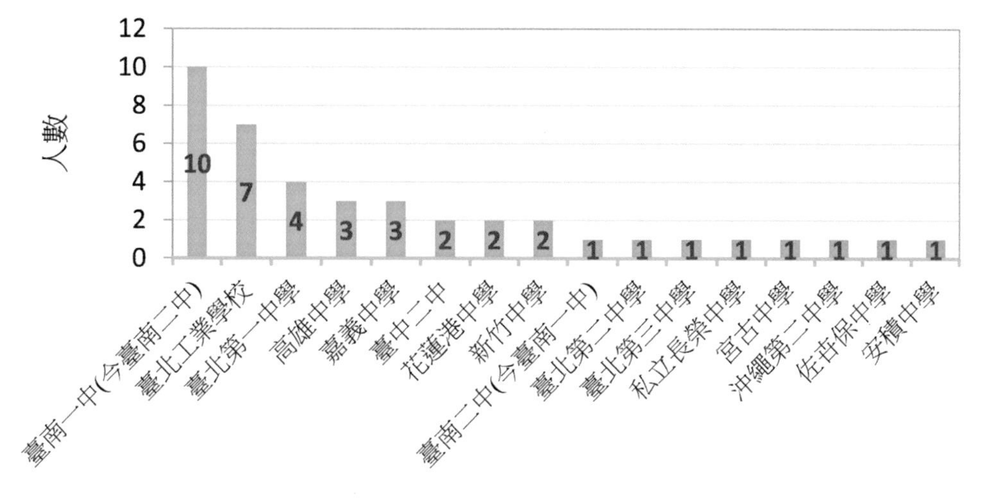

圖3-3-4　第一屆土木科入學新生出身學校分佈圖

由錄取新生的出身學校可見除了臺灣各地的主要中學的日籍、臺籍畢業生都來參與競爭外，由九州、沖繩的學校亦有學生報名考試，顯示臺南工業專門學校在日治後期是一所在日本九州以南區域中著名的工業專門學校。

3. 第一屆土木科新生家庭住所的分佈情形

將所有的新生依其家庭所在的州、市、郡，也可以瞭解臺南工業專門學校土木科的影響範圍，如圖3-3-5。

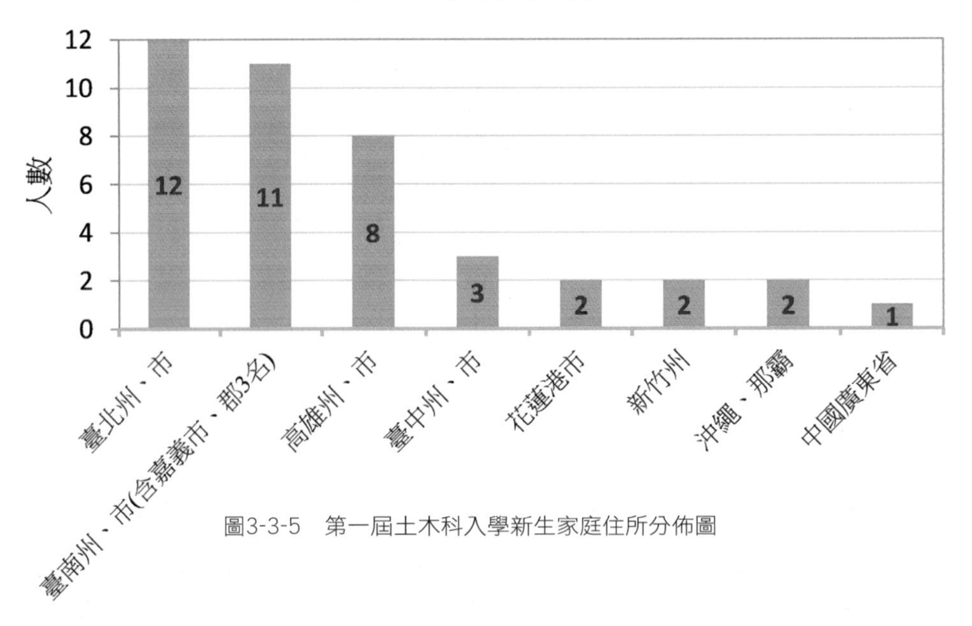

圖3-3-5　第一屆土木科入學新生家庭住所分佈圖

由圖3-3-5土木科新生其家庭住所的分佈情形可見，以居住在臺北州、市以及臺南州、市、高雄州、市的學生為最多，與當時臺灣各州、市人口數的序列相同，同時亦有住家遠在東臺灣及沖繩、中國廣東的學生進入土木科。

此外，第一屆土木科錄取的學生中，林能弘、高津進一(陳金川)、高肇藩、許金水、陳芳祥、劉文宗、劉新民、澄田博光(鄧凱雄)等8位為臺籍學生，而劉新民在報到後即申請休學一年。

如前所述，1944年(昭和19年)4月入學的土木科第一屆新生，在開學後尚能享受到短暫的學生生活，4月入學後曾上過一些化學、數學、獨語(德語)等共通學科，由表3-3-10某位第一屆土木科入學生的成績表可以看到其在土木科1年級的修課科目有15科。

表3-3-10　第一屆土木科入學生之成績表

成績表

學科目 \ 學年 學期	第一學年 第一學期	第一學年 第二學期	第一學年 學年	第二學年 第一學期	第二學年 第二學期	第二學年 學年	第三學年 第一學期	第三學年 第二學期	第三學年 學年	第　學年 第一學期	第　學年 第二學期	第　學年 學年	卒業成績
道義	75	65	70										
體鍊	82	80	81			85	80						
教練	85	82	84										
人文 英語	73	70	72			64							
人文 獨語	70	70	70			60							
數學	60	65	63			70	60						
物理 物理學	45	80	63										
物理 物理實驗													
化學	65	65	65										
地質													
地震													
土木材料	68	85	77										
電氣						100	85						
機械													
測量	79	70	75										
土木施工						70	75						
施工機械													
交通路 道路						69							
交通路 鐵道						86	68						
交通路 都市計畫													
交通路 港灣													
水工 水理學	80		80										
水工 上水													
水工 下水													
水工 河川						59							
水工 港灣													
水工 氣象及發電													
水工 水力													
水工 農業土木													
土木構造 材料力學													
土木構造 構造力學	60	80	70										
土木構造 橋梁							74						
土木構造 堰堤													
土木構造 地下構造物						58							
土木構造 建築													
土木構造 鐵筋コンクリート						95	85						
工業經營							77						
土木法規													
圖學	85		85										
設計製圖	83	69	76		—	82	60						
材料實驗													
構造實驗													
水理實驗													
測量實習	85	75	80										
土質試驗													
灌漑						79	97						
衛生						75	60						
應力						76							
國語						80							
獨文						65	70						
合計	1095	956	1111			1273	2398						
平均	73	74	74			75	73.8						
席次	17/37	[illegible]	15/[illegible]			7/12							
判定													

優 80—100
良 60—79
可 40—59
否 0—39

在第一學年度1944年度(昭和19年)雖然學生被動員從事軍事作戰準備，但授課尚屬正常，其接受的科目有「一般基礎教養科目」的「共通學科」如英語、獨語(德語)、數學、物理學、化學等，以及「土木專業科目」如土木材料、測量學、水理學、構造力學、圖學、設計製圖、測量實習，還須修習道義、體鍊、教練等三科。其中：

「道義」類似於「修身」、「公民與道德」之課程，在於涵養學生的意志、思想、情操，特別要留意學生是否具備將來作為工業家所需的品格與道德操守。

「體鍊」類似於「體操」、「體育」，體操訓練旨在鍛鍊學生強健之身心，藉由涵養團體觀念，以達到注重紀律、團隊合作之成果。

「教練」類似於「軍訓」，就是由配屬在學校的現役將校對學生進行軍事教育與訓練，包括步兵操典、陣中要務令、步兵射擊教範……等。

而「英語」、「獨(德)語」等外國語，在於涵養學生可以參考閱讀原文書的能力，且具備與外國工業家交流的語文能力，同時期待透過外國文學名家之作品，引發學生對於外國語文學習的興趣。

「數學」旨在使學生具備高等數學的基本概念，課程內容包括高等數學中的解析幾何學、代數學、微分學、積分學及微分方程等。

「物理學」、「化學」旨在使學生在具備基礎微積分的知識下，具備普通物理學、化學的各項基本概念。

在專業科目中土木材料之擔任老師為八田一雄，測量學及測量實習由白根治一，水理學由後藤定年，製圖由後藤定年及白根治一分別擔任授課。

可是到了第二學年(昭和20學年度，1945年4月～1946年3月)除了遇到美軍軍機時常空襲臺灣之外，由於戰爭愈來愈緊迫，日籍師生被徵召上戰場外，軍隊亦進入學校使用學校空間，上課愈來愈不正常，加上1945年8月15日日本投降，10月25日國府代表盟軍接收臺灣，在變動的環境下更無法正常上課，所以缺席、缺課情形經常發生。因此第二學年度可以說是在斷斷續續中共修完17門課，但由表3-3-10之成績表來看，第二學年的科目分不清是第1學期還是第2學期修習的，總之成績表上只列有學年成績而已，顯示第二學年時教學授課受到極大的干擾與妨礙，其中土木專業科目有土木施工、道路、鐵道、河川、地下構造物、鐵筋コンクリート(鋼筋混凝土)、設計製圖、灌溉、衛生、應力等10科。

第三學年度第一學期(1946年4月～1946年10月)，此時已是戰後校名改為「臺灣省立臺南工業專科學校」，修完的課程有體鍊、數學、電氣以及專業科目的土木施工、鐵道、橋樑、鐵筋コンクリート、工業經營、設計製圖、灌溉、衛生等8科，授課的教師可能還是以日籍教師為主。

在1946年10月15日學校改制為「臺灣省立工學院」，「土木工程科」改制為「土木工程學系」，在此之前於昭和19年(1944年)4月及昭和20年(1945年)4月入學的「臺南工業專門學校」的土木科第一屆及第二屆學生，以及戰後民國35年(1946年)5月入學的「臺南工業專科學校」的土木科新生，就面臨學校由工業專科學校改制為工學院的問題，特別是已經唸到專科三年級的第一屆學生就須馬上判斷是否繼續升入工學院成為大學生，或是以專科的畢業生的身份走出校門。

經過校方與臺灣省行政長官公署教育處多次協商後，教育處同意學校採取的處理方式是：

(1) 第一屆土木科(昭和19年(1944年)4月入學)的學生(當時為專科三年級)不願升入工學院者，繼續在原班肄業，惟名稱改為「專修班」，在完成專科的課程後就可畢業。

(2) 第一屆土木科的學生(當時為專科三年級)於35學年度下學期(1947年2月～7月)改為大學二年級下學期的學生，並自1947年8月(36學年度)升為大學三年級學生(同時學校承認其在專科三年所修讀的課程可抵大學部學科75個學分)。

(3) 第二屆土木科(昭和20年(1945年)4月入學)的學生(當時為專科二年級)於35學年度下學期(1947年2月～7月)改為大學一年級下學期的學生，並自1947年8月(36學年度)升為大學二年級學生(同時學校承認其在專科二年所修讀的課程可抵大學部學科34個學分)。

(4) 第三屆土木科(民國35年(1946年)5月入學)的學生(當時為專科一年級)於35學年度下學期改為先修班，讀完先修班後於於1947年8月(36學年度)升入大學一年級。

所以在1946年10月15日「臺灣省立臺南工業專科學校」改制為「臺灣省立工學院」之後，第一屆土木科的學生於專科三年級的第二學期在工學院(專科部)再修讀三民主義(1學分)、國語國文、歷史、地理(皆無學分)，以及專業科目鋼筋混凝土(2學分)、道路工程(4學分)、電工(2學分)、鐵道工程(2學分)、構造力學(2學分)、材料力學(2學分)、體育(1學分)，合計16學分(表3-3-11紅框)。

表3-3-11　臺灣省立工學院專科部三年級下學期的修課內容(紅框部份)(1947年2月～7月)

專科時代修習科目及分數

第一學年 科目	上學期	下學期	第二學年 科目	上學期	下學期	第三學年 科目	上學期	下學期
道義	75	65	體育		85	體育	80	
体鍊	82	80	英文		64	數學	60	
教練	85	82	國文		60	電氣	85	
英文	75	70	數學		70	土木施工	75	
國文	70	70	電氣		100	鉄道	68	
數學	60	65	土木施工		70	橋梁	74	
物理學	45	80	道路		69	[illegible]	85	
化學	65	65	鉄道		86	工業[illegible]	77	
土木材料	68	85	河川		59	設計製図	60	
測量學	79	70	地下構造物		58	[illegible]工程	97	
水理學	80		[illegible]		95	[illegible]工程	60	
構造力學	60	80	設計製図		82	國語國文	70	
[illegible]	85		[illegible]工程		79	三民主義		80
設計製図	83	69	[illegible]工程		75	國語國文		60
測量實習	85	75	應用力學		76	歷史		80
			國語		[illegible]	地理		65
			國文		65	鋼筋混凝土		78.7
						道路工程		78.4
						電工		62
						鐵道工程		80
						構造力學		60
						材料力學		60
						體育		78.4
總計	1095	956	總計		1273	總計	2398	1061
平均			平均		75	平均	79.8	70.7
操行成績			操行成績			操行成績		
附註			附註			附註		

操行成績					操行成績	90	甲	90	甲
附註					附註	35學年度			

第參學年 (36年8月至37年7月) 科目	上學期 成績	上學期 學分	下學期 成績	下學期 學分	第肆學年 (37年8月至38年7月) 科目	上學期 成績	上學期 學分	下學期 成績	下學期 學分
國文	72	2	66.5		水力發電工程	77	3		
英文	70	3	75		污水工程	79	3		
微分方程	52	3			都市給水工程	82	3		
大地測量	77	3			港灣工程	90	3		
結構學	60	3			契約及規範	76	1		
鋼筋混凝土	70	3			電工實驗	80	1		
水力學	60	3			鋼筋混凝土工	89	3		
水文學	68	2			微分方程				
應用天文	76	3			工廠實習	69	2		
圬工結構及基礎	90	3			結構學			68	3
鐵道工程	90	3			畢業論文			80	2
材料力學			78.5	4	微分方程			73	3
河工學			82.8	3	都市計劃			75	2
熱機學			81.3	3	河工設計			75	1
地質學			65	2					
機動學			60	2					
契約及規範			73	1					
材料試驗			79	1					
水力試驗			63	1					
結構計劃			75	2					
總平均	2215.0 71.5		1422.5 78.9		總平均	82.4		72	
扣分					扣分				
實得					實得				
學分		21		19	學分		19		11
体育成績	81		82		体育成績	80		82	
操行成績	90	甲	90	甲	操行成績	80	甲	86.5	乙上
附註					附註	畢業論文成績未列入學業總平均成績內			

註冊組主任　　　　教務長

其後，要以工學院專科部土木科畢業生名義畢業者，則再參加畢業考試，一共考六科，包括國語國文、材料力學及鋼筋混凝土、鐵道工程、道路工程、結構力學等，畢業考平均成績及格者方能畢業，如表3-3-12。

表3-3-12　土木科1947年6月專修班畢業生畢業考試成績

姓名	楊德宗	黃錦豐	花繼堯	張泰科	張朝埕	黃[illegible]谷	鄭華生	許金爍	許金水	陳金川	陳世雄
科別	機械	電機	電機	化工	電化	電化	電化	土木	土木	土木	建築
國語國文	70	91	90	76	69	70	80	79	75	85	98
內燃機	70										
化學機械	65			61	85	95	65				
材料力學	50							50	82	50	40
航空機	60										
微分方程	75										
輸電配電		63	85								
交流機		67	60								
有線通訊		62	70								
電力發生		78	81								
電焊學		82	81								
燃機化學				68							
有機化學				69							
製革學				65							
工業數值計算法				78							
電解					92	94	71				
電冶					93	85	67				
熔融鹽電解					80	82	70				
電池及蓄電池					84	81	90				
鋼筋混凝土								80	97	75	
鐵道工程								93	95	97	
道路工程								90	90	93	
結構力學								68	90	48	52
美術工藝史											85
建築圖案(設計)											85
建築計劃											85
共計分數		443	467	417	503	507	443		529		
平均成績		73.8	77.8	69.5	83.8	84.5	73.8		88.2		
判定事項											
	20	10	9	14	5	4	11	16	2		17

於是在1947年6月28日以臺灣省立工學院專科部土木工程科畢業生的名義畢業者有許金水、許金燦及陳金川等三名，他們是臺灣高等土木工程教育體系中最早完成學業的臺籍學生，較臺灣大學土木系於1948年6月才產生第一屆臺籍畢業生更早一年。

照片3-3-19　高肇藩教授就學時照片

由於學制的改變，由專科三年級的學生編入工學院成為大二下學期的學生，要繼續修讀2年才能畢業，所以在1948年(民國37年)6月土木系並無學生畢業。

而1944年4月入學的臺籍學生以及戰後由日本轉學回臺編入第一屆土木科的臺籍學生中，自願編入工學院土木工程系三年級班繼續就讀2年的共有9名，其中有鄧凱雄、高肇藩等人，在全部修讀五年之後，於1949年6月(民國38年6月)自臺灣省立工學院土木工程學系畢業，並取得土木工程學士的學位，這是省立工學院土木系學生取得土木工程學士學位的最先鋒，較臺灣大學土木系第一屆臺籍畢業生尚遲一年產出。同年高肇藩(照片3-3-19)留校擔任助教，後逐漸升等為講師、副教授、教授，是環境工程系的創系系主任(1976年)，以及環境工程研究所的創所所長(1980年)。

第一屆土木科的臺籍學生在1944年4月入學時有8位，報到後有一位休學(劉新民)，在戰後1946年4月專科二年升專科三年時，有由日返臺的學生5位編入，1947年2月(35學年度下學期)有3位同學(許金水、許金燦、陳金川)進入專修班，而其他9位學生則編入工學院土木系二年下學期。進入專修班的3位學生則於1947年6月以專科部畢業生的身份畢業，而進入工學院土木系的學生在1947年8月有一位離校(陳芳祥)，同時亦有兩位中國學生轉入土木系(蔡子威、蘇梓郎)，在工學院唸完2年後於1949年6月共有10位土木系第一屆畢業生產出，其名單如表3-3-13，而其學習過程中之變動則參考表3-3-16。

表3-3-13　1949年6月土木系第一屆畢業生名單

林能弘	邱賜德	高肇藩	張冠玉	陳端祥
廖福裕	劉文宗	蔡子威	鄧凱雄	蘇梓郎

至於第二屆土木科的學生(昭和20年(1945年)4月入學)，也在入學後於1947年2月(35學年度下學期)由專科二年級下學期改編入工學院大學一年級下學期，而後於1947年8月升為大學二年級，最後也是在修讀五年後在1950年6月由臺灣省立工學院土木系畢業，取得土木工程學士學位，這是省立工學院土木系的第二屆學士畢業生共有劉新民、王櫻茂、陳廉泉等13名，其中王櫻茂(照片3-3-20)留校擔任助教，而後成為土木系教授、系主任(1976.08～1979.07)。

照片3-3-20　王櫻茂教授就學時照片

第二屆土木科的臺籍學生在1945年4月入學時有14位，加上1位復學生(劉新民)，於1945年10月日籍學生返日之同時，有3位臺籍學生由日返臺編入土木科中(曾振輝、黃榮章、黃顯榮)，惟到了專科一年結束時(1946年3月)有5位學生成績不合格，並有3位學生未繼續學業，在1946年9月又有1位學生由日返臺編入土木科中(王櫻茂)，在1947年8月則有中國學生(吳根彰)及建築系學生(曹溪卿)轉入土木系二年級，最後在1950年6月土木系第二屆畢業生共有13位學生取得土木工程學士學位，名單如表3-3-14所列，其中王櫻茂的畢業證書如照片3-3-21所示，而1943年～1947年學生學習過程之變動則列於表3-3-16。

表3-3-14　1950年6月土木系第二屆畢業生名單

王櫻茂	吳根彰	林俊英	張金波	曹溪卿	陳芳振	陳廉泉
黃顯榮	楊忠正	楊清野	劉新民	劉義興	鄭瀛鐘	

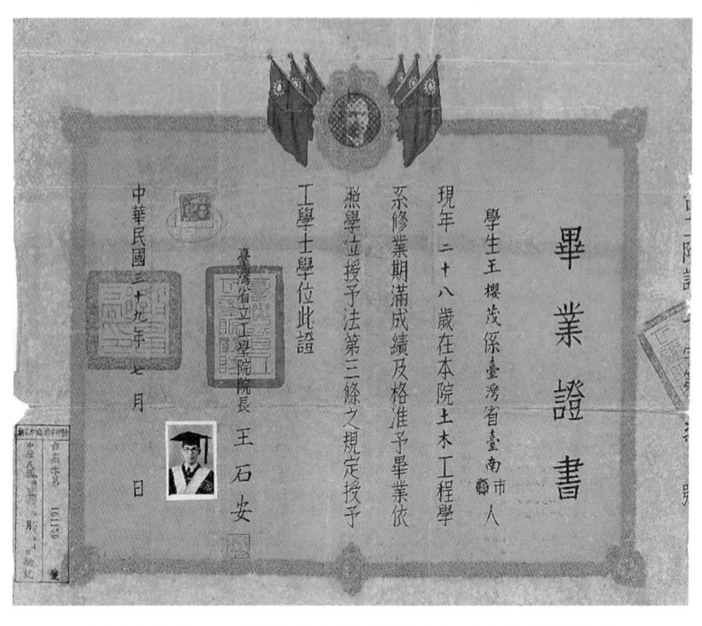
畢業證書
學生王櫻茂係臺灣省臺南市人
現年二十八歲在本院土木工程學
系修業期滿成績及格准予畢業依
照學位授予法第三條之規定授予
工學士學位此證
臺灣省立工學院院長 王石安
中華民國三十九年七月 日

照片3-3-21　王櫻茂教授的臺灣省立工學院畢業證書
（王昭智先生提供）

到了戰後，「臺灣省立臺南工業專科學校」土木科在1946年3月(民國35年3月)招收第三屆(戰後第一屆)的土木科學生，錄取生在5月15日正式開學，惟並未真正上課而是由5月15日到7月放暑假前1個半月全校學生及臺籍教師一律上北京話課程，並未上專業科目[13]。

學業優良獎狀
學生游啟亨在本院土木工程學系
修業期滿學業成績優良名列第
壹特給獎狀以資鼓勵此狀
臺灣省立學院院長王石安
中華民國 年 月 日

圖3-3-6　游啟亨教授在大學時代成績優良獲頒學業優良獎狀

土木科第三屆的學生在1946年8月開始上課到1946年10月就遇到學校改制為工學院，所以在1947年2月(35學年度下學期)則由專科一年級下學期改編為工學院先修班。而後在1947年6月完成先修班的課程後，於1947年8月才真正成為省立工學院土木系大學一年級的學生。土木科第三屆的學生也是在修讀五年後，到1951年(民國40年)6月才能由土木系畢業，這一屆是戰後第一次招收的土木科學生(民國35年5月入學)，其中有一位後來成為土木系教授、系主任(1979.08～1985.07)的游啟亨，其在1951年由臺灣省立工學院土木系畢業時，成績為班上第一名，獲王石安院長頒「學業優良獎狀」，如圖3-3-6，並留校擔任助教。

第三屆土木科的學生是1946年5月開學，有新生29名，重修生5名，以及自1946年9月～10月間由日返臺的編入生有6名，總共40名學生。

在1946年8月有一位同學休學(顏惠霖)，到了10月也有一位同學休學(盧錘錕)。在1947年2月有6位同學第一學期成績不佳重習(留級)，到了先修班結束時的1947年8月有2位復學生及1位上海轉學生(須洪熙)進入土木系一年級，同時也有一位同學休學(王碧東)，到了土木系一年上學期結束時的1948年2月有一位同學被退學，另外一位同學被停學1年，此時班上的同學剩下32名。其後到1951年6月大學四年級畢業之間尚有9位同學因各種理由離開土木系，最後第三屆土木系畢業生只剩23位(參考表3-3-15及表3-3-16)。成大土木系的傳統 — 訓練嚴格、不容易順利畢業，由此屆學生的淘汰比率可見端倪。

表3-3-15　1951年6月土木系第三屆畢業生名單

王能振	朱榮彬	江醫豹	呂鴻哲	宋輝勳	李清賢	林大振	林長聰
洪陵溪	胡江東	范德科	徐春雄	張聰洲	許夢雲	許興五	陳　割
游啟亨	須洪熙	劉義雄	蔡志權	蕭木全	薛鉠泉	蘇萬鐘	

綜合以上所述，將「臺南工業專門學校」時招收的土木科第一屆、第二屆學生，以及「臺灣省立臺南工業專科學校」土木科招收的第三屆學生，其在改朝換代、學校改制、科系變動的時期，如何順應環境的改變，最後努力畢業的過程以表列出如下頁表3-3-16所示。

表3-3-16　1943年～1947年學生學習過程之變動

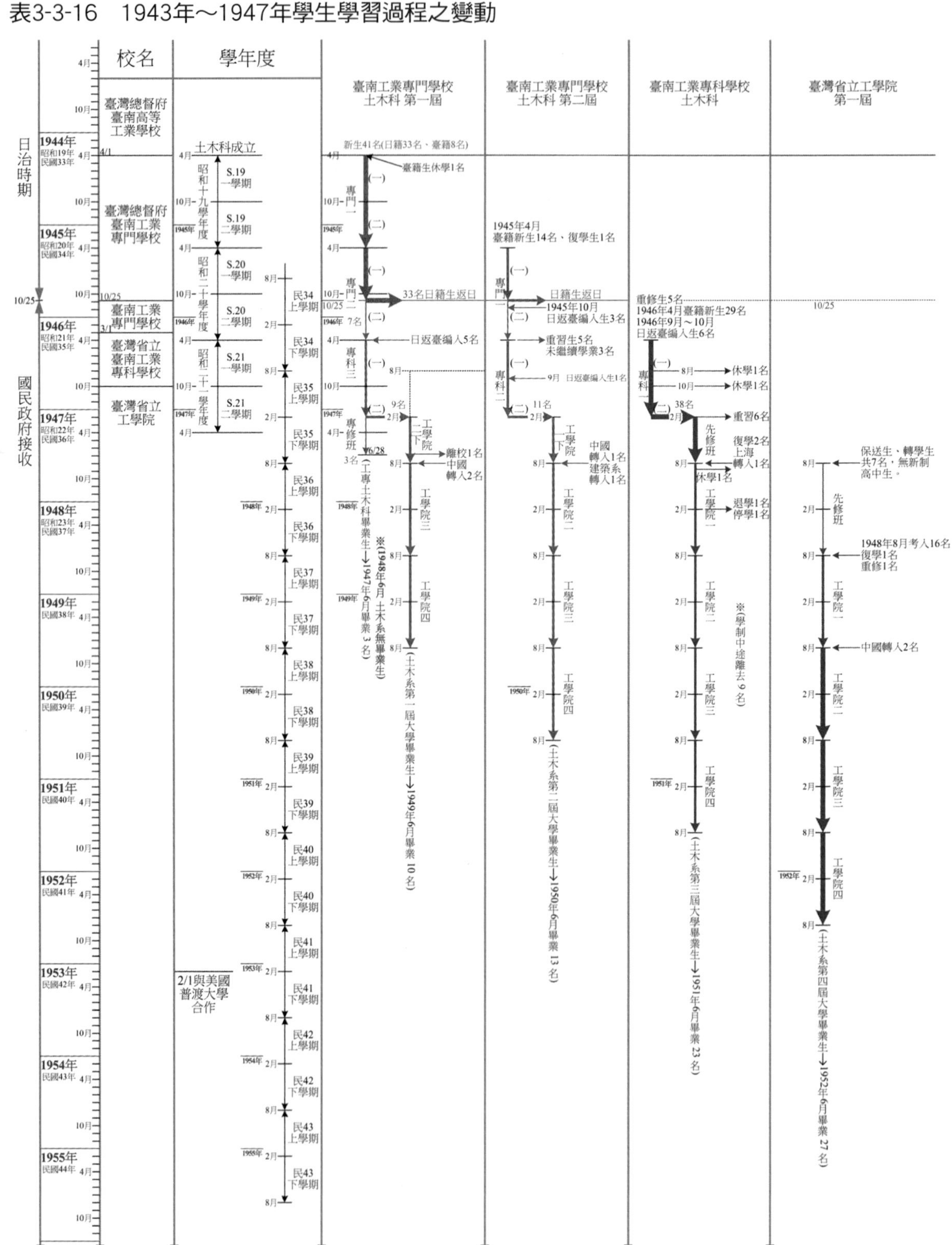

此外，臺灣省立臺南工業專科學校於1946年10月改制為臺灣省立工學院，但工學院要到1947年8月(36學年度)才招收第一屆新生。由於日治時期舊制中學是修讀四年到五年，而戰後新制中學須接受初中3年、高中3年共6年的教育，亦即舊制中學的學生到了戰後，在新制高中必須再多讀1年才有高中畢業的資格，也才能參加大學的入學考試。所以省立工學院在1947年度招收第一屆新生時，並無新制高中生來應考，只接受保送生及轉學生等，錄取後先進入「先修班」1年後，再正式進入工學院土木系1年級就讀，他們與1948年8月考入土木系的新生(已受完初中三年、高中三年共6年的中學教育)一起到1952年6月才由土木系畢業，成為土木系第四屆大學畢業生。其名單如表3-3-17。

表3-3-17　1952年6月土木系第四屆畢業生名單

王碧東	江作義	江明得	杜雍和	沈金雄	沈耀珍	林長壽	林昭陽	高村林
張文雄	張金水	許仲仁	陳昭澤	陳秋聲	陳敬重	陳肇熙	陳燿輝	黃江林
黃鵬謀	楊源祥	廖東林	潘雲南	蔡榮章	盧偉民	顏雲鵬	羅降	羅逸群

五、臺北州立臺北工業學校土木科(臺灣省立臺北工業職業學校土木科、臺灣省立臺北工業專科學校土木工程科)(1945年～1950年)

(一)臺北州立臺北工業學校之改制

1945年8月太平洋戰爭結束，國民政府接收臺灣，12月31日「臺北州立臺北工業學校」改名為「臺灣省立臺北工業職業學校」，由杜德三先生擔任戰後第一任校長(照片3-3-22)。杜校長中國山東招遠人，北平師範大學畢業。

1946年元月正式復課，4月改變日治時期之學制為三三制，設高級部及初級部，各設機械、電機、土木、建築、化學、採礦六科。9月增設冶金科，並將採礦科改為礦冶科。

照片3-3-22　杜德三校長

1946年9月1日臺灣省立臺南工業專科學校(10月15日升格為臺灣省立工學院)校長王石安博士兼任臺北工業職業學校校長(照片3-3-23)。

1946年10月1日改由簡卓堅先生接任校長(照片3-3-24)。

簡校長中國廣東新會人，畢業於日本九州帝國大學機械工學科，曾任教於國立中山大學、國立中央大學、國立重慶大學、軍政部兵工大學等，並擔任經濟部專門委員。

照片3-3-23　王石安校長

照片3-3-24　簡卓堅校長

戰後1946年10月當時臺灣唯一的工業專科學校「臺南工業專科學校」(今成功大學)，獲准升格為「臺灣省立工學院」，而「省立臺北工業職業學校」即有在校師生及畢業生亦希望升格為工業專科學校(工專)，臺灣省行政長官公署教育處遂同意以本省缺乏技術人才養成之所，並適應地方環境為由，簽請升格工專，並獲得行政長官陳儀核准，惟次年「二二八事件」發生，行政長官陳儀去職，教育首長也隨之更易，升格之路遂中止[33]。

與此同時，教育相關單位改變方針，要求「臺北工業職業學校」以「臺灣省立工學院委託臺北工業職業學校」的名義設立工業專科，依此命令「臺北工業職業學校」將成為「臺灣省立工學院」之附屬工專，而非獨立升格。臺北工業職業學校校友會乃推派校友陳華洲遠赴南京，向教育部陳情單獨升格事宜，不過在1947年9月省教育廳通令，以「代辦省立工學院臺北專科分班」名義辦理，開設電機科一班，修業期限三年，招收高中畢業生，直到位在南京的教育部核准升格為止。

1948年7月奉令「臺北專科分班」於1947年度學期結束後，辦理結束，現有學生撥歸臺灣省立工學院接收。

1948年8月奉令升格為「臺灣省立臺北工業專科學校」(照片3-3-25)，成為全臺僅有的5所大專院校之一，並由簡卓堅校長出任首任校長，初設五年制機械、電機兩科。11月錄取首屆專科學生機械、電機兩科各40名。

照片3-3-25　1949年臺北工專校門，今八德路上

照片3-3-26　顧柏岩校長

1949年7月25日顧柏岩先生接任校長(照片3-3-26)。

顧校長中國江蘇南通人，1938年畢業於北平清華大學物理系；1944年赴美國西北大學專攻工業管理；1945年回中國主持兵工署光學玻璃製造工作；1948年任教育部中華儀器製造所所長。

1949年8月「臺灣省立臺北工業專科學校」增設五年制化工及礦冶兩科，增設三年制電機科(分電力及電訊兩組)。

(二) 土木科之概況

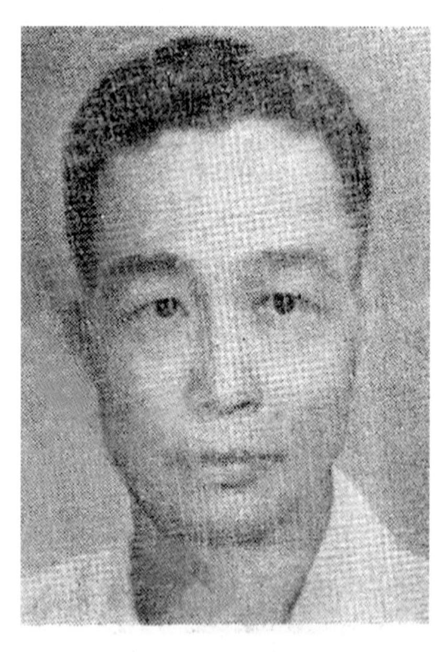
照片3-3-27　汪申科主任

1950年9月「臺灣省立臺北工業專科學校」增設五年制土木工程科，科主任由法國巴黎建築學院畢業的汪申教授兼任(照片3-3-27)。汪教授為中國安徽婺源人，曾任中國北平市工務局局長。

1950年時，「臺灣省立臺北工業專科學校」五年制的土木工程科之必修科目有三民主義、倫理學、國文、英語、歷史、地理、音樂、化數、立體幾何、物理、普通化學、微積分及微分方程等學科外，專業科目有測量、製圖、材料力學、工程材料、木工、金工、地質學、道路學、水力學、結構學、鋼筋混凝土、鐵道學、水利工程、衛生工程、河工學、圬工學、海港工程、橋樑工程、都市計劃，土木工程設計、建築設計、經濟學概論、工程管理、專題研究等，五年總共203學分。

選修科目有：土壤力學、機電工程概要、航空站設計、防空工程、防洪工程、建築史、水彩畫、庭園學等。

此時，土木科內之設備有：① 陸地測量設備主要有經緯儀(23套)、水準儀(18套)、平板儀(24套)；② 測候設備有風速計、雨量計、晴雨計、溫度計；③ 材料試驗設備有水泥耐壓試驗機、水泥耐拉試驗機、水泥凝結試驗機、供試體加壓機及供試體模盒等及模型設備等。

照片3-3-28為土木科之材料強度試驗，照片3-3-29為土木科學生之測量實習情形(1950年)[34]。

照片3-3-28　材料強度試驗[34]

照片3-3-29　測量實習之情形[34] (1950年)

土木科之實習，在一、二年級為測量實習，三年級為結構設計實習。

1950年土木科之主要師資如：[34]

教授兼土木科主任 汪申	安徽婺源，法國巴黎建築學院畢業。
講師兼土木科土木組主任 劉立明	廣東番禺，北平土木工程專科學校畢業。
講師兼土木科建築組主任 楊達城	廣東中山，日本京都帝國大學土木工學科畢業。
副教授　翁禮維	福建林森，國立東北大學土木系畢業。

第四節　美援時期臺灣的高等土木工程教育概況(1951年～1965年)

一、臺灣內外重要事件(1951年～1965年)

1950年6月25日韓戰爆發，因為中華人民共和國反美親俄，並大舉入侵韓國，且有可能侵略臺灣，領導二戰勝利的美國其總統杜魯門隨即在6月27日宣佈「臺灣海峽中立化」，並派遣第七艦隊進駐臺灣海峽協防。同時，自1951年到1965年間，除軍事援助外，臺灣每年接受美國約1億美元的經濟援助，對臺灣的農業、醫療、工程以及教育上提供不少的助益。

在美援教育計畫中除了提升我國的工程教育及工業教育、社會中心教育、師資教育的水準外，對農職教育及科學教育以至僑生教育皆有明顯的助益，其中工程教育計畫為美援教育計畫中最早實施者。

在1952年教育部鑒於我國工程人才之缺乏，洽美援協助我國發展高等工程教育，經美國國際合作總署及聯邦教育署共組調查團來臺調查之後，美國派遣不少大學教授來臺協助教學、研究的工作外，並提供研究所需設備，同時亦選派臺灣的教師赴美進修，對臺灣戰後的工程教育水準的提升有明顯的貢獻。

在土木工程方面於美援期間，在美國的協助下，臺灣在桃園興建了石門水庫，其是由1956年動工，1964年竣工。這一個在動盪不安的時期所進行的重大土木工程，安定了國民的信心，也給國內激發了一股土木工程的熱潮。當時的土木工程系成為工學院中最熱門的科系，土木工程師的待遇也是工科學生中最高者。

惟在1951年到1965年間臺灣國內外的局勢面臨許多危機與轉機，除了韓戰以外有如下幾項：

① 1951年6月29日，臺灣公佈施行「耕地三七五減租」及「公地放領」。

② 1951年9月8日，日本與51國簽署「舊金山和約」，不含中華民國、中華人民共和國及蘇聯。

③ 1952年4月28日，「舊金山和約」正式生效，日本政府放棄臺灣、澎湖等島嶼的一切權利、權利名義與要求。同日，中華民國與日本簽訂「中日和平條約」。

④1952年10月31日，國防部總政治部主任蔣經國組織「中國青年反共救國團」。

⑤1953年1月實施「耕者有其田條例」。

⑥1953年5月24日，臺灣省主席吳國楨辭任後赴美，俞鴻鈞接任第四任臺灣省主席。

⑦1953年7月27日，韓戰停戰協定簽訂。

⑧1954年3月29日，蔣介石當選第二任總統，陳誠當選副總統。

⑨1954年9月～1955年1月中國人民解放軍攻佔一江山島，此為臺灣海峽第一次危機。

⑩1954年12月2日，臺灣與美國在華盛頓簽訂<中美共同防禦條約>。

⑪1956年7月7日，石門水庫開始興建(1964年6月14日正式竣工)。

⑫1956年7月7日，由美援提供主要經費及工程規劃，榮民擔任開發主力，由臺中到花蓮的中部橫貫公路開工(1960年5月9日通車)。

⑬1958年8月23日中國人民解放軍對金門的臺灣駐軍發動榴彈砲突擊，在四十四天內發射近五十萬發，在美國的協助下迫使中華人民共和國於10月10日停戰，此為臺灣海峽第二次危機，又稱「八二三砲戰」。

⑭1959年提出「省辦高中，縣市辦初中」的教育政策。

⑮1965年1月13日，蔣經國就任國防部長。

⑯1965年3月5日，副總統陳誠逝世。

以下分別對美援期間接受美援的臺灣大專院校：1. 國立臺灣大學、2. 臺灣省立工學院(省立成功大學)、3. 臺灣省立臺北工業專科學校、4. 臺灣省立農學院(省立中興大學)，在美援經費的應用以及同時期各校土木工程教育的發展概況加以說明：

二、國立臺灣大學(1951年～1965年)

(一) 臺灣大學美援經費的應用

臺灣大學是由1952年開始接受美援經費之補助，到1962年十年間共接受新臺幣272,372,000元(包括美金援款及農復會補助經費)，與同期間政府撥付臺灣大學的經費新臺幣286,515,000元幾乎相等。政府之經費多用於經常性之支出，而美援撥款多用於學校建設與購置設備，使得臺灣大學在教學、研究、實驗各方面獲得改善[35]。

臺灣大學接受美援經費，其支出可分為 (1) 計劃型之科學教育、農業教育、醫療及僑生教育計劃之支出：包括美金器材採購費用及臺幣費用。(2) 技術服務費用：包括外籍顧問人員之美金費用及在臺之臺幣費用。(3) 出國進修人員費用：包括出國人員之美金費用及臺幣費用。

在美援期間，臺大曾先後與美國加州大學(1954.10.27～1957.10.26)及密西根大學(1960.7.25～1964.7.31)訂立技術合作合約，由加大及密大派遣農業教育專家來臺擔任顧問，同時由臺大選派教師赴美進修。此項合作計劃對於臺大之農業教育之改進及對臺灣農業發展貢獻頗多，其主要項目有：(1) 課程改革、(2) 教學改進、(3) 充實教學及研究設備、(4) 各項研究工作之進行、(5) 推廣與講習活動、(6) 改進乳牛牧場之管理、(7) 改善蔬菜之產銷、(8) 農場經營之改善、(9)實驗林場之經營、(10)派遣教員赴美進修(含教授、講師、助教、研究助理等)。

總之，在美援期間，臺大受美援支助最多為農學院、理學院及醫學院。工學院只有在1956年、1957年僑教計劃及1957年之農復會計劃下分三年建構一棟面積1,759坪，可容納學生963人的工程館，如圖3-4-1及照片3-4-1所示[36]。同時，自1952年到1962年，臺灣大學接受美援出國進修的人員共有112人，其專長多為農教、醫療、農業、林業、僑教為主，並無工程專長的人員出國進修[35]。

1960 民49年《概況》
工學院工程館（今土木工程館）
《工程學刊》第1期（1957.10）
鍾皎光院長，〈本院要務簡報〉
「一、關於工程館方面」
「因在臺美援當局再三梗阻，致令建築計劃遭受打擊，且瀕於絕望！」
「終於五月十二日獲允將款撥充建築費。於是工程館之興建，乃獲奠定其丕基。」
本院要務簡報
鍾皎光
一、關於工程館方面

圖3-4-1　臺大工學院工程館

照片3-4-1　工程館(今為土木館)

由於美援總署有一規定，即每一受援國家不能有二個機構同時接受相似的美援，臺灣大學是以接受醫療、農教、農業、林業的美援計畫為主，而工程教育方面則是由「臺灣省立工學院」(成功大學前身)接受美援，因此臺灣大學工學院便無法充分取得美援的助益。此由臺灣大學《工程學刊》第1期(1957.10)及第2期(1957)中，當時的鍾皎光工學院長(照片3-4-2)在「本院要務簡報」中所提報告內容可以知道臺大工學院力爭美援的概要(圖3-4-2、圖3-4-3)[36]。

照片3-4-2　鍾皎光工學院長
(任期1955年～1965年)

十、關於圖謀美援方面

本院之在本校六院中，不獨歷史最為短淺，抑且先天最為不足。故雖經積年慘澹經營，力圖充實其教學設備與參考圖書，而獲於各該方面長足進步；然尚與理想相去遠甚。亟待倍加努力，促使邁步銳進，以圖躋於現代之標準。

積極充實圖書與設備，需款至鉅。此在經常費項下，憂難負擔，而殆非仰賴美援不可。本院連年對於美援之爭取(指「中美教育合作計劃」一類之美援)，不遺餘力，顧迄罔然無所得。其癥結所在，厥為美援有關方面，認為臺灣兩工學院如於同時獲准「教育合作計劃」之美援，則將違反美援實施之原則。更謂臺灣地小而工科畢業生眾，就業已成嚴重問題；靳不援助本學院，蓋欲藉免將來畢業生，有供過於求，淪於失業之悲痛等語。

凡此諉以拒援本院之兩項理由，業已證明其為不切事實。本院為求貫徹主張，實現理想，對於是項美援之爭取，現已展開積極之行動。深望不遠之將來，獲償久懸之願望。

《工程學刊》第1期（1957.10）
鍾皎光院長，〈本院要務簡報〉

圖3-4-2　臺灣大學工學院《工程學刊》第1期

八、關於繼續圖謀美援方面

本院於教育合作方面美援，圖謀不遺餘力，而迄無成就者，實緣美援有關單位固執成見。既講總署規定，每一受援國家，不能有二個機構，同時接受相似美援。復稱臺灣工程人才，並不缺乏；若再成全本院願望，將使供過於求。關於前者，錢校長業自總署方面探悉其為無稽。而關於後者，則傅首席顧問近所報導，足證其為不切事實。

成功大學美國首席顧問傅利爾教授(Prof. Wilfred I. Freel)於九月間致函中國工程師學會張總幹事志禮，認為臺灣目前工程人才奇缺，有加強工程教育造就是項人才必要。并擬將此一問題，列入該學會年會議程，加以研討。謬承張先生徵詢意見，當建議列入年會專題討論，並因鑒於該美援單位所資為拒援藉口者，現均不復存在，乃用英文撰提意見書，除在專題討論會中宣讀外，并於會前分別函送傅首席顧問及安全分署教育組長許美德先生(Mr. Harry C. Schmid)，請求協助本院，俾獲所需美援。

《工程學刊》第2期（1957）
鍾皎光「本院要務簡報」

圖3-4-3　臺灣大學工學院《工程學刊》第2期

在師資進修方面，在美援時期(1951年～1965年)，美援的教育計畫中雖然臺大工學院不是美援工程教育的援助對象，以致工學院的在職教員未能使用美援大量赴國外(主要是美國)進修，但亦有其他的管道資助學者赴美進修，如：

(1) 美國在華教育基金會、(2) 國家長期發展科學委員會，其可由臺大《校刊》554(4)1960、《校刊》661(2)1962.11.5之行政會議記錄及《校刊》677(2)1962公告所列可知(圖3-4-4～圖3-4-7)。

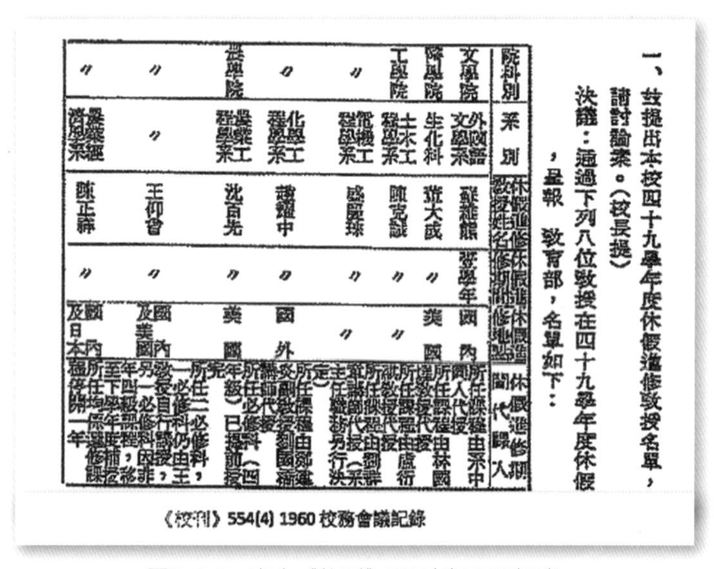

一、茲提出本校四十九學年度休假進修教授名單，請討論案。（校長提）
決議：通過下列八位教授在四十九學年度休假，呈報教育部，名單如下：

院科別	系別	休假進修教授姓名	休假進修期限	休假進修地點	休假進修期間代課人
文學院	外國語文學系	[illegible]	整學年	國內	所任課程由系中[illegible]
醫學院	生化科	黃大成	〃	美國	所任課程由林國[illegible]
工學院	土木工程學系	陳克誡	〃	〃	所任課程由盧衍[illegible]
〃	機械工程學系	[illegible]	〃	〃	[illegible]
〃	化學工程學系	[illegible]	〃	國外	[illegible]
農學院	農業工程學系	沈百先	〃	美國	[illegible]
〃	〃	王仰曾	〃	國內及美國	[illegible]
〃	農業經濟學系	陳正祥	〃	國內及日本	[illegible]

《校刊》554(4) 1960 校務會議記錄

圖3-4-4　臺大《校刊》554(4)1960記事

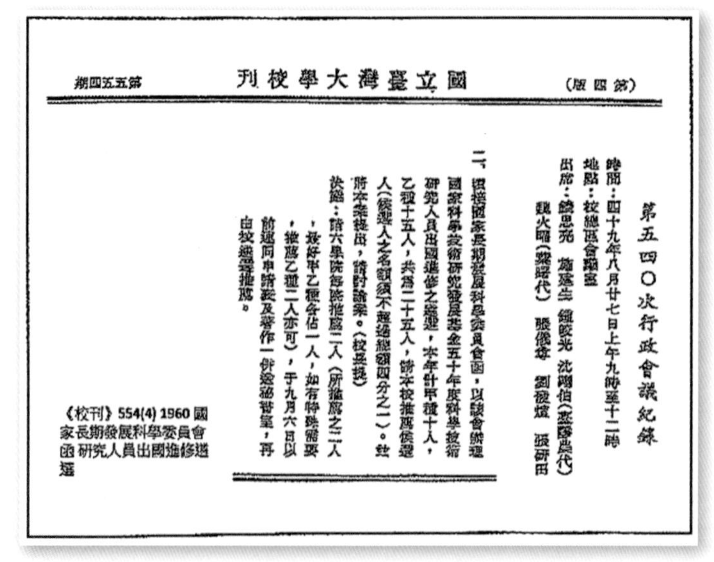

(版四第)　國立臺灣大學校刊　第五五四期

第五四〇次行政會議紀錄

時間：四十九年八月廿七日上午九時至十二時
地點：校總區會議室
出席：錢思亮 [illegible] 鍾皎光 沈剛伯([illegible]代) 魏火曜([illegible]代) [illegible] [illegible] 張研田

二、准國家長期發展科學委員會函，以該會辦理國家科學技術研究發展基金五十年度科學技術研究人員出國進修之遴選，本年計甲種十人，乙種十五人，共為二十五人，請本校推薦候選人（候選人之名額須不超過總額四分之一）。並將本案提出，請討論案。（校長提）
決議：請六學院每院推薦二人（所推薦之二人，最好甲乙種各佔一人，如有特殊需要，推薦乙種二人亦可），于九月六日以前連同申請表及著作一併送秘書室，再由校遴選推薦。

《校刊》554(4) 1960 國家長期發展科學委員會函 研究人員出國進修遴選

圖3-4-5　臺大《校刊》554(4)1960記事

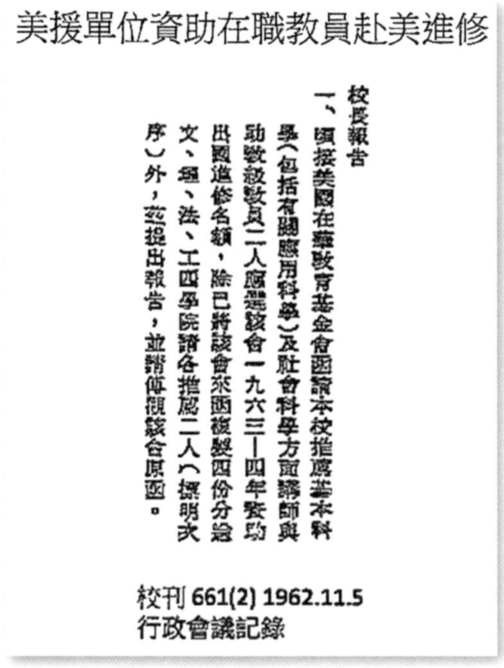

美援單位資助在職教員赴美進修

校長報告

一、頃接美國在華教育基金會函請本校推薦基本科學(包括有關應用科學)及社會科學方面講師與助教教員二人應選該會一九六三—四年資助出國進修名額，除已將該會來函複製四份分送文、理、法、工四學院請各推薦二人(標明次序)外，茲提出報告，並請傳閱該會原函。

校刊 661(2) 1962.11.5
行政會議記錄

圖3-4-6　臺大《校刊》661(2)1962記事

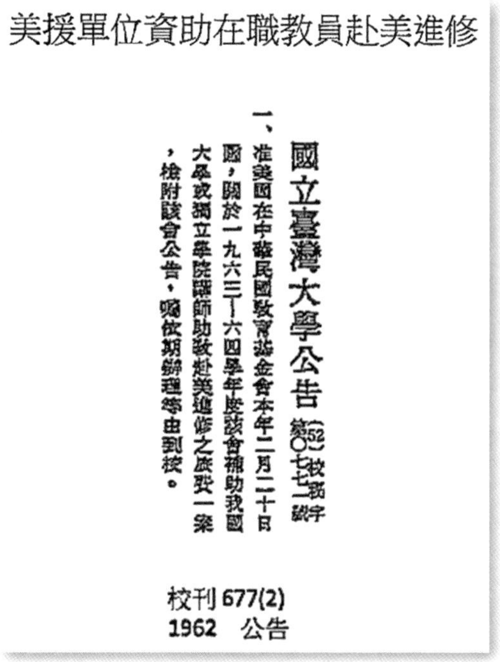

美援單位資助在職教員赴美進修

國立臺灣大學公告 (52)校秘字第〇七七一號

一、准美國在中華民國教育基金會本年二月二十日函，關於一九六三—六四學年度該會補助我國大學或獨立學院講師助教赴美進修之席案一案，檢附該會公告，囑依期辦理等由到校。

校刊 677(2)
1962　公告

圖3-4-7　臺大《校刊》677(2)1962記事

(二) 美援時期臺灣大學土木工程教育概況

1. 校院重要人事、組織更迭與教學措施

美援時期，臺灣大學的校長為錢思亮(照片3-4-3)。

錢思亮校長中國浙江餘杭人，生於河南新野縣，國立清華大學化學系畢業，美國伊利諾大學哲學博士，曾任北京大學、西南聯合大學化學系教授、臺灣大學化學系教授及教務長。

照片3-4-3　錢思亮校長
(任期1951年～1970年)

照片3-4-4 閻振興院長
(任期1953年～1955年)

1951年教育部與國防部協議要求全國各大學應屆畢業生實施服一年的預備軍官役。

1953年8月土木系聘前國立西南聯合大學教授閻振興為教授，並出任第4任工學院長(照片3-4-4)，主授土木系水力發電及水力學。盧衍祺講師改授機械系水力學及土木系水工設計。

1955年2月閻振興教授辭專任教授及工學院院長職務由機械系鍾皎光教授出任第五任工學院長。

1956年臺灣大學開始實施教授每7年休假一年的制度，趙國華教授依規定於本年度休假赴美國伊利諾大學(University of Illinois)進修訪問一年。

1965年8月，鍾皎光工學院院長出任教育部高等教育司司長，由機械工程學系金祖年教授繼任工學院第六任院長。金祖年教授曾任臺灣大學機械工程學系第四任系主任(1959.02～1965.07)。

2. 土木系相關系所與中心之設置與組織更迭

1956年，土木系成立工程材料試驗室，由陸志鴻教授主持(照片3-4-5)。

1957年2月工學院大樓(土木館)第一、二期工程陸續完工(以1956、1957年度之美援經費之僑教計劃經費及1957年度之農復會計畫等經費分期建築)，由土木系及電機系分別遷入工程館之東西二側。

1958年5月成立衛生工程實驗室，由范純一、許整備兩位教授共同主持。

1959年土木系商議籌設土木工程學研究所，在默認教育部之不增加員額的

照片3-4-5 陸志鴻教授

條件下，向校務會議提出設立研究所碩士班之要求，獲得校方同意，並獲教育部核准招生。

1960年8月土木工程學研究所正式成立，由系主任虞兆中兼所長。

1960年暑期招考碩士生10人，不分組。有2人依志願修讀工程力學，2人依志願修讀水利工程，2人選修衛生工程，另有陳清泉、郭鴻銘二位保留學籍。

1961年6月由經濟部水資源統一規劃委員會與農工系合作之臺北水工試驗室結束，由工學院與農學院合設之水工試驗所替代之。

1963年8月研究所碩士班分組招生，除交通工程組暫不招生外，工程力學組、結構工程組、水利工程組、衛生工程組均有學生入學。

1963年8月臺大成立電子計算中心於工學院大樓，內有IBM 1620數位計算機，提供研究生學習利用為論文計算之用。

1963年8月設立結構試驗室，由1963年8月應屆畢業碩士林永樂講師負責。

3. 土木系之人事更迭與師資

土木系於1951年2月聘前國立厦門大學林夢雄先生為講師擔任測量學及工程畫的課程，聘臺大土木系畢業生田長焯及臺灣省立工學院土木系1950年(第二屆)畢業生吳振彰為助教。

1952年8月土木系助教盧衍祺、方曉陽升等為講師。同年秋天，土木系有海外僑生入學。(第1年2人，第2年4人，以後逐年增加到與國內聯合招生入學的本地生人數相等，是為土木系每年雙班新生之開始。)

1955年2月許整備講師返系升副教授，主授衛生工程、給水工程及污水工程，助教米鑫保升講師主授工程畫。

1956年7月丁觀海教授為系主任(第五任)(照片3-4-6)，主授應用力學、材料

照片3-4-6　丁觀海教授

力學、彈性力學。丁主任中國山東日照人，山東大學畢業，曾任焦作工學院、山東大學、重慶大學教授，1948年春應聘臺灣省立工學院土木系，1951年轉任臺灣大學土木系教授。

1956年，虞兆中教授(照片3-4-7)主授結構學及高等結構學。

國立臺灣大學前六任土木系系主任名單*

屆次	擔任起始年月	系主任
一	1946年8月	趙國華
二	1949年1月	陶葆楷
三	1949年8月	王師羲
四	1950年8月	陳克誠
五	1956年7月	丁觀海
六	1958年10月	虞兆中*

*1960年8月土木工程學研究所正式成立，由系主任虞兆中兼所長。

照片3-4-7　虞兆中教授

講師盧衍祺升副教授，主授流體力學、鋼筋混凝土學及設計。

吳根彰助教升講師，主持土壤力學實驗。

1957年8月新聘美國伊利諾大學助理教授姚五美為副教授，主授應用力學及材料力學。

1957年8月，許整備副教授升等為教授(戰後1945年的助教逐步升等為教授)(照片3-4-8)。

照片3-4-8　許整備教授

許整備教授，臺灣澎湖瓦硐人，大正9年生(1920年)，臺北州立第二中學畢業。1945年任臺大土木工程學系助教，1947年12月升等為講師，1951年8月請假赴日深造，取得日本京都大學土木研究所碩士(衛生工學專攻)，而後赴美國明尼蘇達大學公共衛生研究所進修，參與美國政府之固體廢棄物、廢水、污泥之生物處理等研究工作。

1958年5月范純一由兼任改為專任教授。范純一教授，1934年中國浙江嘉興秀州中學畢業，清華大學畢業，1949年來臺。

1958年10月虞兆中教授任系主任(第六任)。

虞兆中主任中國江蘇宜興縣人，國立中央大學土木工程系畢業，曾任教於中央大學，1947年來臺灣大學任教。

1959年8月盧衍祺副教授升等為教授(1947年的助教逐步升等為教授)(照片3-4-9)。

1960年8月陳克諴教授休假一年，赴美講學，未再返校。

照片3-4-9　盧衍祺教授

照片3-4-10　陳文奇教授

1961年，助教朱紹鎔升等為講師，主授水文學、測量學及投影幾何。

亦新聘臺大土木系畢業生洪如江、陳清泉、黃鍔、陳慶霖、王先俊為助教。

自1961年以後，每年暑假均有國外學者來臺進行短期密集授課，亦有正式應聘為客座教授為期半年至三年。

1962年8月聘臺大土木系研究所第一屆碩士王燦汶為講師，主授水工設計、及工程畫。丁觀海教授自1958年請假出國，銷假回國後主授彈性力學、彈性穩定學、分析力學及高等材料力學。

1963年8月，新聘陳文奇為專任教授(照片3-4-10)，主授鋼筋混凝土學及設計、鋼橋設計。

1963年8月聘應屆畢業碩士林永樂、楊萬發為講師。

林永樂：主授工程數學、應用力學、材料力學。

楊萬發：主授衛生微生物學及投影幾何。

趙國華教授休假一年，借聘為國立中興大學理工學院院長兼土木工程學系系主任。

1964年8月聘客座教授多人：李沅蕙博士，擔任研究所"電子計算機之工程應用"及"高等鋼筋混凝土"、"預力混凝土"等科目；鮑亦興教授，在研究所主授"彈性力學"及"應力波動學"；董金沂教授，主授"高等動力學" (研究所)、"振動學" (大四)；葉玄教授，在研究所主授"聯體力學"。其中鮑亦興博士為康乃爾大學教授，是臺大土木系1952年畢業生，亦是首位回國任客座教授之系友。

1964年8月，洪如江助教升講師，主授土壤力學、基礎工程、土壤力學實驗。

同年8月新聘應屆碩士：陳清泉、郭鴻銘、葉超雄為講師。陳清泉主授工程畫、水力學實驗、流體力學；郭鴻銘主授衛生工程實驗、投影幾何；葉超雄主授應用力學、材料力學及工程材料試驗。

1965年8月，虞兆中教授辭土木系所主任，由盧衍祺教授代理系所主任，聘毛吉生為講師，講授工程數學。

綜合上述，臺灣大學土木系在美援時期(1951年～1965年)教師新聘及升等的情形如表3-4-1所列。

表3-4-1　美援時期(1951年～1965年)臺灣大學土木系新聘、升等師資及所擔任課程

時間	師資	擔任課程
1951年2月	林夢雄講師(新聘)	測量學、工程畫
1952年8月	盧衍祺講師(升等)	水工設計
	方曉陽講師(升等)	
1953年8月	閻振興教授(新聘)	水力發電
1955年2月	許整備副教授(升等)	衛生工程、給水工程、污水工程
	米鑫保講師(升等)	工程畫
1956年	虞兆中教授(升等)	結構學、高等結構學
	盧衍祺副教授(升等)	流體力學、鋼筋混凝土學及設計
	吳根彰講師(升等)	土壤力學實驗
1957年8月	姚五美副教授(新聘)	應用力學、材料力學
	許整備教授(升等)	
1958年5月	范純一教授(改聘專任)	
1959年8月	盧衍祺教授(升等)	
1961年	朱紹鎔講師(升等)	水文學、測量學及投影幾何
1962年8月	王燦汶講師(新聘)	水工設計、工程畫
1963年8月	陳文奇教授(新聘)	鋼筋混凝土學及設計、鋼橋設計
	林永樂講師(新聘)	工程數學、應用力學、材料力學
	楊萬發講師(新聘)	衛生微生物學、投影幾何
1964年8月	李沅蕙客座教授	電子計算機之工程應用(研究所)、高等鋼筋混凝土(研究所)、預力混凝土(研究所)
	鮑亦興客座教授	彈性力學(研究所)、應力波動學(研究所)
	董金沂客座教授	高等動力學(研究所)、振動學(大學部)
	葉玄客座教授	聯體力學(研究所)
	洪如江講師(升等)	土壤力學、基礎工程、土壤力學實驗
	陳清泉講師(新聘)	工程畫、水力學實驗、流體力學
	郭鴻銘講師(新聘)	衛生工程實驗、投影幾何
	葉超雄講師(新聘)	應用力學、材料力學、工程材料試驗
1965年8月	毛吉生講師(新聘)	工程數學

此外，在美援時期臺大土木系的學生對授課老師的印象可以參考1965年臺灣大學土木系畢業，1967年臺大土研所畢業的茅聲燾教授(1973年8月兼土木系所主任)在[回憶臺大土木的老師們]的文章中知其一二[18]。其指出當其在臺大土木系就讀時(1961.09～1965.06)，有多位老師具有獨特的專業及個性，同時講課時常帶有其中國家鄉的口音，如測量學的莊前鼐教授是上海口音，材料力學的朱紹鎔教授是滿口四川話，工程材料學的陸志鴻教授有江浙口音，土壤力學的趙國華教授是上海腔，水利工程的徐世大教授有點浙江口音等。所以在1950及1960年代，臺大土木系的學生何其有幸可以在大學裡同時學習順應來自中國各地教授的家鄉口音，並得到各項土木工程知識的訓練。

4. 土木系之課程

1960年(49學年度)土木工程研究所正式成立，上學期所開課程有：高等結構學、結構之塑性分析、橋樑設計(一)、預力混凝土、水資源開發與規劃、水工設計、環境衛生、衛生化學、渠道水力學；下學期所開課程為：高等結構學、高等材料力學、結構震動學、高等水文學、水工設計、衛生化學、衛生生物學、淨水工程、衛生工程實驗等。分別由盧恩緒、虞兆中、趙國華、陳文奇、王師義、徐世大、盧衍祺、范純一、周泗、許整備、丁觀海等教授擔任授課。其內容如表3-4-2、表3-4-3所列。

表3-4-2　臺灣大學土木工程研究所課程表(49學年度第1學期)

各院系課程及上課時間表　土木工程研究所

(民國49學年度第1學期)　工學院　學系　組　一年級

科目號碼	科目名稱	必修或選修	全年或半年	學分	修習年級	授課教員	教室號數	每週時數 講演	每週時數 實驗	每週上課時間 一	二	三	四	五	六	備註
	高等結構學		全	2	1	虞思培 虞兆中	220	2				3-4				結構組選，本科四年級結構組可選讀
	結構之塑性分析		半	2	1	虞兆中	224	2		3-4						結構組選，本科四年級結構組可選讀
鋼筋混凝土	橋梁設計(一)		半	2	1	趙國華 陳文奇	301	2			(317) 1-2				(301) 3-4	結構組選，本科四年級結構組交通組可選
	預力混凝土		半	3	1	王師羲	224	3		(317) 1				(224) 1-2		結構組選，本科四年級結構組交通組可選
	水資源開發與規劃		半	2	1	徐世大	400	2		4		3-4				水利組選，本科四年級水利組可選讀
	水工設計		全	2	1	徐世大 盧衍祺	400	1	3		5 6·7·8					水利組選，本科四年級水利組衛生組可選
	環境衛生		半	3	1	范純一	400 316	3			(400) 1-2		(316) 3			衛生組選，本科四年級衛生組可選讀
	衛生化學		全	3	1	周洄	400	3						6·7·8		衛生組選，本科四年級衛生組可選讀
	渠道水力學		半	3	1	盧衍祺	400	3					1,2			

國立臺灣大學工學院

國立臺灣大學教務處註冊組　172

表3-4-3　臺灣大學土木工程研究所課程表(49學年度第2學期)

各院系課程及上課時間表

(民國49學年度第2學期)　工學院土木研究所　學系　組　年級

科目號碼	科目名稱	必修或選修	全年或半年	學分	修習年級	授課教員	教室號數	每週時數 講演	每週時數 實驗	每週上課時間 一	二	三	四	五	六	備註
	高等結構學	選	全	2		虞思培 虞兆中	301	2					3-4			四年級結構組可選
	~~彈性力學~~ 高等材料力學	〃	半	3		丁觀海	400	3		3·4					4	〃
	結構震動學	〃	〃	2		虞兆中	400	2			1-2					〃
	高等水文學	〃	〃	3		徐世大	220	3		2		2·3				四年級水利組可選
	水工設計	〃	全	2		徐世大 盧衍祺	400	1	3		5 6·7·8					〃
	衛生化學	〃	〃	3		周洄	400	3					6·7·8			四年級衛生組可選
	衛生生物學	〃	半	3		周洄	400	3							6·7·8	〃
	淨水工程	〃	〃	3		范純一	400	3				1-2		2		〃
	衛生工程實驗	〃	〃	2		許整備		1	3	6·7·8			3	6·7·8		〃

國立臺灣大學工學院

國立臺灣大學教務處註冊組　170

由於土木研究所依工程力學組、結構工程組、水利工程組、衛生工程組分組招生，在1963年(52學年度)第1學期及第2學期的課程如表3-4-4、表3-4-5所示，是依不同分組列出科目，開出的科目總數較成立初年(1960年)已增加甚多。

表3-4-4　臺灣大學土木工程研究所課程表(52學年度第1學期)

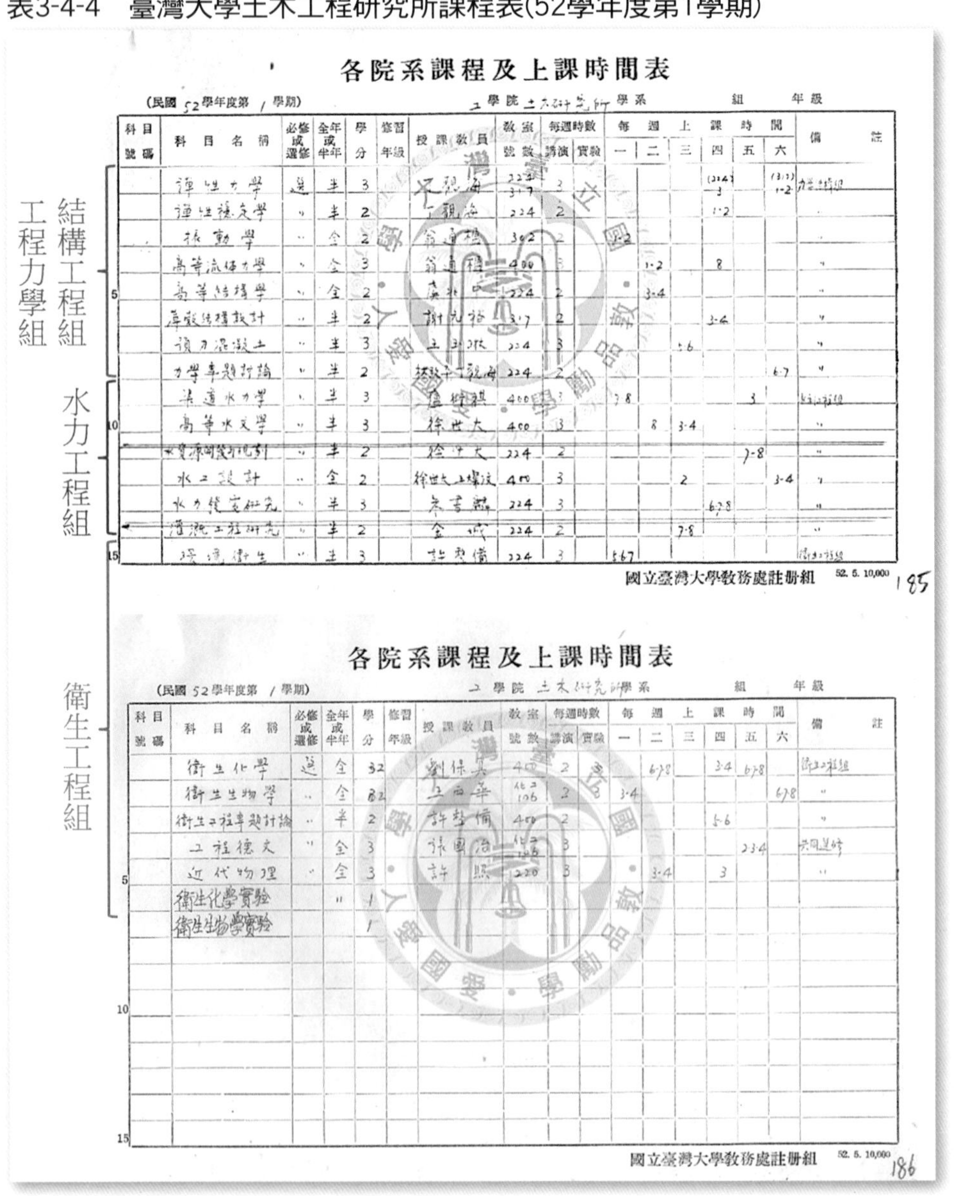

各院系課程及上課時間表

(民國52學年度第1學期)　工學院土木研究所學系　組　年級

科目號碼	科目名稱	必修或選修	全年或半年	學分	修習年級	授課教員	教室號數	每週時數 講演	每週時數 實驗	一	二	三	四	五	六	備註
	彈性力學	選	半	3		丁觀海	224 317	3					(224) 3		(317) 1·2	力學工程組
	彈性穩定學	〃	半	2		丁觀海	224	2					1·2			〃
	振動學	〃	全	2		翁通楹	302	2		1·2						〃
	高等流體力學	〃	全	3		翁通楹	400	3			1·2		8			〃
	高等結構學	〃	全	2		虞兆中	224	2			3·4					〃
	薄殼結構設計	〃	半	2		謝元裕	317	2					3·4			〃
	預力混凝土	〃	半	3		王[illegible]	224	3				5·6				〃
	力學專題討論	〃	半	2		林致平 丁觀海	224	2							6·7	〃
	渠道水力學	〃	半	3		盧衍祺	400	3		7·8				3		水利工程組
	高等水文學	〃	半	3		徐世大	400	3			8	3·4				〃
	水資源開發規劃	〃	半	2		徐世大	224	2						7·8		〃
	水工設計	〃	全	2		徐世大 王耀波	400	3				2			3·4	〃
	水力發電研究	〃	半	3		余書麟	224	3					6·7·8			〃
	灌溉工程研究	〃	半	2		金城	224	2				7·8				〃
	環境衛生	〃	半	3		許整備	224	3		5·6·7						衛生工程組

國立臺灣大學教務處註冊組　52. 5. 10,000

各院系課程及上課時間表

(民國52學年度第1學期)　工學院土木研究所學系　組　年級

科目號碼	科目名稱	必修或選修	全年或半年	學分	修習年級	授課教員	教室號數	每週時數 講演	每週時數 實驗	一	二	三	四	五	六	備註
	衛生化學	選	全	3 2		劉保[illegible]	400	2	3		6·7·8		3·4	6·7·8		衛生工程組
	衛生生物學	〃	全	3 2		王西華	化工 106	2	3	3·4					6·7·8	〃
	衛生工程專題討論	〃	半	2		許整備	400	2					5·6			〃
	工程德文	〃	全	3		張國治	化工 106	3						2·3·4		共同選修
	近代物理	〃	全	3		許照	220	3			3·4		3			〃
	衛生化學實驗		〃	1												
	衛生生物學實驗			1												

國立臺灣大學教務處註冊組　52. 5. 10,000

表3-4-5　臺灣大學土木工程研究所課程表(52學年度第2學期)

各院系課程及上課時間表

(民國52學年度第2學期)　工學院 土木研究所 學系　組　年級

科目號碼	科目名稱	必修或選修	全年或半年	學分	修習年級	授課教員	教室號數	每週時數 講演	每週時數 實驗	每週上課時間 一	二	三	四	五	六	備註
	張量分析	選	半	2		丁觀海	224	2					1-2			共同必修
	工程德文	〃	全	3		張國治	108 106	3				234				〃
	論文	〃	〃	3												〃
	分析力學	〃	半	3		丁觀海	224	3					3		1-2	力學結構組
	高等流体力學	〃	全	3		翁通楹	108	3			1-2		8			〃
	高等結構學	〃	〃	2		虞兆中	224	2			3-4					〃
	力學專題討論	〃	〃	2		林致平 丁觀海	108 106	2						1-2		〃
	水資源開發與規劃	〃	半	2		徐世大	217	2			7-8					水利工程組
	水工設計	〃	全	2		徐世大 [illegible]	400	3				2			3-4	〃
	水工模型試驗	〃	半	2		毛彥彰			3			678				〃
	水利工程專題討論	〃	〃	2		徐世大	217	2							67	〃
	衛生化學	〃	全	2		劉保真	400	2					3-4			衛生工程組
	衛生化學實驗	〃	〃	1		〃			3					678		〃
	衛生微生物學	〃	〃	2		王西華	306	2				1-2				〃
	衛生微生物學實驗	〃	〃	1		〃			3				678			〃

國立臺灣大學教務處註冊組　195

各院系課程及上課時間表

(民國52學年度第2學期)　工學院 土木研究所 學系　組　年級

科目號碼	科目名稱	必修或選修	全年或半年	學分	修習年級	授課教員	教室號數	每週時數 講演	每週時數 實驗	每週上課時間 一	二	三	四	五	六	備註
	給水工程設計	選	半	2		[illegible]	400	2				3-4				
	衛生工程專題討論	〃	〃	2		許整備	302	2			5-6					
	衛生工程實驗	〃	〃	2		許整備 楊萬發			6						678	
	德文(二)	〃	全	3		顧華	224			78		8				

國立臺灣大學教務處註冊組　196

工程力學組

水力工程組

衛生工程組

此外，1964年2月臺大土木系於52學年度第2學期首度開設"電子計算機"之3學分科目供四年級學生選修，此乃臺大土木系在引導學生進入快速分析計算的時代所提供的課程，首次是由姜泰祺教授擔任授課(如表3-4-6)。

表3-4-6　臺灣大學土木系四年級課程表(52學年度第2學期)

各院系課程及上課時間表

(民國52學年度第2學期)　工學院 土木工程 學系　組 四 年級

科目號碼	科目名稱	必修或選修	全年或半年	學分	修習年級	授課教員	教室號數	每週時數 講演	每週時數 實驗	每週上課時間 一	二	三	四	五	六	備註
	水利工程	必	全	3	四	徐世大	220	3		3				3.4		
	污水工程	〃	半	3		許整備 楊寿乾	甲124 乙120	3			甲 1.2	乙 1.2	(217) 乙 1	甲 1		
	都市計劃	〃	半	2		盧毓駿	217	2		8						
	工程機械	〃	半	3		黃湘湖	217	3						678		
5	契約與規範	選	半	1		趙國華	220	1						2		
	工程數學	〃	全	2		謝元裕	220	2							3.4	三年級可選
	近代物理	〃	全	3		許 照	普10	3			3.4		2			〃
	電子計算機	〃	半	3		吳克誠	220	3							678	〃
	高等材料力學	〃	全	2		謝永裕	216	2				3.4				
10	振動學	〃	全	2		翁通楹	202	2			7.8					
	鋼橋設計	〃	半	2		侯文奇	201	2			5.6					
	房屋建築	〃	半	3		黃寶瑜	217	3					678			
	木結構設計	〃	半	2		吳耀欽	201	2				5.6				
	水力發電	〃	半	3		王[illegible]	204	3							678	
15	灌溉工程	〃	半	3		張建[illegible]	3[illegible]	3		4		3.4				

國立臺灣大學教務處註冊組　174

在大學部共同科方面，1964年9月由戰後開始即已對大專學生進行"反共抗俄"的思想教育的必修三學科："三民主義"、"中國近代史"及"國際組織與國際現勢"，其中之"三民主義"於本學年度開始改為"國父思想"(如表3-4-7，52學年度與53學年度課程比較)，而"中國近代史"則保持為必修並未改名。

表3-4-7　臺灣大學土木系一年級課程表之比較

(52學年度第2學期及53學年度第1學期)

各院系課程及上課時間表 (52學年度第2學期)

(民國52學年度第2學期)　工學院 土木工程 學系　甲 組 一 年級

科目號碼	科目名稱	必修或選修	全年或半年	學分	修習年級	授課教員	教室號數	每週時數 講演	每週時數 實驗	每週上課時間 一	二	三	四	五	六	備註
	三民主義(三)	必	全	2	一	楊希震	新101	2			7.8					
	中國近代史(六)	〃	〃	2	〃	徐家驥	新101	2							5.6	
	國文	〃	〃	4	〃			4			1.2			1.2		
	英文	〃	〃	4	〃			4		7.8			7.8			
5	微積分(甲)(三)	〃	〃	4	〃	張楨如	新303	4		3.4			5.6			
	普通物理學(甲)(三)	〃	〃	3	〃	劉燕溪	新101	4			3.4		3.4			
	普通物理實驗	〃	〃	1	〃				3						2.3.4	
	普通化學(甲)(二)	〃	〃	3	〃	林隆清	新201	4				3.4		3.4		
	普通化學實驗	〃	〃	1	〃				3			6.7.8				
10	投影幾何(一)	〃	〃	1	〃	關松山	新302	1	2					6.7.8		
	體育	〃	半		〃			2								
	軍事訓練	〃	〃		〃		男生 新201 女生 新304	2		5.6						
				25												
15																

國立臺灣大學教務處註冊組　52.5.10,000　170

續表3-4-7　臺灣大學土木系一年級課程表之比較

(52學年度第2學期及53學年度第1學期)

各院系課程及上課時間表 (53學年度第1學期)

(民國53學年度第1學期)　工學院　土木工程學系　甲組　一年級

科目號碼	科目名稱	必修或選修	全年或半年	學分	修習年級	授課教員	教室號數	每週時數 講演	每週時數 實驗	每週上課時間 一	二	三	四	五	六	備註
	國父思想(上)	必修	全年	2	1	楊希震	新103				7 8					
	中國近代史(上)	〃	〃	2		蔡忠棟	〃	2		1.2						
	國文	〃	〃	4				4			1.2			1.2		分組上課
	英文	〃	〃	4				4					7.8			〃
	微積分(甲)(上)	〃	〃	4		張依能	[illegible]	4				1.2			6 7	
	普通物理學(甲)(四)	〃	〃	3		鄭伯昆	[illegible]	3			3.4		3.4			
	〃 實驗	〃	〃	1					3						2 3 4	
	普通化學(甲)(四)	〃	〃	3		許東明	新205					3.4		3.4		
	〃 實驗	〃	〃	1					3			6 7 8				
10	投影幾何(一)	〃	〃	1		闕志山	新302		2					6 7 8		
	体育	〃	半年					2								
	軍訓	〃	〃					2		5 6						
				25												

國立臺灣大學教務處註冊組　53. 3. 10,000

1965年9月，由本學年度第1學期開始於土木系二年級開授"工程數學(一)"，為3學分必修，第一次授課由葉超雄擔任(如表3-4-8)；同時，在土木系三年級開設"工程數學(二)"為3學分選修，由毛吉生擔任授課，顯示土木系已逐漸著重理論基礎之課程的傳授。

表3-4-8　臺灣大學土木系二年級課程表(54學年度第1學期)

各院系課程及上課時間表

(民國　學年度第　學期)　工學院　土木工程學系　組　二年級

科目號碼	科目名稱	必修或選修	全年或半年	學分	修習年級	授課教員	教室號數	每週時數 講演	每週時數 實驗	每週上課時間 一	二	三	四	五	六	備註
	應用力學	必	半	5	二	許錦地	301	5			678				1.2	甲組
	〃	〃	半	5		李勝光	301	5		1			78	34		乙組
	工程數學(一)	〃	半	3		葉超雄	301	3			34			1		
	流体力學	〃	半	4		盧衍祺	301	4				3.4	3.4			甲組
	測量學(一)	〃	半	3		莊甫[illegible]	[illegible]	3		2		1.2				甲組
	〃	〃	半	3		朱紹鎔	120	3					1.2	2		乙組
	測量實習(一)	〃	半	1		莊甫[illegible] 朱紹鎔			3			678	678			分組
	工程地質學	〃	半	2		王[illegible]	301	2							34	乙組
	工程地質實習	〃	半	1		王[illegible]			3						678	乙組
10	工程畫	〃	全	1		陳清泉	211		3			678		678		分班
	工業經濟學	〃	半	3		吳吉雄	120	3		789						
	工場實習	〃	全	1		龔肇鑄 [illegible]			3		678				678	分組
	軍訓	〃	全							56						

國立臺灣大學教務處註冊組　54. 2. 10.000

續表3-4-8　臺灣大學土木系三年級課程表(54學年度第1學期)

各院系課程及上課時間表

(民國 54 學年度第 1 學期)　　工 學院 土木工程 學系　　組 三 年級

科目號碼	科目名稱	必修或選修	全年或半年	學分	修習年級	授課教員	教室號數	每週時數 講演	每週時數 實驗	每週上課時間 一	二	三	四	五	六	備註
	結構學	必	全	3	三	虞兆中	217	3		1·2		1				甲組
	〃 〃	〃	全	3		毛吉生	217	3			1·2				2	乙組
	鋼筋混凝土	〃	半	3		陳文奇	301	3		甲 7·8		乙 7 甲 8		乙 7·8		分班
	土壤力學	〃	半	3		趙國華	217	3						1·2	1	甲組
	〃 〃	〃	半	3		洪如江	302	3				3·4	3			乙組
	測量學(三)	〃	半	2		汪前鼎	301	2		4						甲組
	〃 〃	〃	半	2		王賢彬	301	2					1·2			乙組
	測量實習(三)	〃	半	1		汪前鼎 王賢彬 吳紹鐸			3		乙 678			甲 678		分組
	水文學	〃	半	3		吳紹鐸	302	3			甲 78	乙 89		甲 3 乙 4		分班
	水力實驗	〃	半	1		謝清泉			3				678			乙組
	電工實驗	〃	半	1		鄭伊強 陳俊雄			3						678	
	工程數學(二)	選	全	3		毛吉生	302	3			3·4		4			

國立臺灣大學教務處註冊組　54. 2. 10.000　176

5. 土木系之教師榮譽與學術活動

1963年8月趙國華教授休假一年，借聘為國立中興大學理工學院院長兼土木工程學系系主任。

1965年2月趙國華教授辭臺大土木系專任教授，出任臺灣省立臺北工業專科學校校長。

6. 土木系之系友狀況

臺灣社會對於此階段臺大的學生特別是工學院學生的評價，也有一些特殊的看法。由於工學院的學生，畢業後絕大部份都到美國去深造，這對儲備國家未來的高級工程人才是有所助益，但對提升臺灣當前的工業水準並沒有貢獻，當時就有一句順口溜在描述臺大的學生就是「來來來 來臺大，去去去 去美國」。

根據曾任臺大機械系主任、工學院長及明志工專校長的翁通楹教授在臺大《院史》中的回憶所述：

「……1955年前後出國留學的風氣開始漫延起來，出國留學的學生一年比一年增加，到了1960年代初期，本院(臺大工學院)畢業的本地生的百分之八十以上都出國留學去了，而一旦出了國門以後，幾乎都不回

來。因此，雖然工學院的畢業生年年增加，但臺灣企業界卻找不到工學院的畢業生，而對臺大不滿。……」(參考圖3-4-8)

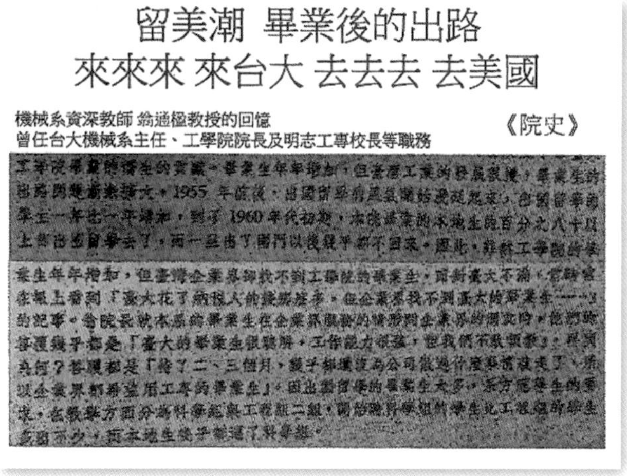

翁通楹教授，臺灣嘉義義竹人，1929年入臺南州立第二中學(今臺南一中前身)後轉入臺北高等學校(今臺灣師範大學)，日本京都大學工學學士、工學博士，1979年～1985年任臺大工學院院長(照片3-4-11)。

留美潮 畢業後的出路
來來來 來台大 去去去 去美國

機械系資深教師 翁通楹教授的回憶
曾任台大機械系主任、工學院院長及明志工專校長等職務

《院史》

[illegible]

圖3-4-8　臺大工學院《院史》記載

照片3-4-11　翁通楹院長
(任期1979年～1985年)

三、臺灣省立工學院(臺灣省立成功大學)(1951年～1965年)

(一) 臺灣省立工學院(臺灣省立成功大學)美援計畫之由來

在1952年夏天美國國際合作總署及聯邦教育署聘請教育專家，如Russell Andrus博士、Wayne O. Reed博士、Emmett Brown博士等人組團來臺調查後，建議在美援之「中美教育援助計畫」項下之高等工程教育方面以「臺灣省立工學院」為主要受援對象。Emmett Brown博士並建議工學院新任校長秦大鈞博士應選擇美國一所與臺灣省立工學院性質和教育目標相似的大學作為改善學校體質的合作對象。

經秦校長在中國東南大學(後改稱中央大學)時的老師孫洪芬教授協助下，邀請普渡大學之徐立夫教授(Prof. R. Norris Shreve)(照片3-4-12)相助。1952年冬天，徐立夫教授探訪了臺灣大學與省立工學院後，對省立工學院印象甚佳，同時秦校長也表達與普渡大學合作的意願[37]。

照片3-4-12　徐立夫教授

1953年6月1日省立工學院與美國普渡大學合作簽約，由駐美技術代表團團長霍寶樹代表省立工學院在美國華府簽定，合作期間自1953年6月到1955年12月31日終止，為期兩年半，此項合作計畫分兩大部份：一、普大派駐省立工學院一批工程教授和顧問，協助省立工學院改善教學系統和設備部份：主要是提出現代教學法之研究改進以及課程、實驗室與工廠設備、實驗室與工廠程序、教科書、學術期刊與參考書等項之研究與建議等；二、省立工學院派出赴美交換教授部份：此訓練計畫第一年由六位交換教授及院長赴美，第二年另加六位教授及各系主任。由於合作計畫執行成效良好，嗣經數次延長修正，最後延長至1961年12月31日截止[37]。

此項美援合作計劃係由普大徐立夫(Prof. R. Norris Shreve)教授主持，並由普大土木工程教授Lewis在美予以協助。Lewis教授負責辦理美援儀器設備及圖書之訂購及裝運事宜，並為美援選派赴美進修之省立工學院(成大)教師安排進修課程及訪問項目。主持人徐立夫教授主要任務在辦理臺灣與美國普渡大學所在地之拉法葉(Lafayette)兩地間之聯繫工作，其本身並擔任省立工學院(成大)化工及冶金方面教學顧問，每年均往返於臺美兩地；自1952年初次視察時起，每年均來臺訪問，並在臺居留三、四個月。在普大合作計劃辦公室另有三人專任或兼任辦理有關本計劃之其他事務。

而由省立工學院選派赴美進修之首批教授於1953年8月18日抵華盛頓，1個月後進入普渡大學，包括周肇西(電機系教授兼主任)、倪超(土木系教授兼主任)、莊君地(機械系教授兼主任)、朱尊誼(建築系教授兼主任)、賴再得(電化系教授，電化系即後來之礦冶系，今之資源與材料兩系)、謝家楨(化工系講師)，各教授不但研習專長學科，並訪問其他著名大學及參觀各種工業措施，六人並於1954年9月先後返國。秦大鈞院長則於1954年2月初赴美到普渡大學考察。同時1954年暑假派遣赴美的人選為羅雲平(公路工程)、高盛德(工業管理)、朱子良(化工)、洪銘盤(冶金)、高振華(物理)及教務長張丹，其中教務長張丹是在秦院長返國後於9月28日赴美。

自1953年8月普大顧問團組成以來到1960年期間，由普渡大學先後派遣顧問教授16人來臺，協助省立工學院(成大)改進教務。派遣來臺之顧問均為有關學系之專家教授，除對學校充實設備、改進教學、從事研究提供建議外，每人每週授課二小時至六小時不等，省立工學院(成大)之教務及學生課業頗受彼等之影響，而有長足之進步。

自1953年到1960年之間由普渡大學派遣的顧問教授，在省立工學院時代的顧問教授及駐校期間如照片3-4-13所示，在省立成功大學時代的顧問教授及駐校期間則如照片3-4-14所示[37]。其中純粹擔任土木系顧問的有1名，為Prof. L. E. Conrad (康拉德教授)(1953年9月～1954年3月)，擔任土木及建築顧問有2名為Prof. W. Z. Freel (傅立爾教授)(1954年7月～1961年夏)及Prof. P. E. Soneson (宋乃聖教授)(1957年秋～1959年春)，如照片3-4-15、照片3-4-16、照片3-4-17。

此外，由1953年9月18日為慶祝教師節及歡迎美籍教授來臺紀念合照，如照片3-4-18，可知在合作計畫開始執行時，於1953年9月18日前已來到省立工學院的普渡大學顧問為在相片中的土木系顧問Prof. Conrad、電機系顧問Prof. Bowman、化工系顧問Prof. Doody、機械系顧問Prof. Eaton之外，尚有礦冶系的Prof. Hanley等五人，其中Prof. Bowman為首席顧問。

省立工學院時期 The Period of Provincial College of Engineering

徐立夫教授
計畫主持人及首席顧問
Professor R. Norris Shreve
Project Director & Initial Consultant

Gilbreth 教授
工業工程顧問
Professor L. M. Gilbreth
Consultant of Industrial Engineering

Conrad教授
土木系顧問
Professor L. E. Conrad
Consultant of Civil Engineering Department

鮑曼教授
電機系顧問
Professor J. H. Bowman
Advisor of Electrical Engineering Department

伊頓教授
機械系顧問
Professor P. B. Eaton
Advisor of Mechanical Engineering Department

杜迪教授
化工系顧問
Professor T. C. Doody
Advisor of Chemical Engineering Department

韓立教授
礦冶系顧問
Professor H. R. Hanley
Advisor of Mining & Metallurgical Engineering Department

傅立爾教授
土木系、建築系顧問
Professor W. I. Freel
Advisor of Civil Engineering and Architectural Engineering Department

1953
1954
1955
1956
1957
1958
1959
1960
1961

照片3-4-13　省立工學院時期普渡大學駐校教授顧問團[37]

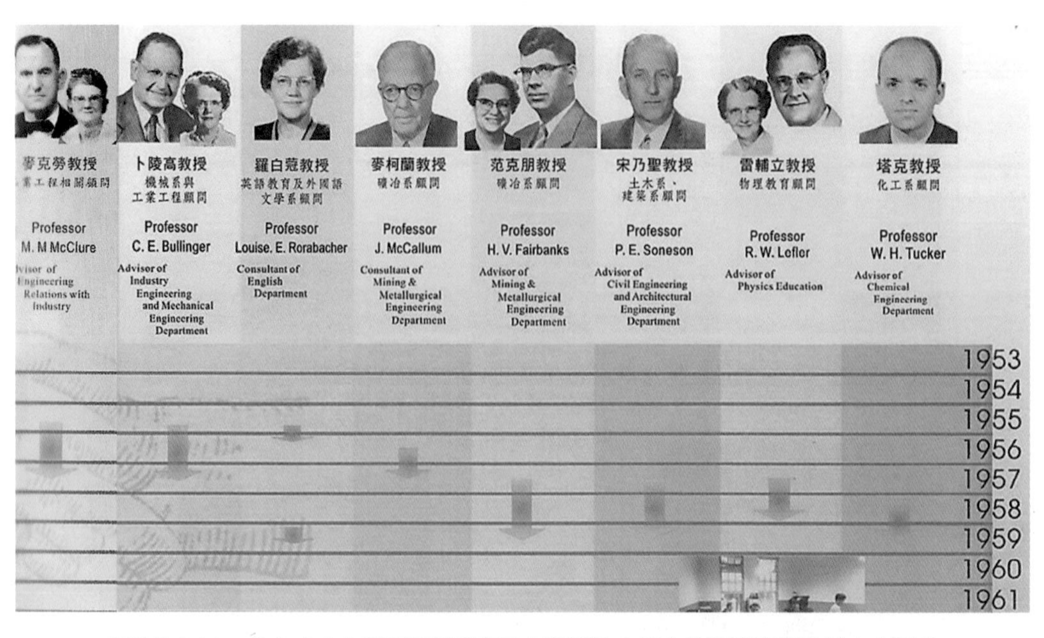

照片3-4-14　省立成功大學時期美國普渡大學派駐本校之教授顧問團隊及夫人[37]

照片3-4-15
Conrad教授

照片3-4-16
傅立爾教授

照片3-4-17
宋乃聖教授

1953 年教師節歡迎美籍教授來臺紀念合照
（以下外國人名者為美援時期普渡大學派赴本校之各系顧問）

照片3-4-18　1953年教師節暨歡迎美籍教授來臺紀念照

1954年3月，在土木系系館中庭設立大禹銅像並安置於題有「工程之父」的台座上如照片3-4-19(a)(b)，此銅像是美援時期由普渡大學贈送給土木系[38]，而據傳此銅像的模樣是以來臺美國普渡大學的土木系顧問Conrad教授(照片3-4-15)為參考而鑄造。

(a)土木系大禹像(1954年3月)

(b)土木系大禹像(1963年基座改建)

照片3-4-19　土木系大禹銅像

(二) 臺灣省立工學院 (臺灣省立成功大學)土木工程教育概況

1. 校院重要人事、組織更迭與教學措施

1952年2月1日王石安博士辭院長職，秦大鈞博士繼任(照片3-4-20)。

秦大鈞博士，中國江蘇無錫人，中國東南大學數學系畢業，留學法國國立高等航空工程專門學校及德國阿亨科技大學航空工程研究所取得工程學博士，曾任中國航空研究院院長及臺灣大學機械系系主任。

照片3-4-20　秦大鈞校長

1952年4月修正省立工學院假期實習規則：

一年級生免於實習，實習期間為四個月(十七週)，其中至少兩個月之實習工作，須屬在院修習學系之主要科目。

1952年5月省立工學院通過建教合作實施總則：

規定工學院與事業機構之技術合作項目、獎學金、研究補助費等有關事項。

1955年8月，省立工學院增設水利工程學系，由土木系主任倪超博士兼主任，水利工程學系之系館如照片3-4-21，此為臺灣各大專院校中首先成立的水利工程學系。

照片3-4-21　水利工程學系系館(1959年畢業紀念冊)

1956年2月，教育部及教育廳同意省立工學院於下學年度先成立機械、化工、土木、水利等四個研究所。

1956年2月，學校決定1956年(45學年度)赴普渡大學考察研究之教員為化工系萬冊先主任、建築系陳萬榮主任、共同科張桐生副教授、電機系吳添壽講師等。

照片3-4-22　萬冊先教授
(1954年畢業紀念冊)

萬冊先教授，中國湖北漢陽人，美國康乃爾大學化學學士，密西根大學化學工程碩士，1956年時為化工系系主任(照片3-4-22)。

1956年8月1日，「臺灣省立工學院」奉令改稱「臺灣省立成功大學」。秦大鈞博士續任校長。

在改制為大學時，以省立工學院中原有之工程學系機械、電機、化工、礦冶、土木、建築、水利等七個工程學系設置工學院，由萬冊先教授兼任工學院長，以原有三個商學系會計統計系、工商管理系、交通管理系設置商學院，原有的共同科暫停設置，改設文理學院，下設中國文學系、數學系及物理系。

1957年8月1日，秦大鈞校長辭職。由國際知名土木工程專家閻振興博士繼任戰後第三任校長(照片3-4-23)。

閻振興博士，1912年7月生，中國河南汝南人，國立清華大學土木工程系畢業，美國愛荷華州立大學水利工程博士，歷任國立西南聯合大學教授、國立清華大學教授、河南大學工學院長等職務。1949年隨國民政府來臺，任高雄港務局總工程師、臺大工學院院長。

照片3-4-23　閻振興博士

1958年8月，成功大學土木系教授羅雲平博士兼任工學院長(照片3-4-24)。

羅雲平博士，1915年9月生，為中國安東省鳳城縣人，哈爾濱工業大學畢業後到德國漢諾威高等工科大學取得工學博士，歷任上海同濟大學教授、中央大學教授及國立長春大學校長等職務。1949年5月來臺任臺灣省立工學院土木系教授。

照片3-4-24　羅雲平院長

1959年2月，羅雲平院長榮任教育部高教司司長，辭工學院院長兼職，遺缺由化工系主任萬冊先兼任。

1962年，工學院夜間部停招。

夜間部前後只招收兩屆學生，最後的夜間部學生是於1966年6月畢業。

1965年1月，閻振興校長榮任教育部長，由土木系羅雲平教授兼工學院長繼任戰後第四任校長；1965年2月，工學院院長職則由土木系系主任倪超教授兼任。

1965年7月，國家長期發展科學委員會(國科會、科技部之前身)在成功大學設立「工程科學研究中心」(照片3-4-25)，以成大為主辦，臺大及交大為協辦，由工學院倪超院長兼中心主任。

照片3-4-25　工程中心(現成大測量館)

1965年9月，羅雲平校長核定11月11日為成大校慶日。

2. 土木系相關系所與中心之設置與組織更迭

1951年8月時，臺灣省立工學院土木系的設備有：

(1) 測量研究室(包括由經濟部借用之航測儀器全套)(照片3-4-26)。

(2) 水工試驗室，與經濟部水工實驗處合作建立，設備甚佳，除教學實驗外，並接受外界委託作模型試驗。

(3) 道路試驗室。

(4) 模型陳列室。

(5) 圖書室。

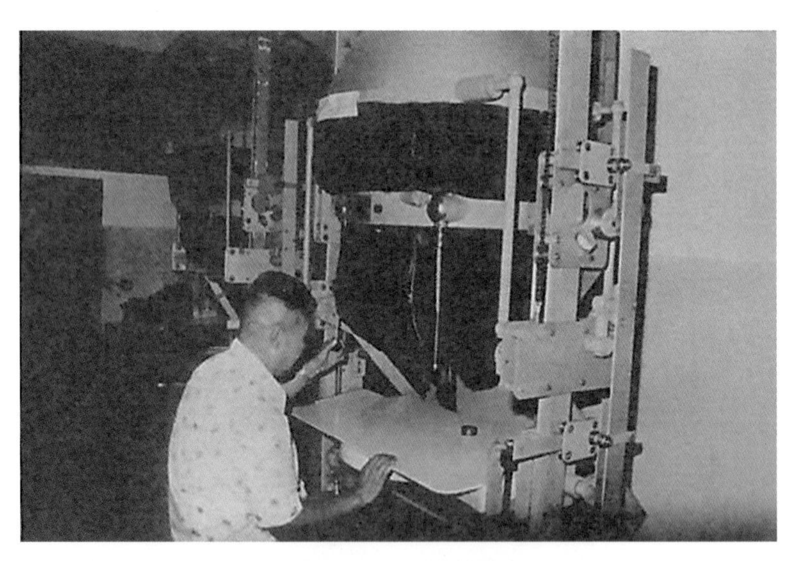

照片3-4-26　測量研究室

在1950年臺灣省立工學院王石安院長就開始與經濟部中央水利實驗處合作在院長之下合組「臺南水工試驗室」。

1951年12月31日臺南水工試驗室竣工落成。

水工試驗室位於成功校區內土木工程館之南側，面積約360平方公尺，內部有各式水工試驗儀器及流體力學設備，除供師生教學研究與實習外，亦接受各工程機關的建教合作，進行水工模型試驗(照片3-4-27～照片3-4-29)。

照片3-4-27　臺南水工試驗室於1950年建立之流體力學實驗設備

照片3-4-28　臺南水工試驗室內部(1956年畢業紀念冊)

照片3-4-29　學生於臺南水工試驗室內進行試驗(1956年畢業紀念冊)

由1954年度之後在美援經費之支援下臺灣省立工學院土木系進行試驗設備的擴充及工作計畫的推展，有：

1. 購買萬能試驗機等，充實結構試驗室(結構試驗室外觀及試驗設備如照片3-4-30)。
2. 擴充道路試驗室設備(如照片3-4-31)。
3. 充實新設之衛生工程試驗室(如照片3-4-32)。
4. 推進測量中心研究工作(美援測量設備如照片3-4-33)。
5. 增強水工試驗工作(如照片3-4-34)。

顯示在美援經費支援下，土木系的研究、實驗能量產生非常耀眼的提升。

(a)結構試驗室(1959年畢業紀念冊)

(b)萬能試驗機(1957年畢業紀念冊)

(c)美援抗壓試驗機(1958年畢業紀念冊)

照片3-4-30　結構試驗室及試驗設備

(a)道路試驗室設備(1956年畢業紀念冊)

(b)道路試驗室設備(1956年畢業紀念冊)

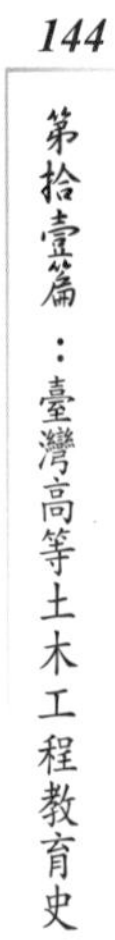

(c)道路試驗室設備(壓密儀)

(d)道路試驗室設備

照片3-4-31　道路試驗室及試驗設備

(a)衛生工程實驗室(1958年畢業紀念冊)

(b)衛生工程實驗室(1959年畢業紀念冊)

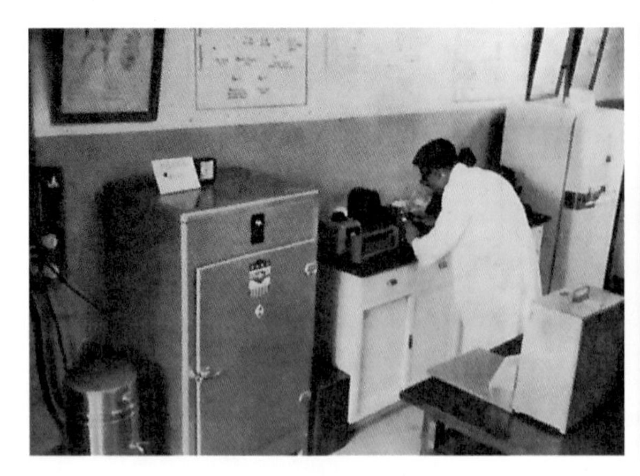

(c)衛生工程實驗室(1959年)

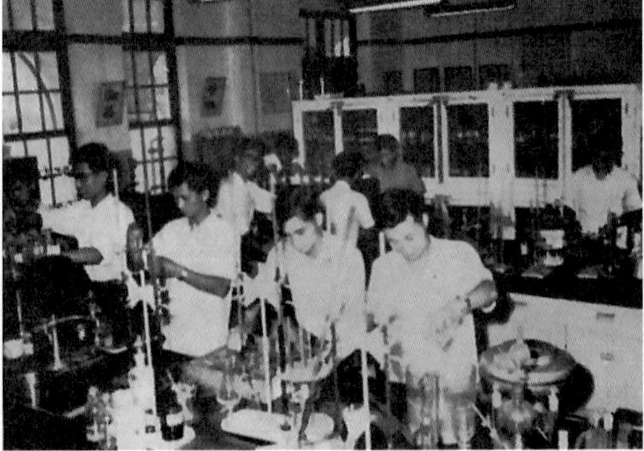

(d)衛生工程實驗室(1961年)

照片3-4-32　衛生工程試驗室及試驗設備

(a)

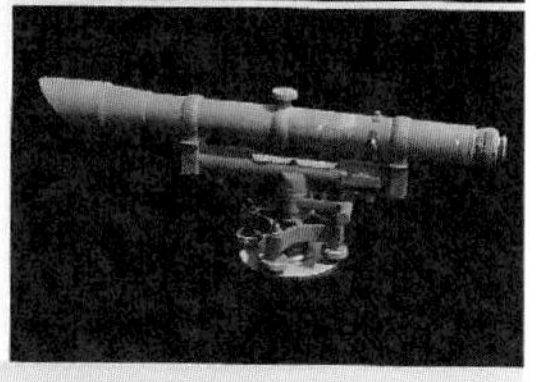

美國製K&E定鏡水準儀 Dumpy Level by K&E, U.S.A

年代：美援時期（1952-1965）
典藏單位：測量系

Period: U. S. Aid (1952-1965)
Collector: Geomatics Department

(b)

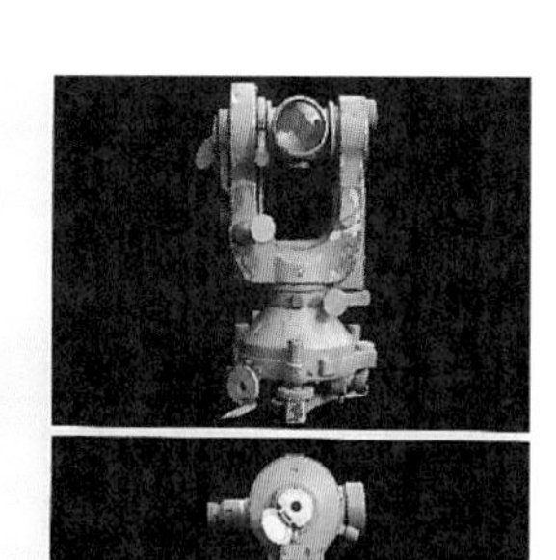

瑞士T2經緯儀 T2 Theodolite by Wild Heerbrugg, Switzerland

年代：美援時期（1952-1965）
典藏單位：測量系

Period: U. S. Aid (1952-1965)
Collector: Geomatics Department

(c)

WILD-N3倒像水準儀｜WILD-N3 Level, *The 1959 Year Book.*

K&E定鏡水準儀｜K&E Dumpy Level, *The 1962 Year Book.*

(d)

(e)測量儀器室(1956年畢業紀念冊)

照片3-4-33　測量中心之美援測量設備

(a)臺南水工試驗室內

(b)水工試驗室外水槽

(c)水工試驗室學生作實驗

照片3-4-34　水工試驗室及試驗設備(1962年畢業紀念冊)

1954年12月，土木工程系系務會議討論土木工程研究所新設計畫，擬分結構工程組、水利工程組、交通工程組、大地測量、衛生工程組等。

1956年，美國普渡大學顧問Freel博士指導土木工程學系設立衛生工程試驗室，為臺灣各大學最先設立者。

1956年8月，土木系測量中心等之建教合作進展極速，在史惠順副教授及姜中庸講師的領導下與臺灣省公路局合作完成「花東公路測量」。

1957年2月，土木系測量中心接受大甲溪多目標開發計畫有關為期二年之測量工作。

1957年8月，機械系首先成立工學院第一個研究所「機械工程研究所」，是全臺工程領域首創的研究所。

1957年，土木系臺南水工試驗室代辦基隆外港增建碼頭模型試驗，由戴英本副教授主持，9月完成初步試驗工作。

1959年8月1日，成功大學正式成立電機工程研究所及土木工程研究所，兩者皆是全臺各該工程領域領先設置的研究所。

1960年4月，爭取美援在成功大學設置「建築材料研究中心」，在此項下已選送土木系王櫻茂先生赴美進修，李風先生赴荷蘭進修。

1960年，土木工程學系增設夜間部。

1960年夜間部土木工程學系須修讀五年，必修、選修科目與日間部同，其作息時間如表3-4-9所示。每日上課4堂，由下午5時55分到晚上9時30分；每堂課為50分鐘，中間休息5分鐘。

表3-4-9　土木系夜間部作息表

夜間部作息時間表

預備鈴	第一節	第二節	第三節	第四節
下午五時五十分	下午 五時五十五分上課 六時四十五分下課	下午 六時五十分上課 七時四十分下課	下午 七時四十五分上課 八時三十五分下課	下午 八時四十分上課 九時三十分下課

100

夜間部

工學院土木工程學系二年級

必修或選修	科目	學分數	擬擔任教講師		星期一	星期二	星期三	星期四	星期五	星期六	備註
必	國文	2	許景重	講授 實習 教室	1-2 501						
〃	英文	2	胡漢傑	講授 實習 教室		[illegible]					
〃	工程畫	1	馬瑞富 劉兆璜	講授 實習 教室				2-4 504			
〃	微分方程	2	鄭清奇	講授 實習 教室					1-2 601		
〃	應用力學	4	王叔厚	講授 實習 教室	3-4 501		3-4 501				
〃	應用力學研討		〃	講授 實習 教室				1 501			
〃	平面測量	4	崔忠昱	講授 實習 教室							上課時間見土木系公告
〃	平面測量實習		崔忠昱 張保[illegible] [illegible]	講授 實習 教室							上
〃	中國近代史	2	卓秀巖	講授 實習 教室					3-4 501		
〃	水文學	2	姜承吾	講授 實習 教室			1-2 501				
〃	工程材料	2	蘇懋應	講授 實習 教室						1-2 501	
〃	普通化學	2	張崑山	講授 實習 教室		1-2					
〃	體育	1		講授 實習 教室							上課時間見體育組公告

附註：星期欄下數字係指上課時間（節別）或教室號數。

105

到1963年5月為止，土木系建教合作的對象與完成的計畫有以下諸項：

① 行政院海埔地規劃委員會委辦之彰雲嘉南四縣海埔地航空測量製圖

② 新竹海埔地開發小組委辦之防潮堤設計斷面模型試驗

③ 高雄港務局委辦之馬公港地質鑽探及土壤分析試驗

④ 臺灣省水利局委辦之白河水庫壩址土壤分析試驗

⑤ 臺南縣政府委辦之將軍港碼頭改建工程鑽探及土壤試驗

⑥ 臺灣省公共工程局委辦之南部及東部紅磚產品調查與檢定

⑦ 中央標準局委辦之各廠水泥品質檢定

3. 土木系相關人事更迭與師資

在美援計畫尚未展開的1951年8月，土木系的專任教師有19位，其中教授6位、副教授3位、講師4位、助教6位、兼任教師有1位。

教授：倪超(系主任)(安徽)、羅雲平(安東)、劉兆璸(安徽)、江鴻(江蘇)、林柏堅(廣東)、黃友訓(廣東)

兼任教授：閻振興(河南)

副教授：謝汶(江蘇)、張學新(安徽)、戴英本(湖南)

講師：史惠順(浙江)、王叔厚(江蘇)、左利時(湖北)、王家培(浙江)

助教：杜文員(河北)、姜中庸(安東)、高肇藩(高雄)、劉新民(臺南)、王櫻茂(臺南)、游啟亨(臺南)

部份教師的照片列示於前(照片3-3-13)。

由教師的籍貫而觀，來自中國最北的安東省有2位，河北省有1位，河南省有1位，江蘇省有3位，湖北省有1位，湖南省有1位，安徽省有2位，浙江省有2位，廣東省有2位，而來自臺灣高雄有1位，臺南有3位，這4位本地教師皆是助教。

此時，教授上課所用的講義多是手寫的藍色拓印本，其是先以腊紙放在鋼板上，將講義的內容以鋼尖筆刻入，而後再將刻有講義內容的腊紙固定在轉印台上，再使用硬橡膠製的滾輪塗上藍色油墨，將講義內容拓印在腊紙下方的白紙上而成，如照片3-4-35，是史惠順老師擔任二年級「測量學」之手刻講義(成大水利系劉長齡教授(土木系43級)提供)。

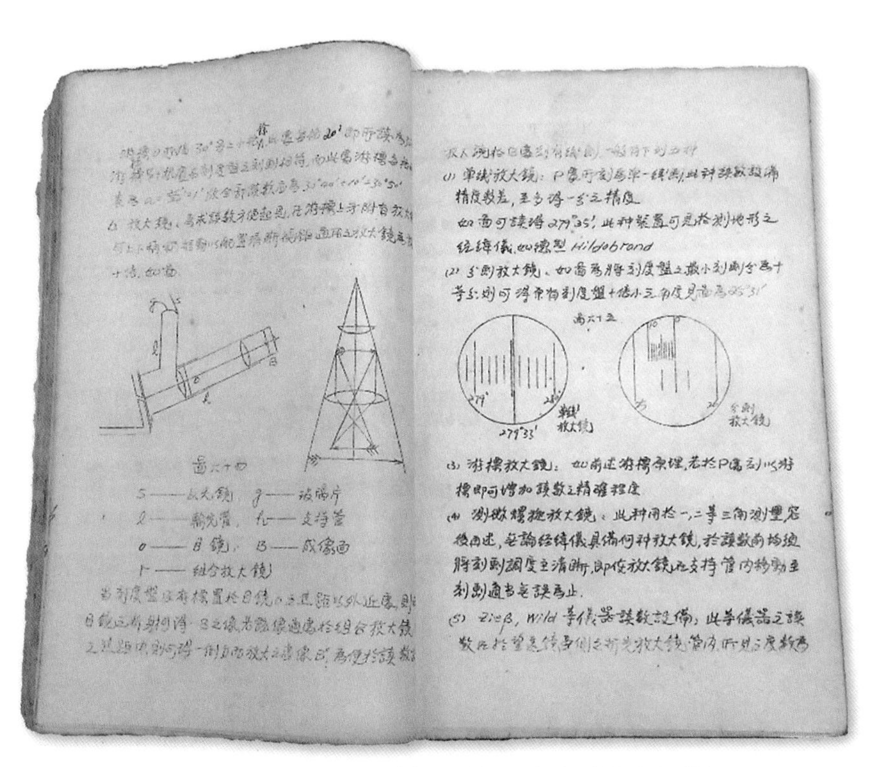

照片3-4-35　測量學手刻講義(水利系劉長齡教授提供)

由於當時大部份講義都是先以腊紙放置在鋼板上，再以鋼尖筆刻寫講義內容，再以油墨印刷之。因此當時就有學生在考試前把課程的重要內容刻寫在課桌上，以便考試時作弊之用，此種動作就稱作「刻鋼板」。

1958年4月，土木系聘蘇懇憲為講師，協助土壤實驗、材料試驗並支援水利系工程材料課程。

1959年8月1日，設立土木研究所，所長由系主任倪超博士兼任，土木研究所設結構工程、道路工程、衛生工程及水利工程等組，招收碩士班研究生。

1960年，土木系衛工組聘蔡國鈞為講師。

1963年8月，土木系聘張耀珍為講師，主授施工估價、路工定線、鐵路計畫。

照片3-4-36　蔡萬傳教授

1964年8月，土木系聘47級(1958年)畢業生，美國加州聖地牙哥大學(UC San Diego)博士蔡萬傳(照片3-4-36)擔任工程數學、鋼筋混凝土極限設計並支援水利系結構學(一)之課程。

1965年1月，工學院長羅雲平教授繼任第四任校長，工學院長職由土木系倪超主任兼任。倪超主任所兼水利系主任職改由林柏堅教授兼任。

林柏堅主任(照片3-4-37)，日本九州帝國大學工學部土木科畢業，1949年來臺進入省立工學院土木系擔任教授，主授結構學。

1965年8月，土木系聘顏榮記為講師主授圖學；聘李俊德為講師主授衛生工程、給水污水處理；聘管晏如為講師主授測量學。

照片3-4-37　林柏堅主任

4. 土木系之課程

土木工程研究所設立初期(1961年)所開授的專業科目如下：

1. 結構組：

高等結構學(林柏堅)、高等材料力學(左利時)、結構塑性分析(林柏堅)、彈性力學(左利時)、高等工程材料試驗(王櫻茂)、結構塑性分析(林柏堅)、預力混凝土(張學新)、板殼力學(左利時)、結構專題討論(林柏堅、左利時)

2. 路工組：

高等鐵道工程(倪超)、高等土壤試驗(羅雲平、游啟亨、王櫻茂)、高等土壤力學(羅雲平)、高等公路工程(羅雲平)、 高等道路材料試驗(游啟亨、王櫻茂)、新都市計畫(羅雲平)、都市交通(張志禮)、路工專題討論(羅雲平、倪超)

3. 衛工組：

污水檢驗(高肇藩)、給水污水細菌學及實驗(朱炳圻、陳植哲)、分析化學及實驗(賴再得、陳植哲)、生物化學及實驗(朱炳圻、陳植哲)、給水檢驗及實驗(陳植哲、董培祜)、污水檢驗及實驗(陳植哲、高肇藩)、有機化學(李立聰)、上、下水分析及實驗(高肇藩、郭明福)、給水計畫及處理與演習(董培祜、高肇藩)、工業廢水處理及實驗(高肇藩、董培祜)、衛工專題討論(高肇藩)

4.水利組：

高等流體力學(戴英本、湯麟武、張玉田、郭金棟)、高等水文學(湯麟武、姜承吾)、高等流體試驗(戴英本、湯麟武)、高等水工結構(鄭厚平)、高等海岸工程(許明興、湯麟武、郭金棟)、波浪力學(湯麟武、郭金棟)、水工專題討論(湯麟武、姜承吾、張玉田)

此外，有關測量組的課程有：

5.測量組：

高等地圖投影(卜孔書)、大地天文(史惠順)、高等航空攝影測量(張汝珍)、高等地球形狀(卜孔書)、誤差理論(史惠順)、高等儀器學(史惠順)、高等複照製版學(張汝珍)、地球物理學(萬寶康)、大地測量實習(史惠順)、測量專題討論(史惠順、張汝珍)

(三) 臺灣省立工學院(臺灣省立成功大學)執行美援計畫之成效

回顧美援期間(訂約期間1953年6月～1961年12月)，省立工學院於1953年開始接受美援，並與美國普渡大學訂約合作，自1953年到1963年共獲得美援贈款計美金1,587,000多元及新臺幣52,835,000餘元，進行之計畫有：(1)改進工程教育計畫(充實設備)；(2)技術援助計畫(普渡大學顧問費用)；(3)僑生教育計畫；(4)科學教育計畫；(5)教育及行政發展計畫；(6)出國進修人員費用[39]。

1953年起到1963年6月止，政府核撥成大之經費總計有新臺幣1億1百餘萬元，其中約70%係用人及辦公等費用，建設性之支出只有10%，而用於材料費只約佔總數的6%，為數過少不足以應理工學生實習之必要。

然而歷年美援對成大之援助除技術協助及少數僑生活動費用外，幾乎全部為建設性之支出，以美金援助換算成新臺幣共達新臺幣9千餘萬元，約當同時期政府所撥經費之90%。

美援計畫下主要之成就計有下列數端：

(1). 在本計劃項下由1954年到1961年之間先後選送成大教師28人前往美國普渡大學作為期一年之進修。此項進修人員均於進修期滿先後如期返國，以在普大獲得之新知識繼續在成大任教，對於改進教學頗有貢獻。與土木系相關的教師包括倪超、羅雲平、史惠順、左利時、閻振興等人。

(2). 推行建教合作，訂立臺灣工業界服務計劃，由成大舉辦短期工業工程訓練班，請臺美專家擔任有關課程傳授專門學識以應工業建設之需要。

(3). 由於顧問之建議，成大教學設備得以充實，校舍藉以擴充。

(4). 由於顧問之示範教學及建議，成大之教學方法得以改進，使學生能手腦並用，獲得應有之知識。

(5). 由於教學方法之改進、師資之提高及現代化器材設備之增添，使學生素質普遍提高。

(6). 由於設備之充實及校舍之擴建，使成大之就學學生人數大量增加。

(7). 由於參與臺灣工業建設之成大畢業生，在量與質方面逐年增加，對於臺灣工業之發展裨益至大。

此外，美援僑教計劃對成大之協助係自1954年度開始，歷年來校舍逐漸增多，設備日見完善，分發成大就讀之僑生亦與年俱增，已自開始當年之176人增至1963年之802人。至於畢業之僑生人數已自當年之6人增為1963年之214人[39]。

成大在美援協助之下，於1961年6月間設立「建築材料研究中心」(照片3-4-38)，12月16日舉行落成典禮。從事各種建築材料之品質、規格與施工方法之研究，以提高省產建材之標準，配合本省經濟發展。該中心經年餘之時間已完成有關建材方面之研究報告八種，其中建築五金組所研究設計之鋁合金門鎖，型式美觀，構造新穎巧妙，且成本僅及高級進口洋鎖之半。而由土木工程學系所進行之研究有：① 平屋頂防水隔熱之研究(1)、② 省產建築材料之研究、③ 建築用磚之研究、④ 臺灣大理石之研究，其報告如圖3-4-9所示。研究分由游啟亨、吳漢南、柯光華、張學新、倪超及葉樹源、金永斌、劉曉晴等人執行。

照片3-4-38　建築材料研究中心

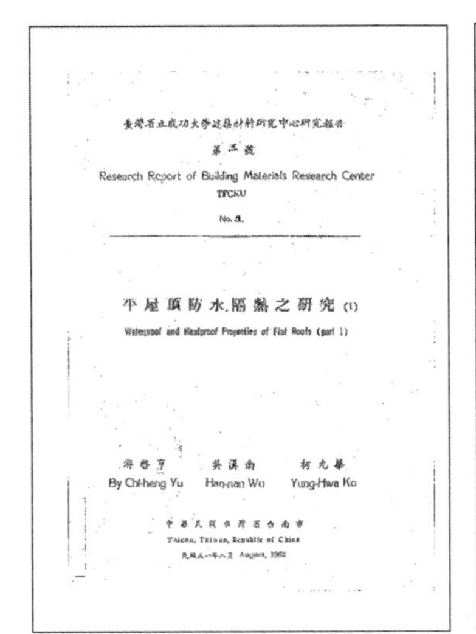

臺灣省立成功大學建築材料研究中心研究報告

第三號

Research Report of Building Materials Research Center

TPCKU

No. 3.

平屋頂防水隔熱之研究 (1)

Waterproof and Heatproof Properties of Flat Roofs (part 1)

游啟亨　吳漢南　柯光華

By Chi-heng Yu　Han-nan Wu　Yung-Hwa Ko

中華民國臺灣省臺南市

Tainan, Taiwan, Republic of China

民國五十一年八月 August, 1962

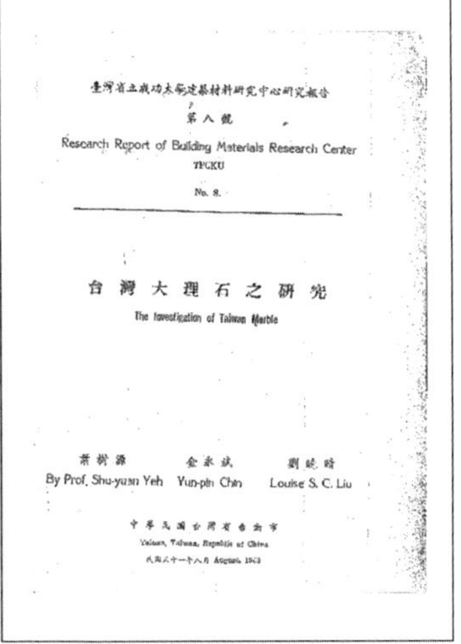

臺灣省立成功大學建築材料研究中心研究報告

第八號

Research Report of Building Materials Research Center

TPCKU

No. 8.

台灣大理石之研究

The Investigation of Taiwan Marble

葉樹源　金永斌　劉曉晴

By Prof. Shu-yuan Yeh　Yun-pin Chin　Louise S. C. Liu

中華民國臺灣省臺南市

Tainan, Taiwan, Republic of China

August, 1963

圖3-4-9　研究報告封面

成大歷年以美援款項增添之建築物計有圖書館、建築系館、化學館、土木材料試驗室、學生服務部、學生活動中心、醫務室、學生餐廳、僑生宿舍、教職員宿舍及建築材料研究中心等，修理及改建者亦復不少。

美援歷年來總共資助成大教授、副教授、講師及助教等出國進修或考察者共33人，前往美國者計31人，往荷蘭者1人，往菲律賓、日本者1人。總共支用進修費用計美金13萬5千餘元及新臺幣120萬餘元[39]，對提升工學院師資的教學、研究的能力與水準有極大的貢獻。

四、臺灣省立臺北工業專科學校(1951年～1965年)

(一) 校科重要人事、組織之更迭

臺灣省立臺北工業專科學校自1948年8月奉令升格以後，初設五年制機械、電機兩科。1949年8月再增設五年制化工及礦冶兩科以及三年制電機科(分電力及電訊兩組)。

1950年9月則增設五年制土木工程科，招收新生50名，並將原職校之建築科併入土木工程科。

照片3-4-39　宋希尚校長

1951年9月為儲備土木工程人才、配合國家建設需要，土木工程科增設二年制專科，招收高中及同等學歷畢業生。

1952年7月，臺北工業職業學校全部結束。

1952年11月，顧柏岩校長辭職，由宋希尚校長接任(照片3-4-39)。

宋希尚校長中國浙江嵊縣人，南京河海工程學院畢業，赴美入麻省理工學院再轉布朗大學獲工學碩士學位，隨即轉赴歐洲考察各國水利。歷任南京市政府工務局長，兼任中央大學教授，亦是首先提出開發長江三峽的具體計畫者。

1953年1月，濮良疇先生擔任土木工程科主任。

1953年5月，宋希尚校長辭職，由康代光校長接任(照片3-4-40)。

康代光校長中國四川安岳人，國立成都大學預科及空軍官校二期機械科，美國華盛頓大學航空機械科畢業，麻省理工學院研究員。曾任中央杭州飛機製造廠工程師，國立四川大學航空系主任，空軍機械學校高級班主任、處長等職。

照片3-4-40　康代光校長

1954年8月則增設三年制專科，招收高中畢業生，以配合國家建設之需要，儲備工程建設之人才。五年制的學生需修滿200學分，二年制需滿80學分，三年制的學生需滿120學分，始准畢業。

1958年2月由張丹先生接任臺北工業專科學校校長(照片3-4-41)。

張丹校長中國浙江鄞縣人，國立交通大學(現上海交通大學)電機工程系畢業，公費留學義大利都林大學電工研究院，獲特許工程師資格，曾任中華民國空軍電台台長，空軍通信學校高級班教官，以及國立四川大學教授，1949年來臺後任臺灣省立工學院(現成功大學)教授、教務長及省立成功大學文理學院院長。

照片3-4-41　張丹校長

1963年4月美援建築製圖及辦公大樓舉行破土典禮。

1963年8月增設二年制土木科建築組，招收美援時期新設「單位行業訓練」的高級工職畢業生。

1963年11月校慶兼辦公製圖大樓完成，省主席黃杰剪綵，美援公署署長白慎士啟鑰。

1965年2月18日趙國華先生接任校長(照片3-4-42)。

照片3-4-42　趙國華校長

趙國華校長中國江蘇吳江人，江蘇公立蘇州工業專門學校土木科畢業，美國伊利諾大學土木研究所研究，曾任中國交通部漢渝公路橋渡工程處、交通部公路總管處正工程師、國立重慶大學教授。來臺之後，歷任臺灣大學土木系教授、系主任，省立中興大學教授、土木系主任、理工學院院長。

1965年8月增設夜間部，初為二年制，修業三年，招收高級工職畢業生。1966年改為三年制，修業四年，招收已服兵役或免役之高中及高級工職畢業生，先後設有機械、電機、化工等九科，其中包括土木工程科。

(二) 土木工程科之課程、設備與實習

(1) 課程

在1955年時，土木工程科學生有五年制5班，二年制2班，三年制1班，共有324位學生。

其中土木工程科三年制的必修科目有：三民主義、國文、英文、中國近代史、俄帝侵略中國史、國際組織與國際現勢、微積分、物理、普通化學、投影幾何、製圖、工廠實習、測量學、測量實習、工程材料、應用力學、材料力學、結構學、水力學、土力及基礎學、鋼筋混凝土、道路工程、鐵道工程、橋樑工程、水利工程、水工結構、房屋構造、衛生工程、都市計劃、工程估價及契約、體育，總共105½學分。

此外，尚有應選修14學分，總共119½學分。在此年代對大專學生進行反共抗俄思想教育的必修科目，有如三民主義(4學分)、中國近代史(4學分)、俄帝侵略中國史(2學分)、國際組織與國際現勢(2學分)，佔畢業總學分的十分之一。

同時在必修科目中零學分的體育，其每學期測驗項目如表3-4-10所示，每學期測驗項目有三項，五年制一年級上學期的測驗項目中有"手榴彈投擲"，可以感覺到當時的「反共抗俄」備戰的緊張氛圍。

表3-4-10　1955年臺灣省立臺北工業專科學校體育測驗項目

體育測驗項目暫定如左

年級	學期	測驗項目	備考
一年級	上	(一)徒手體操　(二)手榴彈投擲　(三)跳繩運動	
	下	(一)一百公尺　(二)推鉛球(12P)　(三)懸垂(引體向上)	
二年級	上	(一)徒手體操　(二)一分中籃球投籃　(三)跳遠	
	下	(一)二百公尺　(二)跳高　(三)排球(發球)	
三年級(三年制一年級)	上	(一)徒手體操　(二)三級跳遠　(三)籃球(一分中投籃)	
	下	(一)游泳(二十五公尺)　(二)雙槓一分背越　(三)四百公尺	
四年級(三年制二年級)	上	(一)徒手體操　(二)鐵餅　(三)足球空射球門	
	下	(一)游泳(五十公尺)　(二)排球(托球)　(三)棒球擲準	
五年級(三年制三年級)	上	(一)徒手體操　(二)二百公尺　(三)跳高	
	下	(一)推鉛球(16P)　(二)籃球運球投籃　(三)游泳(一百公尺)	

此外在學生訓導方面，臺北工業專科學校較一般大專學校稍為嚴格，科導師每週至少有一小時與每一班學生集體聚會一次，且「學生在校生活，是以軍事管理為基礎。全體學生晨間集合升旗，住校學生晚間就寢，以及學生在校之一切生活與活動均以軍事管理方式行之。」[40]。

至於軍事訓練方法，則依行政院四十二年七月三十一日台四二教四四二六號令核定頒佈之『專科以上學校學生軍訓實施辦法』實施之，其第一章總則的第一條及第二條條文如下：

第一條　為實現文武合一之教育制度，養成文武兼備之優秀人材，特訂定專科以上學校學生軍訓實施辦法。(以下簡稱本辦法)

第二條　專科以上學校學生軍訓，由中國青年反共救國團負責實施，以提高學生政治認識，鍛鍊學生體魄，灌輸現代軍事常識，陶冶犧牲奮鬥之高尚品格與嚴肅活潑之生活習慣為目的。

(2) 教學設備

在1955年時，臺北工業專科學校土木工程科的教學設備有：

(1) 木工實習工廠：面積約400m²，內有工作台30台，鋸木機3種、刨木機2種、鑽孔機2種、挖槽機2種、研磨機4種，工廠設備為大專學校中首屈一指。

(2) 測量儀器室：有平板儀、羅盤儀、水準儀、經緯儀多架，此外尚有Wild T2經緯儀及Wild水準儀等。

(3) 材料試驗室：有阿姆司拉(Amsler)50 ton萬能材料試驗機、混凝土骨材篩分機、扣和機、坍度測定器等。

(4) 標本模型室：有道路、鐵路、橋樑、建築及水利工程等模型，及土木、建築工程用之各種工具、器材等。

1962年9月土木工程科收到美援儀器一批，計有經緯儀2架，水平儀、大平板儀各1架。

(3) 實習

土木工程科在實習方面有非常實務的實習內容，分<1> 測量實習、<2> 工廠實習、<3> 材料試驗實習、<4> 課外實習。

<1> 測量實習：偏重於應用測量，如：① 距離測量、② 羅盤測量、③ 平板儀測量、④ 水準儀測量、⑤ 經緯儀測量、⑥ 視距測量、⑦ 三角網測量、⑧ 應用天文測量、⑨ 地形測量、⑩ 道路測量、⑪ 河川測量等。

<2> 工廠實習：① 鑑別木材、② 林工接榫、③ 傢俱之修理油飾及製作、④ 結構模型房屋模型製作、⑤ 屋架製造、⑥ 鋼筋混凝土、⑦ 橋樑建造、⑧ 軟硬路面舖砌、⑨ 鉚釘、角鐵等製作、⑩ 晒圖。

<3> 材料試驗實習：屬於工程材料學之實習，試驗各種工程材料強度的實習。

<4> 課外實習：① 實習時間至校外工地實習參觀，研究各種工程技術之問題、② 寒暑假至校外工程機關及營造廠實地練習設計、測量、監工、工程管理等。

(三) 美援經費對學校之貢獻

在臺灣接受美援的1951年到1965年的15年間，美援經費進入臺北工業專科學校是始自康代光校長時期，由於在美援初期美國的安全分署計畫中有關臺灣工業教育的援助是先以臺灣省立工學院(今之成功大學)與進行「單位行業訓練」的八大省立工業職業學校，以及預定培育「單位行業」師資的省立師範學院(今之師範大學)工教系為對象，其中臺灣省立工學院與美國普渡大學(Purdue University)合作，師範學院工教系則與美國賓州州立大學(Pennsylvania State University)合作訓練工職教師，同時八大省工(如臺中工職等)亦與賓州州立大學合作，修訂工職課程內容。

由於臺北工專的位置是介於省立工學院與工職之間，無法明確定位比照省立工學院以取得美援經費，因此於1953年時僅從工職結餘經費獲得美援為美金7,000元及新臺幣經費80,000元，並派員一位赴美進修一年。

1954年9月臺北工專擬具訓練專職人員意見書呈教育廳轉教育部，獲「原則可行」之指示後，開始與美援教育經費重要決策單位之安全分署教育組組長白朗(H. Emmett Brown)接洽。

1954年12月臺北工專與普渡大學簽定合作契約，由普渡大學派遣麥克魯教授(Prof. Maclure)來臺擔任顧問。

1959年以擴充外文圖書為由，再獲美援新臺幣15萬餘元。正式獲得美援是由1961年起。臺北工專為配合招收高工職校「單位行業科」之學生於1961年增設二年制電子科。

臺北工專接受狹義的美援(由美國直接撥款援助)是自1961年到1965年為止，但美援結束後仍由中美基金繼續援助，可看做廣義的美援。

表3-4-11　1961年～1966年
臺北工專美援運用情形概況表[41]

本校歷年(一九六一—一九六六)美援運用情形概況表

年度	美金部份 金額U.S	美金部份 主要運用情形	臺幣部份 金額N.T	臺幣部份 主要運用情形
一九六一(五十年度)	九八、五〇〇.〇〇	購備下列各工場及實驗室設備：(1)電子、電機實驗儀器。(2)汽車檢修儀器及工具。(3)土木測量儀器。(4)化工儀器。(5)紡織機。(6)機械工場機器。	三、三三七、四六六.〇〇	(1)新建電子館新建汽車工場各一棟及其他修建事項。(2)教材編著。
一九六二(五十一年度)	一一六、〇〇〇.〇〇	(1)充實機械工場設備。(2)電子及電機實驗室設備。	三、二一三、九〇九.〇〇	(1)新建電工館壹棟及其他修建工程。(2)全校供電系統擴充改善工程(第一期工程)。(3)電工館直流電配線工程。(4)舉辦工場師資講習會及教材編著。
一九六三(五十二年度)	七六、〇〇〇.〇〇	充實機械鑄模工場汽車工場，電機工場及實驗室設備電視。	二、九四八、〇〇〇.〇〇	(1)新建製圖辦公大樓一棟。(2)全校配，系統擴充及改善工程(第二期工程)。(3)新建柴油機工場及翻砂工場修理工程。(4)紡織工場整修工程。(5)編印教材。
一九六四(五十三年度)	二三、五〇〇.〇〇	(1)充實機械工場汽車工場設備。(2)充實電子及電機實驗室設備。	四、九〇〇、〇〇〇.〇〇	(1)新建物理大樓一棟。(2)新建工場教師宿舍一棟。
一九六五(五十四年度)			六、四五〇、〇〇〇.〇〇	(1)化工館、工業大樓、工場教師宿舍各一，。及電子電工兩館連接工程。(2)機械、電機、電子、土木、化工、實驗室及物理實驗室之設備。(3)編印教材及機械、電機、電子各科教助製作費。
一九六六(五十五年度)			四、九七二、〇〇〇.〇〇	(一)工業化學大樓 三、〇〇〇、〇〇〇.〇〇元(二)工業大樓 一、〇〇〇、〇〇〇.〇〇元(三)木模工場 一一〇、〇〇〇.〇〇元(四)化工什設備 八一二、〇〇〇.〇〇元(五)木模工場設備 五〇、〇〇〇.〇〇元

臺北工專接受美援由1961年開始，每年接受的美金經費分別為US$ 98,500 (1961年)、US$ 116,000 (1962年)、US$ 76,000 (1963年)、US$ 23,500 (1964年)。新臺幣經費之補助為NT$ 3,337,466 (1961年)、NT$ 3,213,909 (1962年)、NT$ 2,948,000 (1963年)、NT$ 4,900,000 (1964年)、NT$ 6,450,000 (1965年)及NT$ 4,972,000 (1966年)，其運用情形如表3-4-11所示[41]。

美援結束後，由中美基金繼續部份援助，

臺北工專由1966年至1968年間尚獲得NT$ 5,622,000元之援助，高於其他工職學校的總和[33]。

美援時期，美金經費多用於購置儀器、設備，而新臺幣經費則用於新建工場或宿舍及教學大樓等。

五、臺灣省立農學院(臺灣省立中興大學)(1951年～1965年)

(一) 校院重要人事、組織更迭

成立於1961年7月1日的中興大學，是由前省立農學院及省立法商學院合併改制而成。其中省立農學院之前身乃是日治時期於1919年(大正8年)創建於臺北的「臺灣總督府農林專門學校」，1922年(大正11年)改制為「臺灣總督府高等農林學校」。1927年(昭和2年)又改名「臺灣總督府臺北高等農林學校」。1928年(昭和3年)歸併到臺北帝國大學附屬農林專門部。1943年(昭和18年)4月由臺北帝國大學獨立，10月遷往臺中南郊頂橋仔頭，改名為「臺灣總督府臺中高等農林學校」，1944年(昭和19年)4月又改名為「臺灣總督府臺中農林學校」。

1945年日本戰敗，二戰結束，國民政府接收臺灣，於12月1日將「臺灣總督府臺中農林學校」更名為「臺灣省立臺中農業專科學校」，並於1946年9月1日改制升格為「臺灣省立農學院」。

照片3-4-43　臺灣省立農學院-臺中

照片3-4-44　臺灣省立法商學院-臺北(中興大學法商學院)

照片3-4-45　林致平校長

省立法商學院之前身為成立於1949年秋天的「臺灣省立地方行政專科學校」，1955年8月改制為「臺灣省立法商學院」。

1961年7月1日，位於臺中的「臺灣省立農學院」與位在臺北的「臺灣省立法商學院」奉命改制合併為「臺灣省立中興大學」(照片3-4-43、照片3-4-44)，由林致平先生出任中興大學首任校長(照片3-4-45)。

林致平校長，中國江蘇無錫人，交通大學土木工程系畢業，英國倫敦大學航空工程博士，曾任國民政府中央航空機械學校高級教官及高級班主任、四川大學航空系主任、中央航空研究院結構組長。1949年到臺灣，1958年當選中央研究院院士。

林校長將原屬於農學院之植物學系及化學系與新設立之應用數學系、土木工程學系合組理工學院，連同法商學院及農學院，共有三個學院。

中興大學土木工程學系於大學成立之時，隨即創立並隸屬理工學院，第一任系主任為蔡駿康先生(1961年8月～1963年7月)。

照片3-4-46　湯惠蓀院長

1963年6月林校長辭職，由湯惠蓀先生接任校長(照片3-4-46)。

湯惠蓀校長(1900～1966)，中國江蘇崇明縣人，江蘇省立第一農業學校、日本鹿兒島高等農林學校畢業，曾任教於江蘇省第一農校兼農場主任及浙江大學農學院。抗日戰爭時曾任雲南大學農學院院長、中央政治學校地政系主任。戰後，任地政署副署長、地政部常務次長、農復會土地組組長，協助推行農地減租、土地改革。1949年隨農復會來臺，推行「三七五減租」、「公地放領」及「耕者有其田」等政策。1963年臺灣省主席黃杰先生邀其出任中興大學校長[42]。

照片3-4-47　趙國華院長

1963年8月趙國華先生擔任土木工程學系第二任系主任兼理工學院院長(照片3-4-47)。

趙國華主任兼院長，中國江蘇吳江人，江蘇工業專門學校土木科畢業，美國伊利諾大學土木研究所研究、交通部正工程師、重慶大學教授、臺灣大學土木系教授、系主任。

1965年2月，趙國華主任兼理工學院院長轉任臺北工專校長。

1965年3月，湯惠蓀校長借聘臺大教授沈百先先生擔任第三任系主任兼理工學院院長(照片3-4-48)。

沈百先主任兼院長，中國浙江湖州人，河海工程專門學校畢業，美國愛荷華大學碩士，回國後曾於河海工科大學任教，並擔任中國水利工程學會董事、會長，國民政府水利部政務次長，二戰後被派來臺灣接收水利事業，並擔任臺灣大學土木系教授。

照片3-4-48　沈百先院長

(二) 土木系相關系所與中心之設置與人事更迭

中興大學土木工程學系於大學成立之時，隨即創立並隸屬理工學院，第一任系主任由蔡駿康先生擔任(1961年8月～1963年7月)。

1963年8月趙國華先生擔任第二任系主任兼理工學院院長。

照片3-4-49　姜子雖主任

1963年中興大學土木系成立測量儀器室、流體力學試驗室、土壤材料試驗室。

1965年2月，土木系趙國華主任兼理工學院院長辭職轉任臺北工專校長。

1965年3月，湯惠蓀校長聘請臺大教授沈百先先生擔任第三任系主任兼理工學院院長。

1965年8月，中興大學聘姜子雖教授擔任土木系第四任系主任。

姜子雖主任(照片3-4-49)，中國浙江平陽人，國立中央大學土木系畢業。

(三) 美援經費對學校之貢獻

美援期間(1951年～1965年)對中興大學而言，涵蓋了「臺灣省立農學院」時期及「臺灣省立中興大學」創立初期。

美援的教育計畫中對中興大學的援助是始於1957年，在「臺灣省立農學院」中設農業教育系，培養農業相關師資以配合各地接受美援經費之農業職業學校之教學及發展，學生就學五年(含最後一年試教)，受公費待遇，畢業後規定在農校服務，同時美援經費亦補助農學院增加各項教學設備。

1960年美援計畫中，再由美國密西根州立大學與臺灣大學及臺灣省立農學院簽訂合作計畫，由密西根大學在臺灣成立顧問團協助兩校加強農業研究及教學，並提供擴展及改善之意見。合約原訂於1963年7月屆滿，但後來應教育部之請求，予以延長1年，到1964年7月為止。

美援經費只用於農學院之設備、儀器購置及選送人員出國進修，中興大學理工學院(含土木工程學系)並未因而受惠

第五節　1966年以後臺灣高等土木工程教育發展概況(1966年～)

一、臺灣國內外重要事件(1966年～1990年，1990年～2022年)

(一) 1966年～1990年

從1951年到1965年之間在美援的支持下，貧窮且處於風雨飄搖的臺灣社會，在軍事上挺過823砲戰、台海危機的洗禮，得到穩定台海安全的能力；在經濟上國內物資供給的增加，平抑物價上漲，進而造成臺灣整體經濟的成長。如在1951年臺灣的國民生產毛額GDP是美金12億1佰萬，平均國民所得是137元美金，到了1965年國民生產毛額GDP達到28億4仟3佰萬美金，成長約2.5倍，而平均國民所得是204美元，成長約2倍[43]。

美援對臺灣教育方面的貢獻，除了在工業實業教育方面計畫性的提升高職的水準外，並資助相關大學興建校舍、充實實驗研究設備、改善教學內涵，同時亦鼓勵臺灣的大學與美國國內大學進行學術合作與人才交流，以提升教學、研究水準。

在美援的協助下，臺灣的國力逐漸增強、社會益加穩定，自1965年開始經濟起飛，工業建設加速成長，中小企業在出口替代上的努力，逐漸開展對外貿易，但是當時臺灣的公共設施及基礎原料供給已無法適應經濟及社會快速成長的需求，又基於國民政府已放棄「反攻大陸」的目標改以「建設臺灣」作為大政方針，於是在1974年～1979年間由當時的行政院長蔣經國(照片3-5-1)的推動下，進行一系列改善臺灣基礎設施及產業升級的國家級基礎建設工程，總共有十項：六項是交通運輸建設，三項是重化工業建設，一項是能源建設，總經費在2,000億～3,000億台幣，稱為「十大建設」[44]。此項重大基礎建設的投資不僅帶領臺灣抵抗全球性的經濟衰退，同時加速經濟及社會的發展，對臺灣而後的經濟起飛提供絕大的助力。

在1974年～1979年的「十大建設」之後，於1980年～1985年又有「十二項建設計畫」[45]，其除了以基本建設為主外，並加入農業、文化、區域發展等方面的計畫，接下來是1984年由行政院長俞國華推動的「十四項計畫」[46]，預計在1990年底陸續完成包括臺北大眾捷運系統、臺北市鐵路地下化、鐵路擴展計畫、水資源開發計畫、防洪

照片3-5-1　蔣經國行政院長
(任期1972年～1978年)

排水、都市垃圾、醫療保健、自然生態與國民旅遊等十四項計畫。

在1966年到1990年這段期間，臺灣進行了一系列重大基礎建設，單單「十大建設」就使用了將近2,000億到3,000億的經費，這些建設絕大部份都與土木工程有關，所以當時也吸引了國際上有名的大型工程公司或土木工程顧問公司來到臺灣參與建設，他們帶來了很多先進的工程施工技術或工程管理經驗，也帶動了臺灣國內土木工程技術水準的提升。此外，因為多項重大建設同時展開，土木工程人員的需求瞬間暴增，所以不僅大大的提升國內土木工程相關系所畢業生的就業機會，就連在國外深造的土木科系的臺灣「海外學人」也有不少被吸引回國，或到政府單位擔任工程法規的制定、重大工程的監管等工作或是到在臺灣的國際大型工程公司、工程顧問公司擔任工程技術指導、工程規劃、監造等工作，亦有到各公、私立大學土木相關科系擔負教學、研究的工作。也因為對土木工程人員的需求大增，促成許多新設立的公私立大學都設立土木相關科系。

此外，在1966年到1990年之間發生在臺灣國內外的重大事件有如下幾項：

(1). 1966年5月16日～1976年10月6日，中華人民共和國在毛澤東的推動下發動「無產階級文化大革命」[47]，紅衛兵在全中國進行全方位的階級鬥爭，文革期間中國非正常死亡人口達數十萬到2000萬不等，傳統的中國文化被破壞殆盡，中國的科研教育也受到重大衝擊。

(2). 1968年臺灣自57學年度開始實施九年國民義務教育。國民義務教育由六年延長為九年，以提升臺灣人民的教育水準，亦奠定1970年代臺灣經濟起飛時中級技術人才資源的基礎[48]。

(3). 1969年6月25日，蔣經國就任行政院副院長。

(4). 1970年4月24日，蔣經國訪美，遭鄭自財、黃文雄行刺，未受傷。

(5). 1971年10月25日，第26屆聯合國大會會議上表決通過「恢復中華人民共和國在聯合國組織中的合法權利問題」的決議案(即聯合國大會第2758號決議)。決議的內容是：「恢復中華人民共和國的一切權利，承認中華人民共和國政府的代表為「中國」在聯合國組織的唯一合法代表，並立即把蔣介石的代表從聯合國組織及其所屬一切機構中所非法佔據的席位上驅逐出去。」[49]。

(6). 1972年2月21日，美國總統尼克森訪問北京、杭州、上海會見毛澤東、周恩來，並簽署了《上海公報》[50]。

(7). 1972年3月21日，蔣介石當選第五任總統，嚴家淦當選副總統。

(8). 1972年5月26日，蔣經國就任行政院長。

(9). 1973年4月，蔣經國宣佈十大建設計畫。

(10). 1975年4月5日，第五任總統蔣介石逝世；6日副總統嚴家淦繼任。

(11). 1975年4月30日，越共發動戰爭。

(12). 1976年2月，南北越統一，成立越南社會主義共和國。

(13). 1976年9月，中國毛澤東逝世。

(14). 1978年3月～1988年1月，蔣經國任中華民國第六、七任總統，主政期間推動臺灣十大建設，並於1987年7月15日宣佈解除執行38年又56天的《臺灣省戒嚴令》，促進臺灣民主化和確立憲政體制。

(15). 1978年10月中山高速公路啟用。

(16). 1978年12月15日，美利堅合眾國與中華人民共和國兩國政府共同發佈《建交公報》商定自1979年1月1日起互相承認並建立正式外交關係。美中建交同時是美臺斷交，其後引起一段時間的臺灣移民美國的風潮，許多對政局感到不安的人，紛紛變賣家產移民美國，其中亦有學校的老師在學期並未結束之際，一聽到中美建交、臺美斷交，立即離臺赴美，其未完之課程需由其他老師代為補滿等情事發生。

(17). 1979年4月，駐臺美軍陸續撤離臺灣。1980年「中美共同防禦條約」正式終止。

照片3-5-2　李登輝總統(1988年)

(18). 1979年4月10日，美國國會親臺派議員通過「臺灣關係法」。此法是以美國國內法的形式制定，依此法之規定進行日後臺灣與美國雙邊之準外交關係的運作依據[51]。

(19). 1979年12月10日，在高雄舉行國際人權日遊行，警民衝突，引爆「美麗島事件」。

(20). 1980年2月1日，北迴鐵路(蘇澳花蓮)啟用。

(21). 1981年12月，李登輝就任臺灣省主席。

(22). 1982年6月，臺中港啟用。

(23). 1984年3月22日，蔣經國當選第七任總統，李登輝當選副總統。

(24). 1972年～1985年臺灣的高等教育採重質不重量的政策，行政院宣佈暫緩接受私立學校的申請，但到了1985年行政院核准開放新設立私立學校，但指定範圍限於工、醫、技術學院、二年制商業護理專校及五年制工專。因此自1986年起高等教育又進入開放成長時期[52]。

(25). 1988年1月13日蔣經國總統逝世，李登輝以副總統身份繼任總統(照片3-5-2)，這是中華民國史上第一次由臺灣人擔任總統。

(26). 1989年6月4日，中國北京天安門前爆發軍隊開槍射擊，並以坦克鎮壓學生運動－「天安門事件」。

(27). 1990年3月16日到3月22日臺灣發生一系列學生運動，稱為野百合學運，又稱1990年3月學運，由臺大學生發起至中正紀念堂靜坐行動，提出「解散國民大會」、「廢除臨時條款」、「召開國是會議」以及「政經改革時間表」等四大訴求。隨後李登輝總統兼中國國民黨主席依其對學生之承諾召開國是會議，並於1991年廢除<動員戡亂時期臨時條款>，結束「萬年國會」之運作[55]。

(二) 1990年～2022年

在1990年之後臺灣逐漸進行「寧靜革命」，成為較為民主、自由的國家，但國內外情勢並未能風平浪靜，或多或少影響到社會環境的穩定。由1990年到2022年發生的國內外重要事件簡列如下：

(1). 1990年5月20日，李登輝就任第八任總統，李元簇就任副總統。

(2). 1991年5月1日，廢除動員戡亂時期臨時條款，動員戡亂時期結束。

(3). 1991年12月3日，舉行第二屆國民大會代表選舉，第一屆資深國代退職。

(4). 1992年5月15日，修正刑法第一百條，廢除陰謀內亂罪。

(5). 1992年10月5日，南迴鐵路正式營運，環島鐵路網完成。

(6). 1992年12月19日，舉行第二屆立法委員選舉。

(7). 1994年4月，第二屆國民大會臨時會制訂總統直選修正條款。

(8). 1995年1月17日，日本發生「阪神大地震」，地震規模7.3，官方統計有6,434人死亡，43,792人受傷。

(9). 1995年3月1日，全民健康保險正式開辦。

(10). 1995年6月9日，李登輝訪問康乃爾大學並發表演說「民之所欲，常在我心」。

(11). 1995年7月，中國試射飛彈、文攻武嚇臺灣。

(12). 1996年3月，總統民選期間，中國在臺灣海峽進行導彈演習，美國派遣航空母艦獨立號巡航臺灣海峽。

(13). 1996年5月20日，李登輝就任第九任總統，連戰就任副總統。

(14). 1997年2月19日，中國鄧小平病逝。

(15). 1997年7月1日，香港回歸中國，宣稱一國兩制五十年不變。

(16). 1998年，廢止臺灣省、省長、省議會。

(17). 1998年6月，美國總統柯林頓訪問中國。

(18). 1999年7月9日，李登輝向德國之聲記者發表「兩國論」。

(19). 1999年9月21日，臺灣發生規模7.3之集集大地震，全臺2,415人死亡，超過8,000人受傷。

(20). 2000年5月20日，陳水扁就任第十任總統，呂秀蓮就任副總統。

(21). 2001年1月1日，臺灣開放「金門至廈門」、「馬祖至福州」之小三通。

(22). 2001年9月11日，美國發生911恐怖攻擊事件。

(23). 2002年1月1日，臺灣、中國同時加入WTO。

(24). 2003年3～7月，臺灣繼中國、香港之後爆發SARS感染，4月24日臺北和平醫院爆發封院事件，4個月期間臺灣有346名患者，73人死亡。

(25). 2004年5月20日，陳水扁連任第十一任總統。

(26). 2005年4月30日，國民黨主席連戰訪問中國，留下名言「連爺爺您回來啦！您終於回來啦！」

(27). 2007年2月1日，臺灣高鐵正式營運。

(28). 2008年5月12日，中國四川汶川大地震，規模8.2，臺灣政府及民間社團、各界民眾捐贈中國約70億新臺幣。

(29). 2008年5月20日，馬英九當選第十二任總統，蕭萬長為副總統。

(30). 2008年9月15日，美國雷曼兄弟事件發生，造成全球股市大跌，引發世界金融危機。

(31). 2009年8月6～8日，莫拉克颱風造成八八風災，全國共681人死亡，18人失踪，高雄甲仙小林村474人被土石流活埋。

(32). 2011年3月11日，東日本發生大地震，震矩規模9.0，引發強烈海嘯及福島核電廠危機，總罹難人數15,889名，失踪2,609名，臺灣人民與政府展開援助，臺灣政府及民間社團、社會大眾共捐贈日本約68億新臺幣。

(33). 2012年5月20日，馬英九連任第十三任總統，吳敦義任副總統。

(34). 2014年3月18日～4月11日，由於在立法院《海峽兩岸服務貿易協議》遭強行通過審查，抗議的大學生與公民團體佔領立法院，並與警方衝突，稱為「太陽花學運」，又稱「318學運」。

(35). 2016年5月20日，蔡英文當選第十四任總統，為臺灣首位女性國家元首，副總統由陳建仁出任。

(36). 2018年7月1日，正式立法通過「軍公教年金改革」版本，以調整各階層社會福利的公平性。

(37). 2019年12月，2019年末中國湖北武漢首次發現「嚴重急性呼吸道症候群冠狀病毒2型(SARS-COV-2)」所導致的「嚴重特殊傳染性肺炎(COVID-19)」，初名「武漢肺炎」。2020年初迅速擴散至全球，形成全球性大瘟疫，其改變全球人類的生活方式以及嚴重影響人類交流及物資流通，並造成數以百萬計的人類死亡。臺灣則由衛生福利部部長陳時中(照片3-5-3)兼任中央流行疫情指揮中心指揮官，帶領臺灣醫療體系防治武漢肺炎的流入與擴散。

照片3-5-3　陳時中部長

(38). 2020年5月20日，蔡英文出任第十五任總統，賴清德任副總統。

(39). 2021年武漢肺炎繼續在世界各國不斷演變，臺灣除了緊守國門外，加緊疫苗注射，並採取防止擴散的措施如：戴口罩、勤洗手、保持社交距離等，各級學校亦採遠距教學方式為之，甚至在大學的碩士、博士學位口試也採用視訊口試的方式為之。

(40). 2021年，武漢肺炎的冠狀病毒不斷的演化，其感染率以及造成的重症比率皆不同，由武漢原始型依序進化為Alpha型、Beta型、Gama型、Delta型，以致到了2021年底進化到Omicron型，而以Omicron型感染率最高。

(41). 2022年2月24日，俄羅斯總統普丁(Vladímir Vladímirovich Pútin)發動入侵烏克蘭戰爭，是二次世界大戰以來歐洲最大規模的戰爭，烏克蘭則由澤倫斯基(Volodymyr Oleksandrovych Zelenskyy)總統率領烏克蘭人民全力抵抗。

(42). 2022年5月5日，美國國務院官網對美臺關係事實現況(Fact Sheet)的文字敘述大幅更新，將舊版引用美中建交公報 — 美國認知「臺灣是中國的一部份」的北京立場加以刪除，也移除「美國不支持臺灣獨立」等用語，並顯示美國的對臺關係是以「臺灣關係法和對臺六項保證」為指引；美中關係是以「一中政策、美中三公報」為基礎。

(43). 2022年8月2日，美國眾議院議長南西•裴洛西率領眾議院訪問團訪問臺灣。

(44). 2022年8月4日～7日，美國眾議院議長南西•裴洛西於8月2日夜間11時座機降落臺灣，引發中國政府強烈不滿，隨即公告將於北京時間8月4日12時到7日12時在臺灣周圍六處海域及空域進行聯合軍事演訓並實彈射擊。中國解放軍於4日下午約13:56起向臺灣北部、南部及東部共發射11枚東風系列彈道飛彈，其中5枚落在日本專屬經濟海域，有4枚穿越臺灣上方的外太空，這是中國解放軍首次以東風系列飛彈飛過臺灣上方的外太空，也是第一次對臺灣環島的實戰化軍事演習[53]，其亦可稱為台海第四次危機。

(45). 2022年11月26日中國南京傳媒學院為悼念烏魯木齊火災逝者發起白紙行動，並且演變成蔓延至全中國範圍的大規模示威潮。因言論受限，南京的舉白紙行動成為象徵，媒體普遍稱之為「白紙革命」，廣義是指中國一系列反對清零政策的抗議行動[54]。

(46). 2022年12月27日總統蔡英文召開國安會議宣布將現行4個月義務役訓練制度恢復為1年期的義務役。即自2024年1月1日開始，於2005年1月1日起出生者役期恢復至1年，義務役士兵每月薪資由約6,500元調升至2萬6,307元新台幣。

在1966年以前，臺灣的大專院校中設有土木相關科系者，除了接受美援經費的臺灣大學、成功大學、臺北工專及中興大學外，尚有1955年成立的私立中原大學，1960年成立測量專科的私立淡江大學，1961年成立的私立逢甲大學，皆設有土木相關科系。1966年以後臺灣的大專教育蓬勃發展，雖然在1972年～1985年私立學校的設立受到限制，但1985年以後大專院校如雨後春筍般的設立，設立的同時亦多有成立土木工程相關科系。

以下就針對接受美援經費的臺大土木系、成大土木系、臺北工專(臺北科技大學)土木系，以及未接受美援的中興大學土木系，在美援結束(1966年)以後其土木工程教育的發展概況加以列舉說明。其中由1966年～1990年代的部份是以詳細說明的方式為之，而在1990年代～2022年的部份則以條列方式簡單敘述。

照片3-5-4　閻振興校長
(任期1970年～1981年)

二、國立臺灣大學土木工程教育概況

(一) 校院重要人事組織更迭與教學措施

在1966年，臺灣大學的校長是錢思亮校長(照片3-3-4)，其由1951年開始擔任校長負責校務，是臺大任期較長的校長之一。

1970年6月，曾任教育部長的閻振興教授，出任臺灣大學戰後第六任校長(照片3-5-4)。

閻振興校長，中國河南汝南人，國立清華大學土木工程系畢業，美國愛荷華州立大學水利工程博士，歷任國立西南聯合大學教授，國立清華大學教授，1949年來臺後任高雄港務局總工程師，1957年～1965年擔任成功大學校長，1965年～1969年擔任教育部長，1969年～1970年擔任新竹清華大學校長。閻振興校長在臺灣大學校長任內發生臺大哲學系事件[55]。

1972年8月，土木系虞兆中教授出任工學院第七任院長。

照片3-5-5　翁通楹院長

照片3-5-6　虞兆中校長
(任期1981年～1984年)

1979年7月，工學院院長虞兆中教授任期屆滿，由機械工程學系翁通楹教授(照片3-5-5)接任工學院第八任院長。

1981年8月，虞兆中教授繼閻振興教授出任臺灣大學第七任校長(照片3-5-6)。

虞兆中校長，中國江蘇宜興縣人，1915年生，1937年畢業於國立中央大學土木工程系，1938年回中大任教，1947年到臺灣大學任教，1957年～1961年任臺灣大學土木系主任，1960年創立臺灣大學土木研究所，1972年～1979年任臺灣大學工學院院長。

照片3-5-7　孫震校長
(任期1984年～1993年)

1984年7月，虞兆中校長三年任滿，由法學院經濟系孫震教授出任臺灣大學第八任校長(照片3-5-7)。

孫震校長，1934年出生，中國山東平度人，曾就讀平度縣立中學、南京育群中學，來臺後就讀臺中市私立宜寧高級中學，國立臺灣大學經濟系畢業後，赴美國奧克拉荷馬大學深造取得經濟學博士，回臺後任臺灣大學經濟系教授。

1985年7月，翁通楹工學院院長任滿，由土木系53學年度畢業生，造船工程學系(今之工程科學及海洋工程學系)汪群從教授繼任第九任工學院院長(照片3-5-8)。

汪群從院長，1943年生，中國安徽舒城縣人，幼時隨父母來臺，1964年臺灣大學土木系畢業，後赴美專政流體力學，並獲密西西比大學碩士及伊利諾州立大學博士，曾任伊利諾州立大學副研究員，回臺後任臺灣大學造船工程學系教授及研究所所長。

自1990年以後臺灣大學的歷任校長依序為陳維昭、李嗣涔、楊泮池及管中閔等，其擔任起始年月如表表3-5-1所示。

照片3-5-8　汪群從院長

表3-5-1　1966年起國立臺灣大學歷任校長名單註

屆次	擔任起始年月	姓名	備註
六	1970年6月	閻振興	照片3-5-4
七	1981年8月	虞兆中	照片3-5-6
八	1984年7月	孫　震*	照片3-5-7
九	1993年6月	陳維昭#	醫學院教授
十	2005年6月	李嗣涔	電機系教授
十一	2013年6月	楊泮池$	醫學院教授
十二	2019年1月	管中閔	財金系教授

註前五任依序是羅宗洛、陸志鴻、莊長恭、傅斯年、錢思亮。
* 1993年2月出任國防部長，由教務長郭光雄教授代理校長。
# 開始依遴選辦法產生。
$ 2017年6~9月，物理系教授張慶瑞行政副校長代理校務。
2017年10月~2019年1月，資工系教授郭大維學術副校長代理校務。

2019年1月8日，臺灣大學財金系管中閔教授出任臺灣大學第十二任校長，結束臺大354天校長遴選爭議(2018年1月5日～2018年12月24日)及565天無正式校長的情況(2017年6月22日～2019年1月7日)。

同時，自1990年以後擔任臺灣大學工學院院長的教授依序為顏清連、陳義男、楊永斌、葛煥彰、顏家鈺、陳文章等，其擔任的起始年月則列於表3-5-2的後半。

表3-5-2　1972年起國立臺灣大學歷任工學院院長名單*

屆次	擔任起始年月	姓名	備註
七	1972年8月	虞兆中	土木系教授；照片3-5-6
八	1979年7月	翁通楹	機械系教授；照片3-5-5
九	1985年8月	汪群從	造船系教授；照片3-5-8
十	1990年11月	顏清連	土木系教授
十一	1993年7月	陳義男	機械系教授
十二	1999年8月	楊永斌	土木系教授
十三	2005年8月	葛煥彰	化工系教授
十四	2011年8月	顏家鈺	機械系教授
十五	2017年8月	陳文章	化工系教授

* 前六任依序是陸志鴻、魏喦壽、彭九生、閻振興、鍾皎光、金祖年。

惟第十五任工學院院長陳文章教授於2022年10月7日被遴選為臺灣大學第十三任校長，於2023年元月上任。

(二) 工學院「地震工程研究中心」之設置及主任更迭

1978年1月，在臺大土木工程學系所教授及國外校友、學者推動下成立臺灣大學工學院「地震工程研究中心」，由葉超雄教授出任第一任主任(照片3-5-9)，以推動地震工程相關研究。歷屆主任的名單列於表3-5-3，各主任的簡介列於表3-5-3之後。

表3-5-3　國立臺灣大學歷任工學院地震工程研究中心主任名單*

屆次	擔任起始年月	姓　名	備　註
一	1978年1月	葉超雄	照片3-5-9
二	1981年1月	陳清泉	照片3-5-10
三	1986年2月	蔡益超	照片3-5-11
四	1990年8月	羅俊雄	照片3-5-12

*1990年8月，成立國家地震工程研究中心；
也是由葉超雄教授兼任第一任主任。

照片3-5-9　葉超雄主任
(任期1978.1～1980.12)

1981年1月，土木系陳清泉教授出任臺灣大學地震工程研究中心第二任主任(照片3-5-10)。

照片3-5-10　陳清泉主任

陳清泉教授，1937年出生，臺灣雲林虎尾人，省立嘉義中學畢業後以優異成績免試保送臺灣大學土木系，1960年考入臺灣大學土木工程研究所(第一屆)，但保留學籍先服預備軍官役，1961年入學並兼助教，1964年碩士畢業，1964年8月由土木系助教升聘為講師，1971年6月赴美西北大學土木系進修結構學，修完博士課程惟先取得結構碩士學位立即回國，回國後升任臺灣大學土木系副教授、教授。

1986年2月，土木系蔡益超教授出任臺灣大學地震工程研究中心第三任主任(照片3-5-11)。

照片3-5-11　蔡益超主任

蔡益超教授，臺灣彰化市人，彰化中學畢業後考入臺灣大學土木系。畢業後服完預備軍官役後考入臺灣大學土木研究所力學組。碩士畢業後於1970年8月進入臺灣大學土木系擔任講師，1974年8月升副教授，1980年8月升教授。

照片3-5-12　羅俊雄教授

1990年8月，土木系羅俊雄教授出任臺灣大學地震工程研究中心第四任主任(照片3-5-12)。

羅俊雄教授，中興大學土木系畢

業，臺灣大學土木工程研究所結構組碩士(1974年)，曾任中央大學土木系講師，1976年8月進入臺大土木研究所博士班(第一屆)，1982年7月赴美在柏克萊加州大學及伊利諾大學香檳分校擔任博士後研究，1983年2月回臺到中央大學土木系擔任副教授，1988年升上教授後回臺大任教。

(三) 土木系相關系所與中心之設置與組織更迭

1971年8月，臺灣大學土木工程研究所成立交通工程組。

1974年教育部正式核准臺灣大學土木工程研究所分組，分為應用力學、結構工程、水利工程、衛生工程及交通工程五組。

1975年8月，臺灣大學土木研究所交通工程組開始招生，並將其分為甲、乙兩組，乙組即都市計畫組(簡稱都計室)。

1976年8月，臺灣大學土木研究所成立博士班，不分組別開始招生。碩士班之交通工程組內設都市計劃室，開始招生。

1977年8月，土木工程研究所衛生工程組碩士班停止招生。另外成立環境工程研究所單獨招考碩士班研究生，環境工程研究所博士班仍由土木工程研究所負責招考，博士課程及論文指導則由二所合作進行。

1984年8月，土木工程學系正式成立「應用力學研究所」並對外招生，由土木系畢業生鮑亦興博士任第一任所長(照片3-5-13)。

照片3-5-13　鮑亦興所長

鮑亦興所長，1930年出生，中國江蘇東台人，1947年～1949年進入上海交通大學土木工程系，1949年來臺，1949年～1952年轉入臺灣大學土木系就讀，畢業後赴美，1953年～1955年在壬色列理工學院攻讀並取得力學碩士，1955年～1959年進入哥倫比亞大學攻讀並取得力學博士學位，1959年～1985年在康乃爾大學土木工程學系任教，1985年成為講座教授，1984年～1998年於臺灣大學任教，是「應用力學所」的創所所長[56]。

1985年8月，臺大土木工程研究所工程力學組停止招生，成立大地工程組。

1987年8月，臺灣大學土木工程學系大學部由每年級二班增為三班，每年可增加獲得四員一工的名額，為期四年。土木系除了增加學生人數外，教師員額亦大幅擴充。本學年度亦訂定土木系所務處理規程，成立各種系所務委員會，使系所務之推動更具民主化及增加參與性。

1988年8月，臺灣大學土木工程研究所交通乙組(都市計劃室)停止招生，同時獨立出來成為「建築與城鄉研究所」並獨立招生。

1990年土木系成立「營建工程與管理學程」，歸於交通組招生。

1994年12月，財團法人臺大土木文教基金會正式成立。

1998年4月，土木系電腦輔助工程組、營建工程與管理組獲教育部通過正式成立。

2003年8月，成立碩士在職專班(營建工程與管理組)。

2007年4月25日，擬將系名變更為「土木與環境工程學系」案，經系務會議通過(送校審查中)。

2008年6月23日，土木研究大樓新建工程竣工並捐贈校方。

2009年6月，系級「永續基礎建設研究中心」成立。

2009年9月，系級「工程資訊模擬與管理研究中心」成立。

2010年10月27日，「鋪面平坦儀驗證中心」、「臺灣工程法律與產業發展研究中心」、「先進公共運輸研究中心」等系級研究中心成立。

2017年8月，土木研究所成立「測量及空間資訊組」。

2019年3月12日，成立系級「水資源及災害管理研究中心」。

2021年臺灣大學土木系之系級研究中心有：

軌道科技研究中心	工程資訊模擬與管理(BIM)研究中心
高科技廠房設施研究中心	地震工程研究中心
永續基礎建設研究中心	鋪面平坦儀驗證中心
臺大先進公共運輸研究中心	國震中心與臺大土木合設AI研究中心
水資源及災害管理研究中心	

(四) 土木系相關系所之人事更迭及師資

1966年8月，丁觀海教授第二次主持系務，為臺大土木工程學系暨研究所第七屆主任。

照片3-5-14　茅聲燾主任

1969年8月，臺大土木系聘請畢業旅美學人林家鼐、趙震陵為客座教授，分別主授自由流面波動學與中等流體力學、流體與固體之混流(研究所課程)。

1973年8月，茅聲燾博士任土木系副教授，兼土木系所主任(照片3-5-14)。

茅聲燾主任，1965年臺灣大學土木系畢業，1967年臺灣大學土木工程研究所結構組畢業，1971年美國康乃爾大學結構工程博士。

在1970年代一些早期由國內大學培育出來的學生畢業後到歐、美、日各國深造，在取得博士學位後，回國擔任教職，將學習所得之先進知識在臺灣的大學裏傳授給後輩學生們。這樣的年青又有留學經驗以及具有歐、美、日先進工程教育知識的「歸國學人」逐漸成為1970年代到1980年代臺灣工程教育師資的主要來源之一，茅聲燾博士就是典型的代表之一。

照片3-5-15　顏清連主任

1979年8月，土木工程學系暨研究所主任茅聲燾教授任期屆滿，由顏清連教授(照片3-5-15)出任第九任土木系所主任。

顏清連主任，臺灣臺南人，1960年臺灣大學農工系畢業，1964年加拿大Queen' s大學土木系碩士，1967年美國Iowa大學力學及水力學系博士。1968年～1977年任美國Howard大學土木系助理教授、副教授、正教授，1977年回臺灣大學土木系任教。

1983年8月，葉超雄教授出任臺灣大學土木系第十任系主任(照片3-5-16)。

照片3-5-16　葉超雄主任

葉超雄主任，臺灣臺南人，1961年成功大學土木系畢業，1964年國立臺灣大學土木系碩士，同年8月任土木系講師，1971年康乃爾大學應用力學博士，1971年～1974年任教於新加坡大學，1974年～1976年任教於臺灣大學機械系，1976年轉回臺大土木系，1978年1月～1980年12月擔任臺灣大學地震工程研究中心第一任主任，1981年5月任「財團法人臺灣營建研究中心」第一任主任。

1989年4月，依照臺灣大學土木系系所主任候選人推選辦法，首次辦理系所主任選舉，選出候選人2～3位送校核定，由林聰悟教授出任第十一屆土木系系所主任。同年9月並依副主任設置辦法，提名陳正興教授為第一屆副主任。

林聰悟教授(照片3-5-17)，臺灣大學土木工程碩士，1980年取得臺灣大學土木工程博士，並擔任土木系副教授及教授等職。

照片3-5-17　林聰悟教授

照片3-5-18 陳正興教授

陳正興教授(照片3-5-18)，1974年臺灣大學土木系畢業，美國柏克萊加州大學工學博士，歷任臺灣大學土木系副教授、教授。

此外，1992年8月由陳振川教授，1995年8月由楊永斌教授，以及1998年8月由黃燦輝教授(照片3-5-19)出任臺灣大學土木系第十二、第十三及第十四屆系所主任，其後第十五屆到第二十一屆的歷任系主任名單則列於表3-5-4的後半。

照片3-5-19 黃燦輝主任

表3-5-4 1966年起國立臺灣大學歷任土木系系主任名單

屆次	擔任起始年月	系主任	備註
七	1966年8月	丁觀海	兼研究所主任◎
八	1973年8月	茅聲燾	兼研究所所長
九	1979年8月	顏清連	
十	1983年8月	葉超雄	
			副系主任
十一	1989年8月	林聰悟#	陳正興；林國峰(1991/8起)
十二	1992年8月	陳振川	林國峰；黃燦輝(1993/8起)
十三	1995年8月	楊永斌$	吳偉特；陳榮河(1997/8起)
十四	1998年8月	黃燦輝	劉格非
十五	2001年8月	林國峰	呂良正
十六	2004年8月	張國鎮	曾惠斌
十七	2007年8月	張國鎮	謝尚賢
十八	2010年8月	呂良正	卡艾瑋
十九	2013年8月	呂良正	郭斯傑
二十	2016年8月	謝尚賢	韓仁毓
二十一	2019年8月	謝尚賢	朱致遠、楊國鑫

* 前六任依序是趙國華、陶葆楷、王師義、陳克誠、丁觀海、虞兆中。

◎1973年以後研究所主任改稱研究所所長。

#1989年首次辦理系所主任選舉。

$1996年系所合併。

2021年臺灣大學土木系之師資依學術分組列表於下：

1. 大地工程組

林美聆	鄭富書	林銘郎	卿建業	葛宇甯	王泰典	楊國鑫
郭安妮	邱俊翔					

2. 結構工程組

洪宏基	張國鎮	蔡克銓	呂良正	詹穎雯	黃世建	周中哲
歐昱辰	廖文正	黃尹男	張家銘	張書瑋	吳東諭	朴艾雪
吳日騰						

3. 水利工程組

林國峰	李鴻源	劉格非	卡艾瑋	蔡宛珊	游景雲	李天浩
施上粟	詹益齊	何昊哲				

4. 交通工程組

周家蓓	張學孔	賴勇成	許添本	朱致遠	陳柏華	許聿廷

5. 營建工程與管理組

曾惠斌	荷世平	詹瀅潔	林偲妘	林之謙	

6. 電腦輔助工程組

謝尚賢	陳俊杉	汪立本	謝依芸	吳日騰	張書瑋	陳柏華
詹瀅潔						

7. 測量及空間資訊組

韓仁毓	趙鍵哲	徐百輝	蔡亞倫

(五) 土木系所之課程與認證

1974年教育部正式核准臺灣大學土木工程研究所分組，分為應用力學、結構工程、水利工程、衛生工程及交通工程五組。

由1974年(63學年度)第1學期土木工程研究所的課程時間表(表3-5-5)可知應用力學、結構工程、水利工程、衛生工程及交通工程五組各組的選修科目種類。

表3-5-5　1974年臺灣大學土木工程研究所課程時間表(63學年度)

工學院土木工程學研究所課程時間表

63學年度第1學期　　年級　　組

組別	科目號碼	班次	科目名稱	必修或選修	全年或半年	學分	授課教員	教室號數	每週時數		每週上課時間						備註
											一	二	三	四	五	六	
①應用力學組	CE 510		彈性力學(一)	選	半	3	丁觀海	二224	3						234		
	CE 610		薄板分析	〃	〃	3	李漢周	綜104	3			789					
	CE 500		張量分析	〃	〃	2	李漢周	綜104	2					89			
	CE 617		複合材料力學	〃	〃	3	王壽鐸	二308	3							234	
	CE 618		光彈性學	〃	〃	3	胡錦標	二308	3		234						
	CE 660		岩石力學	〃	〃	3	翁作新	二308	3				678				
	CE 560		實驗岩石力學	〃	〃	2	洪如江 翁作新 左天雄	二308	2		78						
	CE 691A		工程力學專題討論	〃	全	2	丁觀海 李家驊 李迪強	二308 綜105	3				(308) 234			綜105 678	
②結構工程組	CE 520		高等結構學	選	全	2	虞兆中 陳清泉	二224	2			34					
	CE 522		結構強度與安全度	〃	半	2	茅聲燾	二308	2					12			
	CE 620		結構動力學	〃	〃	3	葉基棟	綜104	3							678	
	CE 523		結構材料專題研究	〃	〃	3	高健章	二308	3.						678		預修：工程材料
	CE 691B		結構力學專題討論	〃	全	1	虞兆中	二308		3				678			

工學院土木工程學研究所課程時間表

63學年度第1學期　　年級　　組

組別	科目號碼	班次	科目名稱	必修或選修	全年或半年	學分	授課教員	教室號數	每週時數		每週上課時間						備註
											一	二	三	四	五	六	
③水力工程組	CE 530		中等流体力學	選	半	4	荀淵博	二224	4			67				78	
	CE 630		流体動力學	〃	全	3	王以瑋	二308	3		34				3		
	CE 631		黏性流体力學	〃	〃	2	周文輝	二224	2		78						
	CE 632		河川水力學	〃	〃	2	盧衍祺	二308	2			2			2		
	CE 639A		水工設計	〃	〃	1	吳建民	綜105	2				78				
	CE 639C		實驗流体力學	〃	〃	1	吳建民	綜105	1	1				78			
	CE 691C		水利工程專題討論	〃	半	1	盧衍祺 王燦汶 石嘉清	新生101		3						234	
④衛生工程組	CE 540		衛生化學	選	半	3	於幼華	二220 六-105	2	3	(220) 5 678		六-105 3				
	CE 541		衛生微生物學	〃	〃	3	於幼華	二220 六-105	2	3		(220) 5 678	六-105 4				
	CE 542		環境衛生	〃	〃	3	許整備	二224	3					678			
	CE 641		給水工程設計	〃	〃	2	范純一 楊萬發 李公哲	二308	1	3				3	789		
	CE 643		河川污染	〃	〃	3	李公哲	二308 六-103	3					308 4	六-103 34		
	CE 645		衛生工程實驗	〃	〃	2	楊萬發 李公哲	綜105	1	3				5 678			
	CE 640		淨水工程	〃	〃	3	范純一	二224	3				12	2			

續表3-5-5　1974年臺灣大學土木工程研究所課程時間表(63學年度)

工學院土木工程研究所 課程時間表

63學年度第1學期　　　　年級　　　　組

⑤交通工程組

科目號碼	班次	科目名稱	必修或選修	全年或半年	學分	授課教員	教室號數	每週時數 講演	每週時數 實驗	每週上課時間 一	二	三	四	五	六	備註
CE 555		交通工程與設計	選	半	4	王偉芳 周義華 黃通義	綜 302 303	4			302 89			303 56		
CE 650		作業研究	"	"	3	王偉芳	新生 305	3					789			
CE 557		運輸經濟	"	"	3	趙捷謙	普 11	3				789				
CE 654		區域規劃	"	"	3	林清棣	新生 402	3		789						
CE 657		車輛流動學	"	"	3	周文偉 葉三夫	工 303	3							234	
CE 556		模擬模式學	"	"	3	龍天立	綜 302	3			567					
CE 6[illegible]		運輸工程專題討論	"	"	2	周文偉 龍天立	工 220	[illegible]						789		

1998年8月，自八十七學年度起入學之博士班研究生，系規定在畢業之前需至少有一篇論文發表於SCI或EI等國外期刊或系認可國內之期刊上，以提升研究生之水準。

2009年6月15日，F層課程改為「土木學群」、「軌道運輸學群」及「建築學群」等三學群。

2010年3月，通過碩博士班及在職專班工程教育認證。

2011年4月，英國高等教育調查機構Quacquarelli Symonds (簡稱QS)公司今公布世界大學工程與科技領域排名(2011 QS World University Rankings by Subject Engineering & Technology Rankings)中，臺大土木系在土木結構工程分類(Subject: Civil & Structure Engineering)裡，世界排名第54。

2011年8月，土木系F層課程除了原有之土木學群、軌道運輸學群及建築學群外，另外增設了「環境工程學群」及「天然災害防治學群」。

2012年3月，土木系通過100學年度IEET工程教育認證且效期為6年。

2012年7月，QS機構公佈2012年世界大學排行榜，臺大土木系在土木工程領域中排名世界第31名。

2013年5月，QS機構公佈2013年世界大學排行榜，臺大土木系在土木工程領域中排名世界第32名。

2016年8月，土木系增加F層課程 —「木構造」學群（原有土木學群、軌道運輸學群、建築學群、環境工程學群、天然災害防治學群）。

2017年11月，土木系通過106學年度IEET工程教育認證。

2019年9月，土木系大學部三班中之一班改為全英文授課，以提供外籍生全英文大學部學習環境，為臺大第一個成功推動大學部全英文課程的系所。

臺灣大學 土木工程學系之教育目標(2021年)

1. 大學部

(1). 培養基本的專業知識及技能

(2). 培養實務執行與溝通協調之基本能力

(3). 培養從事研究之基本能力

(4). 培養人文素養及服務社會之能力

2. 研究所

(1). 培養專業知識及技能(碩士)、培養專精的專業知識及技能(博士)

(2). 培養實務執行與溝通協調之能力

(3). 培養從事研究之進階能力(碩士)、培養獨立從事研究之能力(博士)

(4). 培養服務社會之能力

(六) 土木系所之教師榮譽與學術活動

1972年8月，土木系虞兆中教授出任臺灣大學工學院第七任院長。

1978年1月，土木系葉超雄教授出任臺灣大學工學院「地震工程研究中心」第一任主任。

1981年1月，土木系陳清泉教授出任臺灣大學工學院「地震工程研究中心」第二任主任。

1981年5月，臺灣大學工學院、臺灣工業技術學院(臺科大前身)與行政院退輔會榮民工程處合作籌設財團法人臺灣營建研究中心，由葉超雄教授出任第一任主任。

照片3-5-20　陳清泉主任

1981年8月，土木系虞兆中教授出任臺灣大學第七任校長。

1985年10月，陳清泉教授出任臺灣營建研究中心第三任主任(照片3-5-20)。

1986年2月，土木系蔡益超教授出任臺灣大學工學院「地震工程研究中心」第三任主任。

1989年10月，土木系陳永祥教授出任「臺灣營建研究中心」第五任主任(照片3-5-21)。

陳永祥教授，1965年中興大學土木系畢業，美國柏克萊加州大學工學博士，自1970年起任臺灣大學土木系講師、副教授、教授。

照片3-5-21　陳永祥教授

1990年8月，臺灣大學土木系教授葉超雄教授兼任國家地震工程研究中心第一任主任，負責籌劃興建研究中心大樓及試驗設施(於下頁照片3-5-22)。

1990年8月，土木系羅俊雄教授出任臺灣大學工學院「地震工程研究中心」第四任主任。

1990年11月，土木系顏清連教授出任臺灣大學工學院第十任院長。

1995年～1998年，土木系陳永祥教授出任高雄市政府捷運工程局局長。

照片3-5-22　興建完成之國家地震工程研究中心

1995年8月，土木系陳振川教授借調臺灣營建研究中心主任職務。

1997年8月，土木系羅俊雄教授自8月1日起擔任「國家地震工程研究中心」主任職務。

1998年8月，土木系吳偉特教授借調國立暨南大學擔任系主任一職。

1998年8月，土木系陳振川教授借調臺灣營建研究中心改組為研究院後首任院長職務。

1999年8月，土木系楊永斌教授擔任臺灣大學工學院第十二任院長。

2003年～2010年2月，土木系蔡克銓教授擔任「國家地震工程研究中心」主任。

2008年8月～2011年7月，土木系周家蓓教授出任工學院副院長。

2009年～2013年，土木系楊永斌教授借調國立雲林科技大學校長。

2010年2月～2017年2月，土木系張國鎮教授擔任「國家地震工程研究中心」主任職務。

2011年7月～2013年7月，土木系周家蓓教授借調為駐美國休士頓兼洛杉磯臺北經濟文化辦事處科技組組長。

2013年8月～2016年1月，土木系周家蓓教授借調為駐美國華府臺北經濟文化代表處科技組組長。

2017年2月～2021年5月，土木系黃世建教授擔任「國家地震工程研究中心」主任職務。

2021年5月，土木系周中哲教授擔任「國家地震工程研究中心」主任職務。

(七) 系友榮譽

將臺灣大學土木系系友榮獲傑出校(系)友之名單整理列於表3-5-6、表3-5-7。

表3-5-6　臺灣大學土木系系友榮獲傑出校友名單

獲獎年度	畢業系級	系友姓名	當選時職位
第5屆 2010	B37	程　禹	綜合類
第9屆 2014	B51	張照堂	人文藝術類
第13屆 2018	B45	黃　鍔	學術類
第13屆 2018	B56	陳嘉正	綜合類
第16屆 2021	B53	劉立方	學術類

表3-5-7　臺灣大學土木系歷屆傑出系友名單

獲獎年度	畢業系級	系友姓名	當選時職位
83 (1994)	42畢，B38	莫若楫	
	52畢，B48	曾元一	
84 (1995)	43畢，B39	謝季壽	
	53畢，B49	汪群從	
	62畢、R64、B58	洪清森	
	63畢，B59	蔡錫圭	
85 (1996)	44畢，B40	梅強中	
	R56	陳舜田	
	54畢，B51	黃　文	
	64畢，R66	王森源	

續表3-5-7　臺灣大學土木系歷屆傑出系友名單

86(1997)	40畢，B36	謝毅雄	
	45畢，B41	郭鵬飛	
	R60	楊明放	
	55畢，B51	胡錦標	
	65畢，B61	曾崑彬	
87(1998)	45畢，B41、R51	王燦汶	
	46畢，B42	蔡博至	
	56畢，B52	楊彰文	
	66畢，B62	項維邦	
88(1999)	42畢，B48	吳京生	
	57畢，B53	陳龍吉	
	67畢，B63	林芳民	
89(2000)	43畢，B39	邱謙禮	
	58畢，B54、R61	陳淵博	
	68畢，B64	吳光鐘	
90(2001)	49畢，B45	黃　鍔	
	60畢，B56	陳嘉正	
91(2002)	45畢，B41	顏本琦	
	60畢，B56	高聰忠	
	70畢，B66	李世光	
92(2003)	46畢，B42	洪如江	
	61畢，B57	陳希舜	
	71畢，B67	楊主文	
93(2004)	62畢	李泰明	交通部路政司司長
94(2005)	63畢，B59	鄭文隆	高雄市副市長
	73畢，B69、D79	陳正宗	海大教授
	61畢，D69、R59	廖慶隆	交通部技監
	74畢，R72	張惠煌	吉興工程顧問副總
	57畢，R55	黃榮鑑	海大校長
95(2006)	49畢，B45	陳慶霖	臺灣福音教會長老會主席
	54畢，B51	翁作新	臺大土木教授
	64畢，B60	高銘堂	泛亞工程總經理
	74畢，B70	李有豐	北科大土木系系主任
	D89	郭榮欽	聖母醫護管理學校教務主任
	D91	廖宗盛	水利署副署長
	R74、D82	洪鈞澤	臺灣大車隊總經理

續表3-5-7　臺灣大學土木系歷屆傑出系友名單

96 (2007)	45畢，B41	李　珏	國際運輸協會會長
	55畢，B51	於幼華	臺大土木系及環工所合聘教授
	65畢，B61	賴士勳	潤弘精密工程(股)公司董事長
	75畢，B71	陳賢明	萬鼎工程服務(股)公司副理
	54碩畢，R52	許茂雄	成功大學名譽教授
	60碩畢，R58	林銘崇	臺大工科及海洋系教授
	76碩畢，R74	張瑞仁	大域工程顧問公司總經理
97 (2008)	56畢，B52	陳學海	Chen & Associates工程顧問公司創立人
	66畢，B62	謝紹松	永峻工程顧問(股)公司董事長
	76畢，B72	彭康瑜	TY LIN公司副總工程師
	大學部65年畢，B61	張善政	總經理
	63碩畢，B57、R61	陳椿亮	臺北捷運公司董事長
	96碩畢，R66、D89	鍾金龍	萬鼎工程服務(股)公司副總經理
98 (2009)	52年畢，B48	曾元一	宏璟建設(股)公司董事長
	57年畢，B53	常岐德	臺北市政府捷運工程局局長
	67年畢，B63	張志禹	T.Y. LIN公司高級副總裁
	62年碩畢，R60	蔡長泰	成大水利及海洋工程學系教授
	76年博畢，B66、F73	張文城	交通部高速鐵路工程局捷運工程處處長
	65大學畢，B61	蘇晴茂	聯邦工程顧問(股)公司總經理
99 (2010)	53年畢，B49	葉高次	國家實驗研究院特聘研究員
	58年畢，B54	李公哲	臺大環工所教授
	68年畢，B64	楊秋興	政務委員
	78年畢，B74	陳建州	Turner International Qatar Heart of Doha Project資深經理
	60碩畢，R58	王承順	中興工程顧問公司顧問
	67碩畢，B61、R65	王明德	台濱科技公司董事長
	93博畢，D89	林祐正	北科大副教授
100 (2011)	54年畢，B51	康政雄	偉達投資(股)公司董事長
	69年畢，B65	吳田玉	日月光集團全球營運長
	79年畢，B75	谷念勝	興合力建築團隊 副總經理
	53年碩畢，B42、R51、D66	何智武	中興大學水保所教授(退休)
	80年博畢，R78	陳江淮	聯興工程顧問(股)公司副董事長
	73年碩畢，B63、R71	藍朝卿	臺北市結構工程技師公會 理事長

續表3-5-7　臺灣大學土木系歷屆傑出系友名單

年度	學歷	姓名	現職
101 (2012)	55年畢，B51	孔慶華	臺大工科海洋系教授(退休)
	60年畢，B56	王祥騮	亞新工程顧問公司副總經理
	70年畢，B66	郭漢興	昭宏工程顧問(股)公司董事長
	80年畢，B76	章維斌	勁捷營造(股)公司 董事總經理
	69年博畢，R55、D65	林聰悟	臺大土木系教授(退休)
	65年碩畢，R64	張昭焚	鈺德科技(股)公司董事長
	100年博畢，D96	蔡榮根	中華民國結構技師公會全國聯合會理事長
102 (2013)	56年畢，B52	賈文魁	美國Irvine Biomedical Inc 董事長退休
	61年畢，B57	陳椿亮	臺北市捷運局局長退休
	71年畢，B67	林正芳	臺大環工所教授
	81年畢，B77	王劭行	香港科大副教授
	R62、D76	李崇正	中央大學土木系教授
	R65	游保杉	成大工學院院長
	B51、R57	陳福松	超偉工程顧問公司負責人
103 (2014)	57年畢，B53	劉立方	中央大學講座教授
	62年畢，B58	蘇丁福	臺北市捷運局總工程司
	72年畢，B68	林錫耀	民進黨部秘書長
	82年畢，B78	嚴維杰	瑞峰工程顧問有限公司董事
	B62、R66	蔡輝昇	臺北市捷運局局長
	D96	莊子壽	台積電新廠工程處處長
	R71	李秉乾	逢甲大學校長
104 (2015)	58年畢，B54	陳志奕	台灣電力公司顧問迄97年屆齡退休
	63年畢，B59	洪宏基	臺大土木系教授
	73年畢，B69	張基源	新北市政府新建工程處副總工程司
	83年畢，B79	王義川	臺中市政府交通局局長
	R73	彭瑞麟	雲科大營建工程系教授
	D94	邱琳濱	環興科技(股)公司董事長
	R76	洪啟德	臺北市土木技師公會理事長
105 (2016)	59年畢，B55	楊榮巽	嘉吉工程顧問(股)公司負責人
	64年畢，B60	張鍾雄	瑞峰工程顧問公司拓展總監(兼)
	74年畢，B70	林明勝	精湛結構大地技師事務所負責人
	84年畢，B80	鄭運鵬	立法委員
	R64	林其璋	中興大學土木系特聘教授
	B64	孫以濬	中興工程顧問公司顧問
	R75	廖源輔	中鼎工程公司副總工程師

續表3-5-7　臺灣大學土木系歷屆傑出系友名單

106 (2017)	60年畢，B56	鄭俊華	加拿大卡加利大學教授
	65年畢，B61	陳建民	沙巴寰星工程建設公司負責人
	75年畢，B71	吳建東	捷而思有限公司董事長
	85年畢，B81	韓仁毓	臺灣大學土木系教授兼任副主任
	B75、F79	丘惠生	潤泰精密材料(股)公司總經理
	D92	曾鈞敏	經濟部水利署十河局局長
	R78	吳文隆	台灣世曦工程顧問(股)公司協理
107 (2018)	62年畢，B57	蔣本基	臺大環工所特聘教授
	67年畢，B62	郭倍宏	民視公司董事長
	77年畢，B72	高爾霙	合美工程(股)公司執行長
	87年畢，B82	劉紹魁	科建聯合工程顧問公司總經理
	R80	粟正暐	群策工程顧問(股)公司負責人
	R65	林麗玉	臺北市政府參事退休
	P99	薛家瑜	達欣工程(股)公司總經理
108 (2019)	B58	陳嘉煒	慧能工程(Fichtner GmbH)(股)公司副總經理
	B63	李順敏	台灣世曦工程顧問(股)公司副總經理
	B73	范綱祥	桃園市前市議員
	B83	鄒宇新	經濟部技監兼部長室主任
	B74、R78	劉　珊	台灣世曦工程顧問(股)公司副理
	B66、R73、D77	李民政	中興工程顧問(股)公司大地工程部資深協理
	B75、R79	蕭士俊	成功大學水利及海洋工程學系主任，所長
109 (2020)	B59	陳正興	國立臺灣大學土木工程系教授退休
	B64	曾大仁	前桃園國際機場公司董事長
	B74	馬春源	豐順營造私人有限公司(新加坡)負責人
	B84	朱思戎	新莊區公所區長
	B73、R77	楊慕忠	永興結構土木聯合技師事務所負責人
	B66、R73、D77	李俊賢	鼎漢國際工程顧問(股)公司董事長
	P97	陳一坤	正弦工程顧問有限公司董事長
110 (2021)	B60	劉俊嘉	President, LENDIS Corporation McLean, Virginia, USA
	B65	林美聆	國立臺灣大學土木工程系教授
	B75	張家禎	安家實業有限公司總經理
	B85	郭家齊	PopChill 執行長
	D89	宋裕祺	國立臺北科技大學土木工程系特聘教授
	R76、D78	王藝峰	經濟部水利署副署長
	R93	鄭傑文	交通部高速公路局交通管理組正工程司

續表3-5-7　臺灣大學土木系歷屆傑出系友名單

111 (2022)	B61	郭秋榆	文昌營造工程有限公司董事長 企業家旅館有限公司董事長
	B66	吳昌修	建國工程股份有限公司董事長
	B76	何育興	行政院公共工程委員會工程管理處處長
	B86	莊弘鈺	陽明交通大學科技法律研究所副教授
	R71	林志盈	臺中捷運股份有限公司董事長
	B77、R81	郭鑑智	互助營造股份有限公司資深協理
	R79	陳煥煒	聯邦工程顧問股份有限公司副總經理

三、臺灣省立成功大學(國立成功大學)土木工程教育概況

(一) 校院重要人事組織更迭與教學措施

1. 校重要人事、組織更迭與教學措施

1966年10月，在羅雲平校長的推動下以及教育部的支援下，國防部正式撥交陸軍臺南光復營區房地面積19.7公頃給成功大學，並定名為「光復校區」。「光復校區」位在成功校區的西側，在日治時期是陸軍臺灣第二聯隊的駐地，校區內有數棟日治時期所建之歐式建築，以及清代所構築的臺灣府城城垣(照片3-5-23)。

照片3-5-23　清代所構築的臺灣府城城垣

1971年3月，成功大學羅雲平校長奉蔣總統令出任教育部部長，遺缺由工學院長倪超教授代理。

1971年4月，奉教育部60.4.2台60高字七五九六號令「臺灣省立成功大學」自1971年7月1日起改制為「國立成功大學」，設4學院，23系科，8研究所，3博士班，1夜間部。

1971年8月1日，成功大學工學院院長倪超博士奉派為國立成功大學校長，其為改制國立大學後的首任校長，亦是戰後第五任校長。

照片3-5-24　倪超校長
(任期1971年～1978年)

倪超校長(照片3-5-24)，1907年10月2日生，中國安徽阜陽縣人，同濟大學土木工程學系畢業，1935年赴德國留學，進入漢諾威工業大學，1937年獲得博士學位，歷任中央大學土木系教授，同濟大學土木系教授兼工學院長，1948年來臺，進入臺灣省立工學院(今成功大學)土木系擔任教授兼系主任，1965年再兼工學院長及國科會工程科學中心主任以及兼中國國民黨中央委員會第十屆黨務顧問。

1976年9月，奉教育部令成功大學之中文系、歷史系、企業系、交管系及土木系自本學年度起新開「中國大陸問題」課程。

1978年7月，倪超校長屆齡奉准退休，改為成功大學榮譽教授。

1978年8月1日，成功大學由王唯農博士接任校長(照片3-5-25)。

王唯農校長，1934年12月生，中國安徽合肥人，中正理工學院(今國防大學理工學院)化工系畢業，國立清華大學原子科學研究所碩士，考取第一屆中山獎學金後，赴美國壬色列理工學院學習核

照片3-5-25　王唯農校長
(任期1978年～1980年)

照片3-5-26　石延平博士

子物理，1965年獲得博士學位。回臺後曾任清華大學物理系教授兼系主任、所長、中央研究院物理研究所所長、國科會自然科學與數學組主任、中國國民黨中央黨部青年工作會主任、臺灣省黨部主任委員。

1979年4月，成功大學校長王唯農於主管談話會中，提示教育部奉行政院之令，要求各學校每天應舉行升旗典禮。成大將自下學期起由教職員生輪流參加升旗典禮。

1980年7月2日，成功大學校長王唯農博士因積勞成疾，罹患肝癌病逝，享年四十六歲，教育部派成大教務長石延平博士代理校務。

石延平博士(照片3-5-26)，1932年出生於中國廣東潮安，1948年獨自來臺依親，進入臺灣省立屏東中學高中部，1951年考入臺灣省立工學院化工系，1955年以優異成績畢業，留任助教。1961年升任講師，1965年升副教授，獲羅雲平校長推薦前往美國普渡大學進修，在1年9個月的時間取得普渡大學化學工程博士學位，1968年升教授，1972年～1978年接任成大化工系主任兼研究所所長，1978年王唯農博士接任成大校長時，聘其任教務長。

照片3-5-27　夏漢民校長
(任期1980年～1988年)

1980年8月1日，教育部派教育部常務次長夏漢民博士繼任成功大學校長。

夏漢民校長(照片3-5-27)，1931年出生，中國福建林森人，海軍官校畢業，成功大學機械所碩士，美國奧克拉荷馬州立大學工學博士，曾任成大機械系客座副教授，工程科學系系主任，1972年～1977年擔任高雄工專校長，1977年擔任教育部技術及職業司司長，後升任教育部常務次長。

1981年6月27日，成大校務會議通過，擬將建築學系、都市計劃學系、工業設計學系由工學院劃出，另行組成一個新學院，為「規劃設計學院」。(至2003年才獲教育部同意。)

1981年7月31日，成功大學工學院院長石延平博士，經教育部聘任為國立臺灣工業技術學院(今之國立臺灣科技大學)校長。

1981年8月13日，教育部轉行政院民國70年7月31日台(70)教10822號函，核准成功大學成立醫學院。

1982年6月17日，成功大學夏漢民校長在主管談話會中規定，為改善社會風氣、消除奢侈浪費，成大今後除招待外賓外，均依梅花餐辦法實施，即每桌五菜一湯，不飲酒，但如確有必要時，以兩瓶為限。

1984年8月，成功大學自1984年(73學年度)第一學期實行 「通識教育選修」制度，設置科目有 ① 當代問題探討、② 科學新知、③ 應用科學與工程、④ 工程概論、⑤ 管理學概論。每個科目安排校內外專家學者分別講授，目的在於擴大學生瞭解並吸收跨領域的知識。

「通識教育選修科目」實施計畫如(下頁)表3-5-8所示。

表3-5-8　通識教育選修科目實施計畫(73學年度)

國立成功大學開設「通識教育選修科目」實施計劃

（自七十三學年度第一學期起實行）

科目名稱	學分數	每週時數	授課時數	課程綱要	開課單位	規劃教師	授課人	主要對象	上課時間	上課教室
當代問題探討	2	2	壹學期	1.政治 2.經濟 3.大衆傳播 4.台灣民主政治 5.繪畫之藝術 6.幽默文學 7.電影文學 8.行政 9.台灣生態環境 10.中國音樂名家作品簡介	文學院	（由院推薦）	1.魏鏞 2.殷允芃 3.鄭淑敏 4.高育仁 5.何懷碩 6.趙寧 7.魯稚子 8.鄭興弟 9.韓韓 10.晨旭	理、工、管理、醫學院各系	星期一 第六、七節	文學院演講廳 (2110)
科學新知	2	2	壹學期	1.基礎科學的使命與貢獻 2.統計能為您做什麽 3.從零與壹認識數學 4.離散數學的應用 5.粒子世界 6.磁學概論 7.相對論與宇宙論 8.塑膠製品 9.生活與化學 10.從近代物理到東方哲學 11.地球科學簡介 12.地球科學與人類之物質生活 13.地球科學與人類之精神生活 14.生命科學與工程 15.老人之通病－血管病	理學院	（仝右）	1.田憲儒 2.陳順宇 3.陳珍漢 4.黃德華 5.李建二 6.林水田 7.孫忠光 8.吳振成 9.陳壽南 10.馬遜 11.鍾廣吉 12.陳其瑞 13.蔡金郎 14.李寬容 15.麥愛堂	文、管理學院各系	星期二 第七、八節	生物系視聽教室 (3404)
應用科學與工程	2	2	壹學期	介紹各種工程基本知識及新知。每週一個題目，每學期至少十五題目由規劃教師於開學時公告之。（如附件）	工學院	（仝右）	由規劃教師就校內外學者簽聘。（如附件）	文、管理、醫學院各系	星期四 第七、八節	工程科學中心講堂
工程概論	2	2	壹學期							
管理學概論	2	2	壹學期	1.管理與政策介紹（含管理概論、決策分析、組織與控制，題目另定） 2.生產管理（含物料管理、品質管制，題目另定） 3.財務管理（題目另定） 4.行銷管理（題目另定） 5.人事管理（含領導、激勵、溝通，題目另定） 6.作業研究（題目另定）	管理學院	（仝右）	1.唐富藏 2.譚伯群 3.蔡水達 4.賀淦華 5.李茂雄 6.高強 張鴻章 劉漢容 葉誥崇 陳正男 徐強	文、理、工、醫學院各系	星期三 第七、八節	理學院格致堂 (3120)

附註：(一)各科目每學期開一班每班學生五十名以上為原則，教學採以演講式上課。
(二)每學期舉行期中及期末測驗據以評定成績。
(三)通識教育選修科目，其學分可承認，是否計為畢業學分，由各系決定公告學生週知。

1987年11月17日，成功大學校務會議決定研究所碩士班開課標準，學生30名以上則每科選課人數應滿3名，19名以下1名即可開班，否則應停開。

1988年7月20日，成功大學夏漢民校長經中國國民黨中央常務委員會通過，出任國家科學委員會主任委員。

1988年7月25日成功大學夏漢民校長赴臺北就任國家科學委員會主任委員新職，校務由教務長王廷山代理，直至新任校長到職為止。

照片3-5-28　馬哲儒校長
(任期1988年～1994年)

1988年8月1日，化工系馬哲儒教授接任成功大學第八任校長。

馬哲儒校長(照片3-5-28)，1931年出生，中國河北新城人，1954年畢業於臺灣省立工學院(成大前身)化學工程系，1960年美國維拉諾瓦大學化學工程碩士，1964年美國賓夕法尼亞州州立大學化學工程博士。1970年回臺進入成功大學化學工程系任教，1978年8月～1981年7月任化學工程系主任兼所長，1981年8月～1987年7月任成功大學工學院院長。

1989年12月12日，成功大學「臺南水工試驗所」成立四十週年慶，舉行慶祝酒會及歷年成果展。

1990年1月17日，成功大學行政會議通過「國立成功大學大學部學生甄試直升研究所碩士班辦法」。

1990年6月1日，成功大學所訂定「大學部績優學生甄試直升研究所碩士班作業規定」已奉教育部核備，並於本學年度正式施行。

1991年3月1日，教育部正式通知成功大學，授權成大自80學年度(1991年)8月開始，自行審查教師資格。

1994年，成功大學增設都市計劃研究所博士班、航空測量研究所博士班、藝術研究所碩士班、製造工程研究所碩士班、國際企業研究所碩士班。復建醫學系分設為物理治療學系和職能治療學系。

1994年7月31日，馬哲儒校長任期屆滿辭校長職。

照片3-5-29　吳京校長
(任期1994年～1996年)

1994年8月，中央研究院吳京院士接任校長。

吳京校長(照片3-5-29)，中國江蘇鎮江人，1934年出生於中國南京，1956年由成功大學土木系畢業後赴美留學，1964年獲美國愛荷華大學流體力學工程博士學位，1986年當選中央研究院院士。

1996年6月，吳京校長入閣擔任教育部長，由化工系教授黃定加副校長(照片3-5-30)代理校務。

1997年2月，機械系教授翁政義博士接任校長(照片3-5-31)。

照片3-5-30　黃定加校長

照片3-5-31　翁政義校長
(任期1997年～2000年)

照片3-5-32　翁鴻山代理校長

照片3-5-33　高強校長
(任期2001年～2007年)

2000年5月，翁政義校長出任國科會主委，由化工系教授翁鴻山副校長(照片3-5-32)代理校長。

2001年2月，成大管理學院工業與資訊管理學系教授高強博士(照片3-5-33)擔任第十四任校長。

2003年6月，因受SARS疫情影響，本學年度之全校性畢業典禮取消。土木系於六月七日下午舉辦系畢業典禮，除減少應屆畢業生之遺憾情緒外，亦使學生感受到系上的溫馨。

2003年8月，成功大學增設電機資訊學院、規劃與設計學院。

2007年2月，中央研究院賴明詔院士擔任第十五任校長(照片3-5-34)。

照片3-5-34　賴明詔校長
(任期2007年～2011年)

照片3-5-35　黃煌煇校長
(任期2011年～2015年)

2011年2月，水利系教授黃煌煇博士擔任第十六任校長(照片3-5-35)。

黃煌煇校長，1946年出生於臺灣臺南將軍區，1970年畢業於成功大學水利及海洋工程學系，1975年為碩士，1981年取得成功大學土木工程研究所工學博士(國家工學博士)，曾任水利系講師、副教授、教授及臺南水工所所長，2006年任成功大學副校長。

照片3-5-36　蘇慧貞校長
(任期2015年～2023年)

2015年2月，成大醫學院工業衛生學科暨環境醫學研究所教授蘇慧貞博士擔任第十七任校長(照片3-5-36)。

2018年4月28日，黃煌煇前校長擔任海洋委員會第一任主任委員。

2019年7月26日，黃煌煇前校長病逝。

2019年12月，武漢肺炎爆發，全校採取緊急措施，以防師生感染。

2021年3月，為防止武漢肺炎感染，全校授課採視訊方式。

2022年10月30日，成大醫學院沈孟儒教授(照片3-5-37)獲得遴選為成功大學第十八任校長，並於2023年2月1日正式上任。

綜合上述，將創校以來至2022年成功大學歷任校長的名單列表如表3-5-9。

照片3-5-37　沈孟儒校長
(任期2023年～)

表3-5-9　自創校以來國立成功大學歷任校長名單*

任次	擔任起始年月	姓　名	備　註
一	1931年1月	若槻道隆	臺灣總督府臺南高等工業學校時期
二	1941年8月	佐久間巖	
代理	1944年3月	末光俊介	
三	1944年10月	甲斐三郎	
四	1946年2月	王石安	1.臺灣省立臺南工業專科時期 2.臺灣省立工學院時期
五	1952年2月	秦大鈞	1.臺灣省立工學院時期 2.臺灣省立成功大學時期
六	1957年8月	閻振興	臺灣省立成功大學時期
七	1965年1月	羅雲平★	

續表3-5-9 自創校以來國立成功大學歷任校長名單*

國立成功大學時期			
代理	1971年3月	倪 超	照片3-5-24
八	1971年8月		
九	1978年8月	王唯農	照片3-5-25
十	1980年8月	夏漢民	照片3-5-27
十一	1988年8月	馬哲儒	照片3-5-28
十二	1994年8月	吳 京#	照片3-5-29
代理	1996年6月	黃定加	照片3-5-30
十三	1997年2月	翁政義$	照片3-5-31
代理	2000年5月	翁鴻山	照片3-5-32
十四	2002年2月	高 強	照片3-5-33
十五	2008年2月	賴明詔	照片3-5-34
十六	2011年2月	黃煌輝	照片3-5-35
十七	2015年2月	蘇慧貞	照片3-5-36
十八	2023年2月	沈孟儒	照片3-5-37

* 1971年前七任依序是若槻道隆、佐久間巖、甲斐三郎、王石安、秦大鈞、閻振興、羅雲平。

★ 1971年3月，出任教育部長，由倪超工學院院長(照片3-5-24)代理校務。

1996年6月，出任教育部長，由黃定加副校長(照片3-5-30)代理校務。

$ 2000年5月，出任國科會主委，由翁鴻山副校長(照片3-5-32)代理校長。

2. 工學院重要人事組織更迭

1971年8月1日，工學院院長倪超博士奉派為國立成功大學校長，其職由土木系史惠順主任兼任。

1974年2月，成功大學土木系主任周龍章教授任工學院院長(任期1974年～1980年)。

1980年8月，成大工學院院長周龍章教授任期屆滿辭職，由化工系石延平教授接任工學院院長(任期1980年～1981年)。

1981年7月31日，成功大學工學院院長石延平博士，經教育部聘任為國立臺灣工業技術學院(今之國立臺灣科技大學)校長。

1981年8月1日，夏漢民校長任命化工系馬哲儒教授擔任成功大學工學院院長(任期1981年～1987年)。

1987年7月31日，成功大學工學院院長馬哲儒教授任期屆滿辭職，由機械系李克讓教授於8月1日開始接任。

李克讓院長(照片3-5-38)，1928年出生，1952年臺灣省立工學院(成大前身)機械工程學系畢業，1958年赴美德州州立大學進修獲機械工程碩士，1961年返臺進入成功大學服務，歷經講師、副教授及教授、機械系主任兼所長。

照片3-5-38　李克讓院長
(任期1987年～1993年)

照片3-5-39　歐善惠教授
(任期1993年～1999年)

1993年6月，成大工學院講師以上教師，投票圈選新任院長人選，以接續兩任任期屆滿之李克讓院長。水利系歐善惠教授、機械系陳朝光教授、電機系蘇炎坤教授等三位，獲得多數票數，由校長擇一聘任。最終工學院新院長人選確定為歐善惠教授，8月1日接任院長職務。

歐善惠博士(照片3-5-39)為土木系1968年畢業系友，亦為土木工程研究所碩士班(1971年級)、博士班(1977年級)畢業系友，曾任成功大學水利及海洋工程學系主任暨研究所所長，學術研究與教學均有傑出成就與聲望。

1999年8月，電機系王駿發教授出任工學院院長(照片3-5-40)。

照片3-5-40　王駿發院長
(任期1999年～2004年)

照片3-5-41　吳文騰院長
(任期2004年～2010年)

照片3-5-42　游保杉院長
(任期2010年～2016年)

2003年8月，原工學院內電機工程學系、資訊工程學系與微電子工程研究所合組「電機資訊學院」；建築學系、都市計劃學系、工業設計學系另行組成「規劃設計學院」由工學院劃出。

2004年8月，化工系吳文騰教授擔任工學院院長(照片3-5-41)。

2010年8月，水利系游保杉教授榮任工學院院長(照片3-5-42)，土木系陳東陽教授等榮任工學院副院長。

2016年8月，機械系李偉賢教授榮任工學院院長(照片3-5-43)，土木系李德河教授、材料系丁志明教授、工科系廖德祿教授擔任副院長。

照片3-5-43　李偉賢院長
(任期2016年～2020年)

照片3-5-44　蘇芳慶院長
(任期2020年～2021年)

照片3-5-45　詹錢登院長
(任期2021年～)

2020年8月，成大工學院院長李偉賢博士榮任國立聯合大學校長，院長職由醫工系教授蘇芳慶副校長代理(照片3-5-44)。

2021年7月，水利系詹錢登教授榮任工學院院長(照片3-5-45)，土木系朱聖浩教授、機械系羅裕龍教授、化工系張鑑祥教授擔任副院長。

綜合上述，將1971年以來成功大學工學院的院長及副院長的名單列表如表3-5-10。

表3-5-10　1971年起國立成功大學歷任工學院院長及副院長名單◎

屆次	擔任起始年月	院長	副院長
六	1971年8月	史惠順	
七	1974年2月	周龍章	
八	1980年8月	石延平	
九	1981年8月	馬哲儒	
十	1987年8月	李克讓	
十一	1993年8月	歐善惠 *	電機系蘇炎坤、材料系蔡文達 工科系陳祈男、化工系周澤川

續表3-5-10　1971年起國立成功大學歷任工學院院長及副院長名單◎

屆次	擔任起始年月	院長	副院長
十二	1999年8月	王駿發 #	電機系王永和、航太系蕭飛賓、材料系黃文星[1]、建築系徐明福[2]、環工系張祖恩[3]
十三	2005年8月	吳文騰	環工系溫清光[4]、機械系朱銘祥、材料系陳貞夙[5]、
十四	2010年8月	游保杉	機械系張錦裕[6]、化工系劉瑞祥、土木系陳東陽
十五	2016年8月	李偉賢 $	土木系李德河、材料系丁志明、工科系廖德祿[7]
十六	2021年7月	詹錢登	土木系朱聖浩、機械系羅裕龍、化工系張鑑祥

◎ 先前五任院長依序是王石安、秦大鈞、萬冊先、羅雲平、倪　超。

＊院長開始以遴選方式產生。

2003年8月，工學院部份系所另組成電機資訊學院及規劃與設計學院。

$ 2020年8月，榮任國立聯合大學校長，由醫工系教授蘇芳慶副校長代理 (2020.08~2021.06)。

註1-7是顯示繼任者及年分：[1]黃肇瑞(2000-2002)、蔡少偉(2002-2004)；[2]何東波(2002-2004)；[3]方一匡(2000-2002)、蔡長泰(2002-2004)；[4]游保杉(2007-2010)；[5]陳家榮(2006-2010)；[6]陳寒濤(2013-2014)、黃悅民(2014-2015)、廖德錄(2015-2016)；[7]王俊志(2017-2021)。

(二) 土木系相關系所與中心之設置與組織更迭

1966年8月，成功大學水利工程學系分設衛生工程組，與土木工程學系選修衛生工程組的學生合併上課。

1969年10月，依統計資料，土木工程學系推行建教合作已10多年，對國家建設貢獻極大，對系所儀器添購亦有明顯助益。執行建教合作的中心及試驗室主要有四：

(1). 測量中心：由史惠順教授主持。

(2). 衛生工程試驗室：由高肇藩教授主持。

(3). 工程材料試驗室：由王櫻茂副教授主持。

(4). 道路及土壤試驗室(照片3-5-46)：由游啟亨副教授主持。

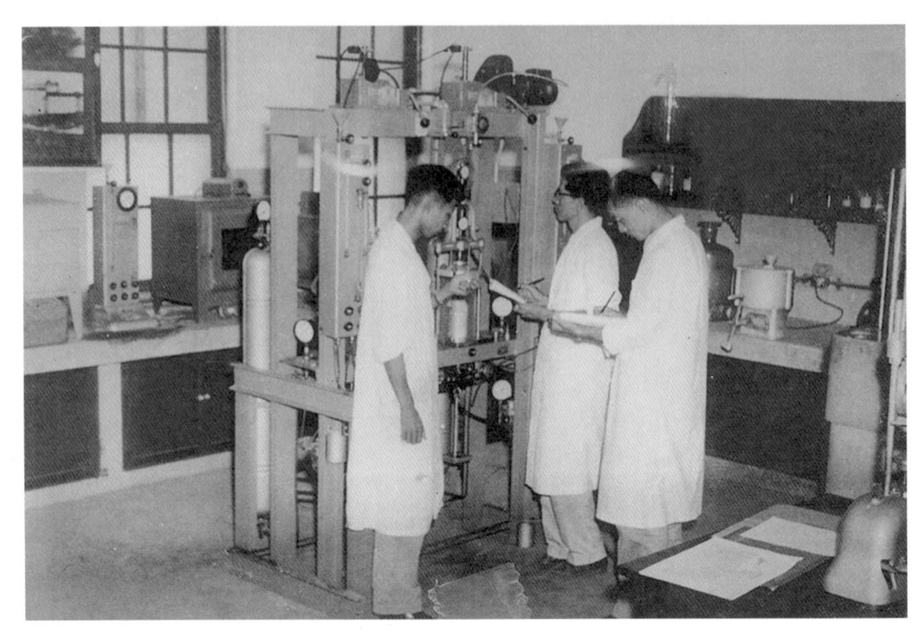

照片3-5-46　成功大學土木系道路及土壤試驗室

工程材料試驗室與道路及土壤試驗室常接受工業界的委託建教工作，並須至工地考察，照片3-5-47為試驗室成員到中橫公路考察時之照片。

由左至右：

蘇懇憲教授之兄、游啟亨教授、王櫻茂教授、吳海銓先生、王忠敏先生、蘇懇憲教授

(地點：中橫)

照片3-5-47　工程材料、道路及土壤試驗室成員至中橫公路考察

1971年8月，成功大學土木系增設「土木工程研究所博士班」，9月中招收博士班研究生一名，為翁茂城(土木系48級(1959年)畢業生)。

1972年8月，水利工程學系增設「水利及海洋研究所碩士班」，土木工程學系內設立衛生工程組，獨立招生一班學生40名，土木系由每一學年有甲、乙兩班，變成每一學年有甲、乙班及土木衛生工程組1班，共3班學生。

1972年11月，土木系在王櫻茂教授的努力下，獲得經費新購國內唯一超大型500噸萬能構造試驗機(照片3-5-48)，是由日本島津(Shimatsu)製作所製造，11月安裝完畢開始啓用。

照片3-5-48　500噸萬能構造試驗機

1975年8月，水利工程學系增設夜間部，同年秋季土木系館前排擴建為二樓，所需經費為新台幣200餘萬元，除學校預算120萬元配合外，土木、水利之教師及系友捐款約80餘萬元，擴建工程於1976年元月竣工(照片3-5-49)。

照片3-5-49　土木系館前排擴建二樓

照片3-5-50　高肇藩主任

1976年8月土木系衛工組獨立新設「環境工程學系」，由高肇藩教授兼任系主任。

高肇藩主任(照片3-5-50)，1925年生於臺灣高雄縣路竹鄉，1949年7月畢業於臺灣省立工學院土木工程學系(第一屆)，同年擔任土木系水利組助教，1953年8月升任臺灣省立成功大學土木系衛生工程組講師，1955年9月赴美普渡大學土木研究院研究1年，1956年於土木系創立衛工試驗室，1959年8月升副教授，1968年8月升教授，1971年赴日本東京大學研究。

照片3-5-51　航空測量研究所

1976年8月，土木工程學系成立「航空測量研究所」，研究所設於土木系館後方之航測大樓(照片3-5-51)，由史惠順教授兼任航空測量研究所所長。

1978年8月1日，土木工程學系「測量組」於本日奉准獨立改設為「測量工程學系」，由史惠順教授兼系主任。設立之宗旨在於增強測量工程人員之培植，進而訓練土地測量人才及專門測量人員之儲訓，以應我國經濟建設之需要。

史惠順主任(照片3-5-52)[58]，中國浙江寧波鄞縣人，1920年生於上海，1939年考入上海國立同濟大學機械工程系後轉入測量系，1943年畢業於同濟大學工學院測量工程學系，畢業後留校任助教。1948年9月來臺，任臺灣省立工學院(今之成功大學)土木系講師，主講測量學。1954年升副教授，1958年1月～1959年1月在美援教育計畫下赴美國普渡大學工學院進修一年，1965年獲荷蘭國際航測量研究所工程師執照，1967年升為教授，1970年8月～1972年7月任土木系主任，1971年8月～1974年1月兼工學院院長。

照片3-5-52　史惠順主任

照片3-5-53　環境工程系新系館落成

1978年8月，環境工程系在光復校區的新系館落成，如照片3-5-53，環工系由成功校區的土木系館中搬遷到光復校區。

1980年3月，成功大學奉教育部核准，自69學年度起(1980年8月)增設「環境工程研究所」。

1980年7月2日，成功大學「土木工程研究所衛生工程研究組」奉准8月1日改為「環境工程研究所」獨立招考碩士班研究生。

1980年8月，環境工程研究所成立，由高肇藩教授擔任第一任所長。

1983年12月，成功大學行政會議通過「水利工程學系」更名為「水利及海洋工程學系」。

1984年2月11日，教育部同意自1984年度(73學年度)入學新生起實施，將「水利工程學系」改名為「水利及海洋工程學系」。

1985年4月8日，奉教育部核定成功大學准增設「水利及海洋工程研究所博士班」。

1986年4月1日，成功大學奉教育部核准增設「環境工程研究所博士班」自1986年(75學年度)招收研究生。

1986年9月，新建水利及海洋工程學系系館完工落成，水利系所將遷入新館，如照片3-5-54。

照片3-5-54　水利及海洋工程學系系館

1998年3月24日，大地工程館(土木系及環工系部份)開工，預定2000年7月9日完工(2006年大地工程館改名為卓群大樓)。

2000年8月，土木系增設在職進修碩士專班。

2008年9月，土木系卓群大樓懷恩講堂於9月19日舉行啟用典禮，其內部修繕、設備經費由1974級畢業生賴世聲先生捐贈。

2009年5月，土木系招生委員會會議決議，2008年度招收國際生碩士生12位(越南3位、印尼9位)、博士生1位(印尼)。

2017年8月，國家地震工程研究中心在歸仁校區興建臺南實驗室啟用，內設大型振動台可供土木系、建築系、水利系等系之師生進行地震工程相關研究之用。

2021年土木系現有之試驗室列如右表，提供大學部學生及研究生在教學及論文研究之試驗所需。

土木系2021年之試驗室

結構材料試驗室	土壤力學試驗室
瀝青材料試驗室	岩石力學試驗室
土壤動力試驗室	振動力學試驗室
電腦輔助工程試驗室	軌道工程試驗室

(三) 土木系所及相關系所人事更迭及師資

1. 土木系所

1967年8月，成功大學土木系聘蔡攀鰲(照片3-5-55)為講師主授公路工程；聘土木系1966級畢業生鄭幸雄(照片3-5-56)為助教協助衛生工程之教學。

照片3-5-55　蔡攀鰲老師

照片3-5-56　鄭幸雄助教

1968年2月，土木系再聘周龍章為教授擔任大學部測量組之「地球形狀及重力測量」課程，同時聘葉安勳為兼任副教授主授衛生工程(大三)及生物化學(研一)。

1968年8月，周龍章教授兼土木工程學系主任暨土木工程研究所所長。

照片3-5-57　周龍章主任

周龍章主任(照片3-5-57)，1954年～1957年擔任土木系講師，1968年在德國Hannover大學修完博士。

1968年8月，土木系衛工組推薦聘請蕭發同博士為客座教授；土木系聘助教黃榮吾(照片3-5-58)協助材料試驗工作；高肇藩(照片3-5-59)由副教授升等為教授。

照片3-5-58　黃榮吾助教

照片3-5-59　高肇藩教授

1969年8月，土木系聘李六郎(照片3-5-60)為講師擔任土四甲乙衛工組之給水、污水處理及環境衛生，聘林振國為兼任副教授(照片3-5-61)。同時並聘助教數名，其中土木系1968級畢業生邱仲銘(照片3-5-62)協助測量學教學及測量實習工作。

照片3-5-60　李六郎講師

照片3-5-61　林振國副教授

照片3-5-62　邱仲銘助教

1970年8月，周龍章教授兼系主任暨研究所所長，任期滿了出國研究。由史惠順教授兼任土木工程學系系主任暨土木工程研究所所長(參照照片3-5-52)。

1971年7月，工學院院長倪超博士辭院長職，8月由土木系史惠順系主任暨研究所所長兼任工學院院長。

1971年8月，土木系聘莊憲和講師(照片3-5-63)主授工程數學、工材試驗；劉文義講師主授工程數學、極限設計；溫清光講師主授衛生工程、給水污水處理；郭炎塗助理研究員擔任定線與土工、鐵路設計課程；曾清涼副教授主授大地測量、航空攝影測量，並聘59級(1970年)畢業生徐德修為助教協助結構學之教學，同時土木系四年級的「明渠水力學」及土研二的「高等流體試驗」由水利系的「歸國學人」許榮中博士(照片3-5-64)支援開課。

照片3-5-63　莊憲和講師

照片3-5-64　許榮中博士

1972年8月，再聘周龍章教授兼土木工程學系系主任暨土木工程研究所所長。

1972年8月，土木系聘羅慶昌為講師，擔任土木系二年甲、乙班之平面測量實習及土木衛工班一年級圖學。

1973年2月，聘1957年土木系畢業生，美國麻省理工學院博士王汝樑為「客座教授」(照片3-5-65)擔任土研二「板殼力學(二)」之課程；聘美國紐澤西州立羅格斯大學(Rutgers University)博士姜勇傑為「客座教授」(由行政院科學委員會核聘)，擔任土研所一年級路工組「高等土壤力學試驗」及「高等基礎設計」課程。

照片3-5-65　王汝樑教授

1973年8月，姜勇傑教授在土研所二年級路工組開設「土壤動力學」及「土壤力學論文選讀」課程，此為在成功大學土木系傳授「土壤動力學」的開端。此外，水利及海洋工程研究所的客座教授，日本東京大學博士宋永焜亦在土研所路工組傳授「高等工程地質學」，此亦為在土研所傳授「高等工程地質學」的起頭。

1973年8月，土木系聘旅美學人李謨熾博士擔任交通工程組博士班及碩士班之授課並協助指導博士班學生，主授「高速公路作業與養護」、「交通安全」、「公路經濟」。

1973年8月，土木系助教黃榮吾升等講師，擔任土木系三年甲、乙班之「定線與土木」，土木系衛工班二年級之「工程材料」，並支援水利系三年級之「定線與土工」的課目。

1974年2月，周龍章教授任工學院院長，其原職土木工程學系系主任暨土木工程研究所所長由左利時教授(照片3-5-66)兼任。

照片3-5-66　左利時教授

照片3-5-67　詹次泽講師

1974年8月，土木系聘傅觀成博士為客座教授，擔任土研一之「結構矩陣法」課程。

傅觀成教授，1955年成大土木系畢業，1957年赴美，取得聖母大學博士學位，曾任Indiana州的橋樑工程師。

1974年8月，土木系聘詹次泽為講師(照片3-5-67)擔任「工程數學(一)」、「彈性穩定力學(一)」之課程。土木系亦聘白巨川為助教，協助測量實習的工作；聘陳鍵為助教協助結構學之教學。

1975年2月，土木系聘林文政為講師，擔任土三衛工組的結構學(二)之授課。

1975年2月，土木系聘張哲偉博士為客座副教授，主授「破壞力學」、「高等結構分析」。

1975年8月，土木系聘鄭幸雄為講師，擔任土木二年級衛工組及土木三年級衛工組的「衛工化學」；土木系聘張冠諒為講師，擔任土二甲乙班之「工程數學(一)」及土四甲乙班之「施工計畫及估價」；土木系聘翁茂城博士為副教授擔任土研一的「交通工程(一)」及「區域及都市運輸規劃(一)」課程。

土木系聘1968年成功大學土木系畢業，1975年泰國亞洲理工學院(AIT)大地工程學博士胡邵敏為客座副教授(照片3-5-68)，擔任土木研究所一年級的「高等基礎工程」及二年級的「土壤穩定」課程，並指導碩士班路工組研究生論文。

1976年7月31日，土木系左利時教授辭土木系主任、土木研究所所長兼職。

1976年8月，成功大學校長倪超博士聘王櫻茂教授兼代土木工程學系主任。

王櫻茂主任(照片3-5-69)，臺灣雲林縣麥寮鄉人，1923年出生，9歲移居臺南，臺南第三公學校(今之進學國小)畢業後考上臺南二中(今之臺

照片3-5-68　胡邵敏教授

南一中)後於1943年4月進入日本東京早稻田大學土木工學科就讀，二戰後回臺於1946年9月轉入臺灣省立臺南工業專科學校土木科就讀(10月學校改制為臺灣省立工學院(成功大學前身))，1950年6月自臺灣省立工學院土木系畢業後留任助教。1962年至1963年到美國普渡大學土木研究所深造1年，1972年到1973年受國家長期科學發展委員會推薦赴日本京都大學土木材料研究室擔任研究員一年。

照片3-5-69　王櫻茂主任

1976年8月，倪超校長亦聘翁茂城副教授兼代土木工程研究所所長。史惠順教授兼任航空測量研究所所長。

1976年8月，土木系聘美國杜克大學譚建國博士為副教授，擔任「固體力學」及「工程分析」、「板殼力學」的課程。又聘德國漢諾威大學博士郭炎塗為副教授，主授「鐵路設計」、「結構模型試驗概論」及「鋼筋混凝土極限分析」。

1976年8月，土木系聘1976年成大土木研究所碩士莊長賢為講師，主授「工程統計學」、「鐵路工程」，亦聘施永富為講師，擔任「工程測量」課程。聘邱仲銘為講師，擔任平面測量課程。

1977年8月，土木系測量組聘郭英俊為講師，擔任「航空攝影測量」、「平面測量實習」及「工程測量」課程。

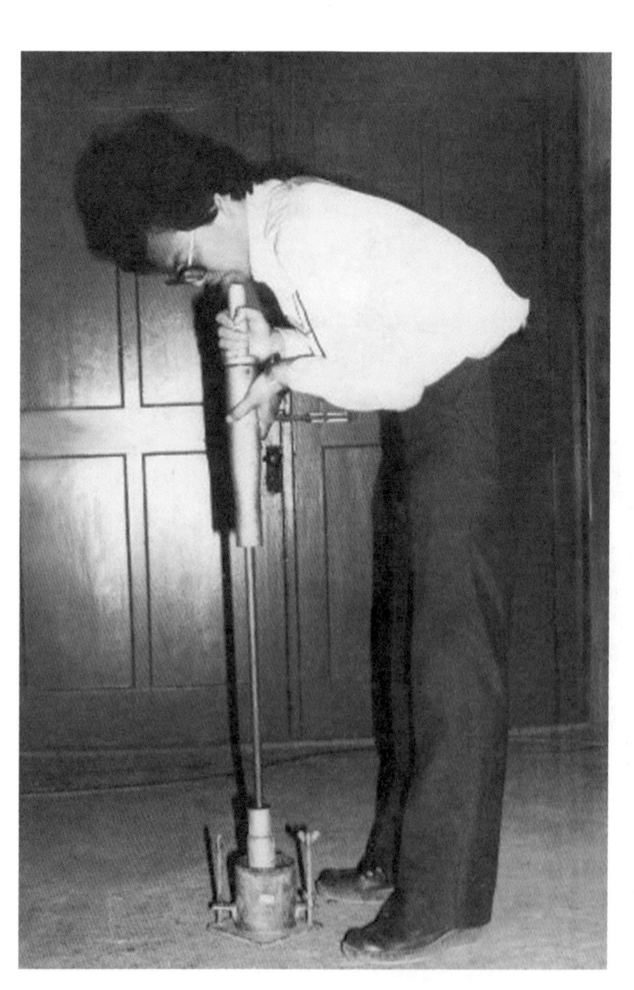
照片3-5-70　陳景文老師示範夯實試驗

1977年8月，成大土木系聘1970年成大土木系畢業，1974年美國普渡大學學土木碩士、1977年普渡大學土木工程博士徐德修為副教授，擔任土研所「能量法」、「有限元素法及其在工程上之應用」的課程。土木系亦聘土木研究所1977年碩士陳景文為講師(照片3-5-70)，擔任「定線與土工」、「鐵路工程」等課程，並聘邱耀正為助教，協助結構組之教學。

1977年8月1日，翁茂城副教授兼任交通工程及管理研究所所長，辭土木工程研究所所長職，遺缺由工學院院長周龍章教授兼代。

1978年8月，成功大學土木系聘金永斌為客座副教授，主授「應用土壤工程」、「土壤穩定」及「基礎工程」、「土壤力學」等。

照片3-5-71　金永斌教授

金永斌客座副教授(照片3-5-71)，1932年生於中國上海，1949年8月隨父撤退至高雄左營海軍基地，隨後插班考入臺灣省立臺南二中，高中畢業考入臺灣省立工學院土木工程系，1955年7月土木系畢業後隨即考取行政院公務人員特種考試，參加石門水庫興建工程，1961年6月受成大土木系主任倪超之邀，回土木系擔任美援合作成立的「建築材料研究中心」助理研究員，1963年6月赴泰國亞洲理工學院攻讀碩士，1965年9月取得碩士學位，1967年6月～1977年任職於新加坡、馬來西亞的大地工程顧問公司。

1979年8月1日，成功大學土木系主任王櫻茂教授、土木研究所兼任所長周龍章教授任期屆滿，由游啟亨教授繼任系主任兼研究所所長。

游啟亨主任兼所長(照片3-5-72)，1929年出生，臺灣臺南人，1951年以第一名的成績畢業於臺灣省立工學院(今之成功大學)土木系，隨即擔任助教。1958年赴美深造，於美國普渡大學取得土木工程碩士學位後，回成大土木系擔任講師、副教授、教授等。

照片3-5-72　游啟亨主任
(a) 節錄自1971級畢業紀念冊

1979年8月，土木系聘邱耀正為講師，擔任土木

(b) 節錄自土木系1971級李建中 — 成大2020傑出校友影片

系「工程數學」及支援環工系、測量系之「工程數學」、「結構學」之課程。

1980年8月，土木系聘美國洛杉磯加州大學博士楊秦為副教授，主授研究所「土壤動力學」及「基礎工程個案討論」；土木系亦聘宋見春為講師，擔任「工程數學(一)」、「工程力學」、「結構學」課程以及支援環工系之「工程力學」、「結構學」及測量系「工程力學」之課程。

聘柴希文為講師擔任支援測量系之「土壤力學試驗」；聘許澤善為講師擔任土三的「土壤力學試驗」；聘許崇堯為講師擔任土四的「預力混凝土」課程。

1982年8月，土木系聘王永明為講師，擔任土木二年級的「工程數學(一)」及土四「高等材料力學」。聘常正之為講師，擔任土二之「土壤力學試驗」及土四「鐵路設計」，並支援測量系三年級的「土壤力學試驗」。

土木系聘劉新亞為講師，擔任土木四年級之「地震結構分析」及支援測量系二年級的「工程力學(靜力)」。

1983年2月，土木系聘1974年成大土木系畢業，1976年土木系碩士，1983年日本京都大學工學博士李德河為副教授，主授「岩石力學」、「邊坡穩定」及「理論土壤力學」。

1983年8月，土木系聘黃錦旗為講師，擔任「工程力學(甲)」、「振動力學」、「數值分析」及「實驗力學」課程。聘吳致平為講師，擔任「電子計算機概論及應用」、「工程分析」課程。聘顏崇斌為講師，擔任「高等結構學(一)」、「地震結構分析」課程。

1984年8月，土木系聘王彝彬為講師，擔任「計算機應用」、「電子計算機概論及應用」、「結構學」等課程。

1985年7月31日，土木系系主任兼所長游啟亨教授及環境工程系系主任兼研究所所長陳是瑩教授，任期屆滿辭職。

1985年8月1日，土木系譚建國教授出任土木系系主任兼研究所所長，環工系李俊德教授擔任環工系系主任兼研究所所長。

1985年8月，土木系聘臺灣大學應用力學博士陳培麟為副教授，主授「振動力學」、「應力波動學」及「結構動力學」。

1985年8月，土木系聘工業技術研究院能源與礦業研究所地質研究室主任潘國樑博士為兼任教授，擔任土研所「遙測地質學」及「高等工程地質」課程。

1986年8月，土木系聘美國德州大學奧斯汀分校工程力學博士邱耀正為副教授(照片3-5-73)，主授材料力學、高等固體力學、結構學、塑性力學等課程。聘美國德州大學奧斯汀分校工學博士方一匡為副教授，主授「高等鋼筋混凝土」、「高等預力混凝土」。

照片3-5-73　邱耀正教授

1987年8月，土木系聘美國西北大學博士宋見春為副教授，主授「材料力學」、「動力學」及「破壞力學」、「固體力學特論」。

土木系聘美國德州奧斯汀校區博士倪勝火為副教授，主授「土壤動力學」、「樁基礎工程」、「大地地震工程」。

1988年8月，成功大學土木系聘美國科羅拉多大學土木工程博士陳景文為副教授，主授「土壤破壞力學」、「土壤穩定學」、「工程地質學」。

聘美國俄亥俄州大學博士吳致平為副教授，主授「數值分析」、「複合材料力學」、「鋼結構分析」及「有限元素法」。

聘美國伊利大學香檳校區博士藍近群為副教授，主授「鋪面系統數值模擬」、「鋪面系統之評估與維修」、「鋪面分析」。

1989年8月，成功大學土木系聘美國伊利諾大學香檳校區博士洪李陵為副教授，主授「工程或然率」、「結構可靠性分析」及「隨機模擬特論」等。

1991年6月，成功大學土木系系務會議通過系(所)主任甄選辦法。經講師以上教師投票，票選徐德修等三位教授為系主任候選人，呈報馬哲儒校長核選。

1991年7月31日，土木系系主任兼所長譚建國教授任期屆滿辭職。

照片3-5-74　徐德修主任

1991年8月1日，徐德修教授經校長核選接任土木系系主任及研究所所長。

徐德修主任(照片3-5-74)，1947年出生，1970年成大土木系畢業，1971年服完兵役後回土木系擔任助教工作，後赴美國普渡大學進修，1974年取得土木工程碩士學位，1977年取得土木工程博士學位後回臺，進入成功大學土木系擔任教職，歷任副教授、教授。

1991年8月，土木系聘日本東京大學土木工學博士黃景川為副教授，主授「邊坡穩定與土工結構物」、「山坡地開發與分析」、「加勁土壤」、「地工合成物」等。

聘美國柏克萊加州大學博士蔡錦松為副教授，主授「地震工程」、「深開挖工程」、「有限元素法在大地工程上之應用」。

聘美國麻省理工學院博士黃忠信為副教授，主授「結構材料」、「材料微觀特性」、「工程材料學」、「輕質材料力學」。

聘美國壬色勒理工學院博士陳東陽為副教授，主授「工程數學」、「能量變分法」、「複合材料力學」、「非均質材料力學」。

聘美國佛羅里達大學博士蕭志銘為副教授，主授「鋪面分析」、「鋪面工程與管理」、「鋪面系統之評估與維修」、「瀝青材料試驗及研究」。

聘德國漢諾瓦萊布尼茲大學博士莫詒隆為副教授，主授「材料力學」、「結構設計自動化」。

1992年8月，成功大學土木系聘美國伊利諾大學香檳校區博士胡宣德為副教授，主授「鋼筋混凝土板」及「平板力學」等。再聘黃錦旗為講師(照片3-5-75)，擔任土木系二年級「電腦製圖」、土木系三年級「施工計畫及估價」、土木系四年級「結構系統」等課程。

在1992年8月成功大學土木系的教師及實驗室設備如下：

(a). 專任教師33位，兼任教師2位

教授有12位：徐德修、王櫻茂、游啟亨、蘇懇憲、蔡攀鰲、譚建國、郭炎塗、張耀珍、李德河、金永斌、陳培麟、方一匡。

副教授有14位：顏榮記、邱耀正、倪勝火、宋見春、陳景文、吳致平、洪李陵、蔡錦松、黃景川、黃忠信、蕭志銘、莫詒隆、陳東陽、胡宣德。

講師有7位：黃榮吾、陳鍵、常正之、王永明、黃錦旗、顏榮斌、王彝彬。

照片3-5-75　黃錦旗講師

兼任教授2位：潘國樑、倪超(榮譽教授)。

(b). 成大土木系實驗室有：結構材料試驗室、土壤試驗室、瀝青試驗室、岩石力學試驗室、土壤動力試驗室、振動力學試驗室、量測試驗室等。

1994年8月，蔡攀鰲博士擔任第十一任土木系系主任。

1994年8月，邱耀正博士榮升教授；顏崇斌博士升等副教授。

1995年2月，土木系新聘軌道工程專長之郭振銘博士為副教授。

1995年8月，倪勝火博士、陳景文博士榮升教授；常正之博士升等副教授。

1996年8月，王永明博士、王彝彬博士升等副教授。

1997年8月，方一匡博士擔任第十二任土木系系主任。

1998年8月，胡宣德博士榮升教授。

1998年8月，土木系新聘營建管理專長之張行道博士為助理教授。

1999年2月，土木系新聘馮重偉助理教授，擔任營建工程與管理方面的教學研究工作。

1999年2月，蔡錦松及朱聖浩兩位老師榮升教授，陳建旭老師升等副教授。

2000年8月，陳景文博士擔任第十三任土木系系主任。

2000年8月，黃景川博士榮升教授。

2001年8月，李宇欣老師榮升教授，張行道老師榮升副教授。

2001年12月，游啟亨教授於十一月二十二日逝世。土木系與成大土木文教基金會於十二月十六日在成大國際會議廳舉行追思會。游師一生奉獻於成大土木系，遽然辭世，令人無限感懷。

2002年8月，陳建旭博士榮升教授。

2003年8月，吳致平博士擔任第十四任系主任。

2003年8月，聘林育芸博士為本系助理教授(結構材料組)。

2004年8月，聘朱世禹博士(結構工程組)、鍾興陽博士(結構材料組)為本系助理教授。

2005年8月，張行道博士榮升教授。

2005年8月，馮重偉博士升等副教授。

2005年8月，聘日本京都大學土木工程博士吳建宏為助理教授(大地組)。

2006年8月，陳東陽博士擔任第十五任系主任。

2006年8月，土木系聘助理教授潘南飛博士(營管組)；方中博士(結構組)；王雲哲博士(結構材料組)。

2007年8月，林育芸老師升等副教授。

2008年8月，吳建宏老師升等副教授。

2008年8月，潘南飛博士升等副教授。

2008年8月，土木系新聘賴啟銘博士為助理教授(結構組)。

2009年8月，黃忠信博士擔任第十六任系主任。

2009年8月，土木系新聘助理教授張文忠博士(大地組)。

2009年8月，朱世禹、鍾興陽與賴啟銘老師榮升副教授。

2010年5月26日，土木系退休教授金永斌老師因心肌梗塞逝世。

2010年8月，土木系方中老師與王雲哲老師榮升副教授。

2011年2月，土木系交通組新聘楊士賢博士為助理教授。

2011年2月，邱耀正教授不幸病逝於成大醫院。

2011年8月，聘請侯琮欽博士為本系專案助理教授(結構材料組)。

2011年8月，張文忠博士升等副教授。

2012年8月，朱聖浩博士擔任第十七任系主任。

2012年8月，吳建宏博士、賴啟銘博士榮升教授。

2013年2月，土木系聘侯琮欽博士為助理教授(結構材料組)。

2014年8月，土木系聘盧煉元博士為教授(結構組)。

2014年8月，土木系聘洪崇展博士為副教授(結構材料組)。

2015年8月，胡宣德博士擔任土木系第十八任系主任。

2015年8月，郭振銘博士、王雲哲博士榮升教授。

2015年8月，土木系聘洪瀞博士為助理教授(大地組)。

2015年8月，土木系之專任教師有教授17位，副教授15位，助理教授3位，名譽講座1位，名譽教授2位，兼任教師有8位(照片3-5-76)，專兼任教師為：

結構組：陳東陽、宋見春、吳致平、朱聖浩、胡宣德、盧煉元、賴啟銘、洪李陵、顏崇斌、王永明、王彝彬、朱世禹、方中、洪崇展。

大地組：李德河、陳景文、黃景川、倪勝火、吳建宏、張文忠、洪瀞

2015年8月土木系師資：

陳東陽
講座教授兼副校長
Chen, Tungyang
Chair Professor and Executive Vice President

宋見春
特聘教授
Sung, Jen-Chun
Distinguished Professor

吳致平
特聘教授
Wu, Chih-Ping
Distinguished Professor

黃忠信
特聘教授
Huang, Jong-Shin
Distinguished Professor

朱聖浩
特聘教授
Ju, Shen-Haw
Distinguished Professor

李德河
特聘教授
Lee, Der-Her
Distinguished Professor

陳建旭
特聘教授
Chen, Jian-Shiuh
Distinguished Professor

陳景文
特聘教授
Chen, Jing-Wen
Distinguished Professor

蔡錦松
教授
Tsai, Jiin-Song
Professor

李宇欣
教授
Lee, Yusin
Professor

張行道
教授兼研究總中心副主任
Chang, Andrew S.
Professor and Vice CEO of RSH

吳建宏
教授
Wu, Jian-Hong
Professor

賴啟銘
教授
Lai, Chi-Ming
Professor

盧煉元
教授
Lu, Lyan-Ywan
Professor

洪李陵
副教授
Hong, Li-Ling
Associate Professor

蕭志銘
副教授
Shiau, Jih-Min
Associate Professor

王彝彬
副教授
Wang, Yi-Bin
Associate Professor

馮重偉
副教授
Feng, Chung-Wei
Associate Professor

林育芸
副教授
Lin, Yu-Yun
Associate Professor

潘南飛
副教授
Pan, Nang-Fei
Associate Professor

朱世禹
副教授
Chu, Shih-Yu
Associate Professor

鍾興陽
副教授
Chung, Hsin-Yang
Associate Professor

方中
副教授
Fang, Chung
Associate Professor

王雲哲
副教授
Wang, Yun-Che
Associate Professor

照片3-5-76　2015年8月土木系老師照片-1

交通組：陳建旭、蕭志銘、郭振銘、楊士賢

結材組：黃忠信、林育芸、鍾興陽、王雲哲、侯琮欽

營管組：張行道、蔡錦松、李宇欣、馮重偉、潘南飛

兼任教師：譚建國(名譽講座)、徐德修(名譽教授)、方一匡(名譽教授)、胡劭敏、沈芳瀅、呂介斌、黃裔炎、黃錦旗、甘錫瀅、方文志、彭朋畿

2015年8月土木系師資：

黃景川
特聘教授
Huang, Ching-Chuan
Distinguished Professor

顏崇斌
副教授
Yen, Chung-Bing
Associate Professor

張文忠
副教授
Chang, Wen-Jong
Associate Professor

倪勝火
教授
Ni, Sheng-Huoo
Professor

郭振銘
副教授
Kuo, Chen-Ming
Associate Professor

洪崇展
副教授
Hung, Chung-Chan
Associate Professor

胡宣德
教授兼系主任
Hu, Hsuan-Teh
Professor and Chairman

王永明
副教授
Wang, Yung-Ming
Associate Professor

楊士賢
助理教授
Yang, Shih-Hsien
Assistant Professor

侯琮欽
助理教授
Hou, Tsung-Chin
Assistant Professor

洪瀞
助理教授
Hung, Ching
Assistant Professor

兼任教師

譚建國
兼任教授(名譽講座)
Tarn, Jiann-Quo
Adjunct Professor
(Emeritus Chair Professor)

沈芳瀅
兼任助理教授
Shen, Fang-Ying
Adjunct Assistant Professor

甘錫瀅
兼任專家(比照副教授)
Kan, Shi-Ying
Adjunct Expert

徐德修
兼任教授(名譽教授)
Hsu, Der-Hsiu
Adjunct Professor
(Emeritus Professor)

呂介斌
兼任講師
Lu, Jieh-Bin
Adjunct Instructor

方文志
兼任專家(比照助理教授)
Fang, Wen-Chih
Adjunct Expert

方一匡
兼任教授(名譽教授)
Fang, I-Kuang
Adjunct Professor
(Emeritus Professor)

黃裔炎
兼任講師
Huang, Yih-Yen
Adjunct Instructor

彭朋畿
兼任助理教授
Peng, Peng-Chi
Adjunct Assistant Professor

胡劭敏
兼任教授
Woo, Siu-Mun
Adjunct Professor

黃錦旗
兼任講師
Huang, Chin-Chi
Adjunct Instructor

照片3-5-76　2015年8月土木系老師照片-2

2016年8月，方中博士、張文忠博士、洪崇展博士榮升教授。

2017年2月，土木系聘劉光晏博士為副教授。

2017年8月，侯琮欽博士升等副教授。

2018年2月，土木系聘柯永彥博士為助理教授(大地組)。

2018年8月，郭振銘博士擔任土木系第十九任系主任。

2019年2月，土木系聘蘇于琪博士為助理教授(結構組)。

2019年2月，楊士賢博士、洪瀞博士升等副教授。

2020年8月，土木系聘林保均博士為助理教授(結構組)。

2021年2月，土木系聘林冠中博士為助理教授(結構組)。

2021年2月，柯永彥博士升等副教授。

2021年8月，吳建宏博士擔任土木系第二十任系主任。

2021年10月，土木系聘Alexander Sturm(阿力)博士為助理教授(結構組)。

2022年8月，朱世禹博士榮升教授。

2023年2月，蘇于琪博士升等副教授。

此外，在2021年土木系的各學術分組的師資列表如下頁：

1. 結構工程組

教授	陳東陽、朱聖浩、吳致平、賴啟銘、胡宣德、洪崇展、盧煉元、方中、譚建國(名譽)、徐德修(名譽)
副教授	洪李陵、顏崇斌、朱世禹、劉光晏、王永明(兼任)
助理教授	蘇于琪、林保均、林冠中、Alexander Sturm(阿力)

2. 大地工程組

教授	李德河、倪勝火、吳建宏、張文忠、陳景文(名譽)、黃景川(名譽)
副教授	洪瀞、柯永彥

3. 交通工程組

教授	陳建旭、郭振銘

副教授	蕭志銘、楊士賢

4. 結構材料組

教授	黃忠信、王雲哲、方一匡(名譽)
副教授	林育芸、鍾興陽、侯琮欽

5. 工程管理組

教授	蔡錦松、李宇欣、張行道
副教授	馮重偉、潘南飛

綜合上述，將自1944年(昭和19年)4月「臺灣總督府臺南高等工業學校」改稱為「臺灣總督府臺南工業專門學校」增設土木科以來，土木系的科系首長名單列於表3-5-11。

表3-5-11　國立成功大學歷任土木系系主任名單

屆次	擔任起始年月	姓名	備註
戰前	1944年4月	末光俊介	代理校長 兼任科長
	1945年9月	白根治一	代理科長
戰後	1946年3月	白根治一	代理科主任
	1946年10月	白根治一	代理系主任
	1947年4月	林錫池	代理系主任
一	1947年8月	吳書發	註一
	1948年8月	江　鴻	代理系主任
二	1948年10月	倪　超	註二
三	1968年8月	周龍章	
四	1970年8月	史惠順	
五	1972年8月	周龍章	
六	1974年2月	左利時	
七	1976年8月	王櫻茂	
八	1979年8月	游啟亨	
九	1985年8月	譚建國	
十	1991年8月	徐德修	註三
十一	1994年8月	蔡攀鰲	註四
十二	1997年8月	方一匡	
十三	2000年8月	陳景文	
十四	2003年8月	吳致平	

續表3-5-11　國立成功大學歷任土木系系主任名單

屆次	擔任起始年月	姓 名	備 註
十五	2006年8月	陳東陽	
十六	2009年8月	黃忠信	
十七	2012年8月	朱聖浩	
十八	2015年8月	胡宣德	
十九	2018年8月	郭振銘	
二十	2021年8月	吳建宏	
	2023年2月	王雲哲	代理系主任
二十一	2023年8月	王雲哲	

註一：1948年8月到10月由江鴻代理。
註二：1959年8月1日，成立土木工程研究所。
註三：系主任自這一屆起以遴選產生。
註四：1995年系所合併。

2. 土木相關系所　水利、環工與測量(1976年～1992年)

1976年8月，環工系聘美國愛達荷大學生物化學與微生物生理學博士陳是螢為副教授，擔任「生物化學概論」及「有機化學」、「衛生專題討論」的課程。

1980年8月，水利系系主任劉長齡教授(照片3-5-77)、水利及海洋工程研究所所長張玉田教授(照片3-5-78)任期屆滿辭職，由水利系郭金棟教授(照片3-5-79)接任水利系主任兼所長。

照片3-5-77　劉長齡教授

照片3-5-78　張玉田教授

照片3-5-79　郭金棟教授

1980年8月，環境工程系聘美國維吉尼亞理工學院暨州立大學環境工程博士李開天為講師，主授「空氣污染動力學及控制」及「空氣污染採樣分析」的課程。聘美國密蘇里大學土木工程博士黃汝賢為副教授，主授「給水分析」、「污水分析」、「環工化學理論」、「廢水生物處理理論」等。

1980年8月，測量系聘土木系1976年畢業、航測所1977年畢業、英國格拉斯哥大學地理暨地形科學博士郭英俊為副教授，擔任航測所之「誤差理論及平差」課程，並支援土木系「工程測量」及「平面測量實習(二)」之課程。

1981年8月，環境工程學系聘美國密蘇里大學土木博士葉宣顯為副教授，主授「高級廢水處理」、「環境工程特論」等。

1981年8月，測量工程學系聘土木系1968年畢業生、航測所1970年碩士的王蜀嘉為副教授，擔任航測所的「攝影測量特論」及「數值地型」課程。

1981年8月，測量系聘土木系1976年畢業生、測量研究所1978年碩士、美國俄亥俄州立大學大地科學系博士課程肄業的余致義為講師，擔任測量系二年級「工程數學(一)」，並支援土木系二年級的「平面測量(二)」及「平面測量實習(二)」之課程。

1981年8月，測量工程學系白巨川助教升任講師。

1982年7月31日，測量系系主任兼航空測量研究所所長史惠順教授、環境工程系系主任兼所長高肇藩教授任期屆滿辭職。

1982年8月1日，周龍章教授接測量系系主任兼航空測量研究所所長，陳是螢教授接環境工程系系主任兼所長。

1982年8月，環工系聘1973年成大土木系畢業，1975年成大土木碩士，1982年獲日本東北大學土木工學博士學位的張祖恩為副教授(照片3-5-80)，擔任「固體廢污

照片3-5-80　張祖恩教授

照片3-5-81　廖揚清教授

處理」、「衛工專題討論」及「污水工程設計」等課程。

測量系聘土木系1969級畢業生，航測所1973級碩士，德國漢諾威大學攝影測量及工程測量博士廖揚清為副教授(照片3-5-81)擔任測量系四年級的「誤差理論」及「解析攝影測量」。

1982年8月，測量系聘施永富為講師，擔任測量系一年級的「地圖繪製學(一)」、「平面測量」及「地籍測量」，並支援土木系的「工程測量」。

1984年8月，環工系聘美國奧克拉荷馬大學土木系環境工程博士林素貞為副教授，主授「水污染防治」、「環境評估」、「決策分析」等課程。

1985年8月1日，卸任的環工系主任兼所長陳是瑩教授轉任生物系主任。

1986年7月31日，成功大學水利及海洋工程學系系主任兼所長郭金棟教授、測量工程學系系主任兼航空測量研究所所長周龍章教授任期屆滿辭職。

1986年8月1日，水利及海洋工程學系教授歐善惠接任系主任兼所長，測量工程學系教授曾清涼接任系主任兼所長。

1986年8月，環境工程系聘國立臺灣大學土木工程(環境組)博士蔡俊鴻為副教授，主授「大氣污染化學」、「空氣污染評估」、「空氣污染偵測」。

1987年7月31日，測量系系主任兼所長曾清涼教授辭職，8月1日起由王蜀嘉教授接任。

1989年7月，環境工程系創系主任高肇藩教授屆齡退休。

1990年8月，環境工程系聘美國馬里蘭大學植物系(微生物學)博士高銘木為教授，主授「土壤污染防治」、「微生物學」、「環境毒物學」。

聘美國南伊利諾大學博士林達昌為副教授，主授「微量化學分析及實驗」、「工程熱力學」、「環境採樣原理與應用」。

1991年8月，環境工程系聘美國西北大學環工博士朱信為副教授，主授「燃燒控制」、「粒狀污染物控制」、「室內空氣污染」。

聘美國伊利諾理工學院環境工程博士李文智為副教授，主授「工業廢氣控制」、「空氣污染概治」、「毒性物質燃燒」。

1992年8月，環境工程系聘美國猶他大學化工博士王鴻博為副教授，主授「廢棄物熱處理控制」、「環工界面現象」、「化學反應工程」。

聘美國卡內基美崙大學博士吳義林為副教授，主授「氣膠學」、「工程數學」、「大氣污染化學與應用」。

聘美國康乃爾大學土木與環境工程博士張乃斌為副教授，主授「環境優化」、「衛星影像遙測」。

1992年8月，測量系聘土木系1980級畢業生，航測所1982級碩士，美國俄亥俄州立大學測量及大地測量科學系博士曾義星為副教授，主授「地理資訊系統應用」。

綜合上述所列，整理統計1966年～1992年成功大學土木、測量、環工相關之新聘師資如表3-5-12所示。

表3-5-12　1966年～1992年成功大學土木、測量及環工之新聘師資

年度	土木系結構組、路工組		土木系測量組		土木系衛工組	
	講師	副教授/教授	講師	副教授/教授	講師	副教授/教授
1966	○	○	○	○	○	○
1967	蔡攀鰲	○	○	○	○	○
1968	○	○	○	周龍章	○	○
1969	○	○	○	○	李六郎	○
1970	○	○	○	○	○	○
1971	劉文義 莊憲和 郭炎塗	○	○	曾清涼	溫清光	○

續表3-5-12　1966年～1992年成功大學土木、測量及環工之新聘師資

年度	土木系結構組、路工組		土木系測量組		土木系衛工組	
	講師	副教授/教授	講師	副教授/教授	講師	副教授/教授
1972	黃榮吾	○	羅慶昌	周龍章	衛生工程組(1972年)(一班獨立招生)	
1973	○	李謨熾 姜勇傑 王汝樑	○	○	○	○
1974	詹次泽	傅觀成	○	○	○	○
1975	張冠諒 林文政	張哲偉 胡邵敏 翁茂城	○	○	鄭幸雄	○
			航測研究所(1976)		環工系(1976)	
1976	莊長賢	郭炎塗 譚建國	施永富 邱仲銘	○	○	陳是瑩
1977	陳景文	徐德修	郭英俊	○	○	○
1978	○	金永斌	測量系(1978)		○	○
1979	邱耀正	○	○	○	○	○
1980	許澤善 宋見春 許崇堯 柴希文	楊秦	○	郭英俊	環境工程研究所(1980)	
					李開天	黃汝賢
1981	陳鍵	○	白巨川 余致義	王蜀嘉	○	葉宣顯
1982	劉新亞 常正之 王永明	○	施永富	廖揚清	○	張祖恩
1983	顏崇斌 吳致平 黃錦旗	李德河	○	○	○	○
1984	王彞彬	○	○	○	○	林素貞
1985	○	陳培麟	○	○	○	○
1986	○	方一匡 邱耀正	○	○	○	蔡俊鴻
1987	○	倪勝火 宋見春	○	○	○	○

續表3-5-12　1966年～1992年成功大學土木、測量及環工之新聘師資

年度	土木系結構組、路工組		土木系測量組		土木系衛工組	
	講師	副教授/教授	講師	副教授/教授	講師	副教授/教授
1988	○	藍近群 陳景文 吳致平	○	○	○	○
1989	○	洪李陵	○	○	○	○
1990	○	○	○	○	○	高銘木 林達昌
1991	○	黃景川 莫詒隆 蕭志銘 陳東陽 蔡錦松 黃忠信	○	○	○	李文智 朱信
1992	黃錦旗	胡宣德	○	曾義星	○	吳義林 王鴻博 張乃斌

在戰後初期(1950年代)成績優良的土木系畢業生，將會被留在系內擔任助教，而後按步就班逐步升等為講師、副教授、教授。此為1950年代、1960年代的師資養成方式之一。

但到了1970年代，當各校紛紛成立研究所後，則是成績優良的碩士生會被留在系內當講師，或到外校(特別是私立學校)任職，然而當其等由講師要升等為副教授、教授時，隨著時代的進步，這些講師被要求要取得博士學位方能升等，因此有眾多的講師不是辭職出國進修，就是邊做講師邊到國內有博士班的研究所進修，惟國內的博士學位的取得，一般而言是較國外需要更長的時間，所以1970年代到1980年代前半，土木系新聘的講師不是在講師當了二、三年後就到國外深造，就是留在國內以身兼老師與博士班學生的身份長期艱苦奮鬥。

此外，自美援時期(1950年～1965年)以來有許多大學生在畢業後到國外留學，在取得博士學位後大部份留在國外，有部份則回到臺灣

的大學來任教，也就是以「歸國學人」、「海外學人」、「客座教授」、「客座副教授」的身份回國擔任教職。由於他們都是在國外一流大學習得最先進的科技知識，是以回國後主要擔任研究所的課程，並指導研究生論文，所以在1970年代中後期，臺灣各大學研究所的師資充實不少，其成果也顯示在所培養出來的碩士生之研究論文水準的提升上面。

惟這些「歸國學人」、「客座教授」很多是短期停留數年後，不是重回歐美就是因臺灣社會快速發展，高級人才需求孔急而轉到實業界、政府機構服務。真正能夠長期留在學校服務的是在1970年代後期開始，由這些第一代「歸國學人」、「客座教授」所指導的研究生在碩士畢業後又步前人的腳步到歐、美、日各國留學，並於1980年代陸續回臺擔任教職，此輩第二代的「歸國學人」教師就大都停留於學術界服務，少有在擔任教職數年後轉到政府機構或實業界去發展的現象發生。

此外，再由表3-5-12成功大學1966年～1992年土木、測量、環工新聘師資表以及所列新聘老師的專長可見土木系衛生工程組於1976年獨立成為環境工程學系之後，除了傳統的「污水處理」、「自來水處理」的師資外，並增聘「生物化學微生物」、「空氣污染」、「環工化學」、「固體廢棄物處理」、「水污染防治」、「環境評估」、「粒狀污染物控制」、「燃燒控制」、「毒性物質燃燒」、「氣膠學」、「化學反應工程」等等多方面專長的師資，除了擴大環境工程的研究領域與內涵外，並提升成功大學在環境工程方面的研究水準與世界能見度。

同樣，土木系的測量組在1976年成立航空測量研究所，在1978年獨立成為「測量工程學系」，也使成大成為我國少數具有測量系的大學。

獨立成為測量系後在1980年代初期就聘請「攝影測量」、「數值地形」方面的師資，在1990年代初期則能增聘由測量系所培育的畢業生在出國留學之後回母系任教，將最先進的測量新技術及「地理資訊」以及「空間資訊」的新知引入，使測量系不再是傳統的土地測量學系，而成為研究並傳授可以量測所有空間並追求快速且精準量測的學術單位。

土木系在衛工組、測量組分別獨立後則致力於擴大結構、大地、交通、材料以及營建管理方面的發展，並增聘多位在歐、美、日取得博士學位的師資，繼續提升學術研究及教學的能量與水準。

(四) 土木系所課程與認證

成功大學土木系在1959年8月正式成立土木工程研究所時，在所內分為結構工程組、道路工程組、衛生工程組、水利工程組，但大學部的課程並未分組，到了56學年度(1967年)，研究所內部的分組為結構組、路工組、水利組、衛工組，還增加了測量組，同時在大三、大四的專業課程已開始分流成工程力學(甲、乙)組、交通工程組、衛生工程組、水利工程組及測量組，每組皆有必選及選修科目，其目的乃是讓大學部的學生在大三時就要決定自己未來想要前進的方向，而在大三、大四可以集中心力選讀自己喜歡的群組的科目以習得專門的知識與能力。同時大四畢業後亦可繼續進入研究所中相關的分組內繼續深造，由於在大學時已有初步的專業基礎，到了研究所時對研究課題的深入將有事半功倍的成效。表3-5-13為1967年成功大學土木系所開列的專業科目及擔任師資表。

這種類似21世紀當今的"學程"的雛形，表示1960年代在社會的進步需求下臺灣的土木工程教育的內涵已經開始多樣化且師資亦逐漸充足豐沛，足以負擔多樣化的教學、研究需求。

表3-5-13　1967年成功大學土木工程系所開出的專業科目及擔任師資

師資	專業科目
羅雲平	高等土壤力學、新都市計劃
倪　超	高等鐵路工程、大都市交通計劃、定線與土工、鐵路工程
蔡攀鰲	公路工程、公路設計、鐵路設計
游啟亨	土壤力學及基礎工程、高等土壤力學試驗、高等瀝青材料試驗
薛承萊	工程地質
張耀珍	隧道工程、施工計劃及估價
張宗炘	施工計劃及估價
張克禮	交通工程、都市交通、交通經濟、施工設備
林柏堅	結構學、結構塑性分析
左利時	工程力學、彈性力學、板殼力學
王櫻茂	高等工程材料、混凝土配合設計、工程材料及試驗
朱越生	高等工程數學

續表3-5-13 1967年成功大學土木工程系所開出的專業科目及擔任師資

張學新	鋼筋混凝土、預力混凝土、防震工程
劉新民	結構學、工程力學、鋼橋設計、鋼筋混凝土橋設計、鋼結構設計
陳 鍵	工程力學、現代航空站工程、航空站工程
楊春生	極限設計
蔡萬傳	高等工程數學、工程數學、結構動力學
顏榮記	圖學、平面測量實習
鄒承曾	結構設計、鋼橋設計
卜孔書	大地測量、高等地圖投影、測量平差法
史惠順	平面測量、高等航空測量、高等儀器學、近代測量儀器學
周龍章	地球形狀及重力測量、誤差理論
張汝珍	航空攝影測量
管晏如	平面測量、平面測量實習
高肇藩	污水分析、污水計劃及處理、衛生工程設計、工業廢水處理、環境衛生特論
李俊德	衛生工程、給水污水處理、環境衛生
葉安勳	生物化學、衛生化學、細菌學
朱炳圻	給水污水微生物學
賴再得	分析化學
李立聰	有機化學
劉兆璸	港灣工程、渠港工程、房屋建築
姜承吾	水利工程、河工設計、流體動力學、灌溉排水工程設計、高等水文學
王叔厚	流體力學、高等材料力學
張玉田	水電工程設計、水資源開發、流體力學
郭金棟	海岸工程、高等流體力學、高等港灣工程波浪力學
鄭厚平	閘壩工程、高等水工結構
劉長齡	明渠水力學、水土保持、水工模型試驗
湯麟武	工程數學、波浪力學
篠原謹爾	高等水文學、泥沙運行學
沈 榮	法學緒論、土木法規
孔蕃鉅	電子計算機(大三)
黃本源	電子計算機(研)

由上所列，可見成大土木系在1967年時，已能由至少42位的系內、系外、專任、兼任的老師提供至少104個土木專業科目，供土木系二年級、三年級、四年級和研究所一年級、二年級的學生選讀。

此時，亦考量土木系的學生未來出社會，其可能涉及的實務工作都與契約、規範、法規等有關，所以課程中亦安排有名律師來擔任「法學緒論」及「土木法規」的課程以使學生在具有專業知識外，亦能具備基本的法學概念。

此外，相對於臺大在1963年8月設立電子計算中心後於1964年2月臺大土木系提供「電子計算機」之課目供學生選讀。而成功大學於1965年7月由國家長期發展科學委員會在成大設立「工程科學研究中心」，並在成功大學購置第1座電子計算機IBM 1130(照片3-5-82)[57]，宣告成大具備了「快速且大量計算分析能力」的設備，因此土木系便於1967年第1學期邀請電機系的老師擔任三年級甲、乙班工程力學組(甲、乙組)的必選課程「電子計算機」(孔蕃鉅教授擔任)，以及土木研究所一年級選修課程「電子計算機」(黃本源教授擔任)，如此全面展開「電子計算機」的原理教學及實際操作的訓練，乃是為了使土木系的學生能夠因應「快速計算分析時代」的來臨。

照片3-5-82　電子計算機IBM 1130[57]

另外，臺灣大學於1965年9月(54學年度第1學期)開始對二年級學生傳授「工程數學(一)」，首先由葉超雄老師擔任授課工作，將「工程數學」列為必修的課目，表示土木工程教育開始由注重實務傳授的時代，進入探討理論及培養分析能力的領域。

成大土木系「工程數學」的傳授，最早是由工程科學系的教授朱越生到土木研究所開設必修的「高等工程數學」(1962年(51學年度)第1學期)，而大學部是由高鵬飛講師於1963年(52學年度)第1學期在土木系四年甲、乙班開設選修的「工程數學」；1964年(53學年度)第1學期亦同樣開在土木系四年甲、乙班的選修「工程數學(一)」，是由蔡萬傳教授擔任授課，而後於1965年(54學年度)第1學期改為二年級必修的「工程數學(一)」及第2學期二年級必修的「工程數學(二)」，都是由蔡萬傳教授擔綱傳授。

由1967年時成大土木系能夠滙集眾多的師資，提供豐沛且多樣的科目供學生自由選讀，正顯示經過1951年～1965年美援所提供的經費、試驗設備及人員訓練上的協助，讓成大土木系逐漸茁壯，並儲存極大的教學及研究能量達到一個尖峰狀態。

1973年土木系客座教授姜勇傑在土研一路工組開設「理論土壤力學」，水利系客座教授宋永焜教授在土研二交通組開設「岩石力學」，以及王櫻茂教授在土研二開設「輕質混凝土」，此三科皆是成大土研所首授新科目。

大約過了20年之後，於1992年3月成功大學土木系系務會議通過大學部畢業學分認定辦法及研究所畢業學分認定辦法，並將於1992年(81學年度)實施。

大學部畢業學分認定辦法：

(1). 畢業總學分145學分，內含本系必修99學分、工學院通識教育6學分、本系選修至少34學分。

(2). 大學部學生選修土木工程研究所課程，可併入大學部選修之畢業學分，但若考進研究所，所得學分不可併入研究所學分。

(3). 轉系生、轉學生在原系、原校所修之學分僅得在轉入時辦理一次學分承認。

研究所畢業學分認定辦法：

(1). 研究所碩士班畢業學分為36學分，內含論文6學分及至少研究所登記在案之課程24學分。

(2). 經指導教授之同意，得選修其他研究所開設之課程6學分。

1992年(81學年度)土木系大學部及研究所開課科目及擔任的教師如表3-5-14所示。

表3-5-14　1992年(81學年度)成大土木系大學部、研究所之專業與共同科目及擔任教師

① 專業科目：

教　師	大學部	研究所
顏榮記	工程圖學(一)、土木法規、房屋建築、房屋建築(二)	
曾宏正	測量學與實習(一)、測量學與實習(二)	
黃德華	微積分(一)、微積分(二)	
黃文宏	普通物理(一)	
陳鍵	計算機概論、鋼結構設計、鋼結構	
白巨川	測量學與實習(一)、測量學與實習(二)	
黃文典	微積分(一)、微積分(二)	
陳顯榮	普通物理(一)、普通物理(二)	
常正之	土木工程概論、中等土壤力學實驗、土壤力學實驗、隧道工程學	
王彜彬	計算機概論、結構矩陣法、應用力學	
陳培麟	工程數學(一)、工程數學(二)	應力波動學、板殼力學
黃忠信	工程材料學、結構材料	材料機械性質、材料微觀特性
顏崇斌	動力學、流體力學	
郭炎塗	材料力學(一)、材料力學(二)	結構動力學、地震工程
黃榮吾	工程材料實驗、營建及管理	
陳東陽	工程數學(一)、工程數學(二)	應用數學、土壤工程專題討論(三)、複合材料力學

續表3-5-14　1992年(81學年度)成大土木系大學部、研究所之專業與共同科目及擔任教師

教　師	大學部	研究所
邱耀正	材料力學(一)、材料力學(二)	彈性穩定學、結構專題討論(一)、結構專題討論(二)、結構塑性分析
黃錦旗	電腦製圖、施工計劃及估價、結構系統、工程圖學(二)、結構設計自動化、實驗力學	
張讚合	中國大陸研究(一)、中國大陸研究(二)	
張耀珍	工程統計學、交通工程學	交通工程(一)、實驗設計、作業研究(二)、品質工程
倪勝火	中等土壤力學、邊坡穩定與土工結構物	土壤動力學、土壤工程專題討論(一)、土壤與樁基礎結構之互制、土壤工程專題討論(二)
洪李陵	振動力學、工程或然率	結構專題討論(三)、結構可靠性分析、隨機振動
蔡攀鰲	公路工程學、公路設計、瀝青材料實驗	瀝青配合設計、公路鋪面設計
吳致平	結構學(一)、結構學(二)、振動力學	有限元素法
蘇懇憲	鋼筋混凝土學、鋼筋混凝土結構設計	
游啟亨	基礎工程學、日文、土壤力學	
譚建國	工程數學(三)、工程數學(四)	結構專題討論(一)、彈性力學、結構專題討論(二)、邊界元素法
徐德修	結構學(一)、結構學(二)	
黃景川	中等土壤力學、邊坡穩定與土工結構物	土壤之加勁與改良、土壤工程專題討論(四)、山坡地開發與分析
王永明	工程分析、極限分析與設計	
金永斌	土壤工程學、基礎設計	高等基礎工程、應用土壤工程
陳景文	土壤破壞理論、土壤力學實驗、工程地質學	土壤工程專題討論(一)、土壤滲流與地下水、土壤工程專題討論(二)、理論土壤力學、土壤工程專題討論(四)
方一匡	預力混凝土學	高等鋼筋混凝土、高等預力混凝土、結構專題討論(四)
宋見春	高等材料力學	固體力學特論、結構專題討論(三)、結構專題討論(四)、破壞力學
丁國樑	交通工程學	

續表3-5-14　1992年(81學年度)成大土木系大學部、研究所之專業與共同科目及擔任教師

教　師	大學部	研究所
李德河	大地工程特論、工程地質學、岩石力學	高等岩石力學、地盤災害個案討論、邊坡穩定
蔡錦松	地震工程、有限元素法導論	土壤工程專題討論(三)、深開挖基礎工程學、不連續元素分析法
胡宣德	應用力學、鋼筋混凝土板	鋼筋混凝土板
簡銘信	普通物理(二)	
吳新興	中華民國憲法	
陳雲清	法學緒論	
蕭志銘	鋪面工程與管理	交通專題討論(一)、高等瀝青材料學、交通專題討論(二)、鋪面系統之評估與維修
王櫻茂	混凝土配合設計	科學日文(一)、混凝土耐久性、材料科學、輕質混凝土、高等工程材料實驗
葉宣顯	衛生工程學	
潘國樑		地工遙測學、高等工程地質學
莫詒隆		混凝土結構動力行為、結構設計自動化

② 共同科目：

教　師	大學部	研究所
未定	英文(一)(二)、國文(一)(二)、中國現代史、中國通史(一)(二)、軍訓(一)(二)(三)(四)、體育(一)(二)(三)(四)(五)(六)(七)(八)、國父思想(一)(二)	無

1992年8月，成大土木系大學部的專業科目有74項，研究所開設的科目有60項，由專任教師33位及外系支援教師、兼任教師6位，共39位教師共同執行教學工作。

關於大學部共同科目部份，在戰後初期，教育部為因應當時反共抗俄的國策，由1950年(39學年度)在大學部訂定「三民主義」為共同必修科目，1964年更名為「國父思想」，到1992年(81學年度)「國父思想」仍為共同必修科目。

又過了十數年之後的2015年(104學年度)土木系大學部及研究所開課科目如表3-5-15(a)、(b)、(c)、(d)所示。

表3-5-15　2015年(104學年度)成大土木系第一、二學期大學部及研究所課表
(a)104學年度第一學期大學部課表

年級	科目名稱	教師姓名 *：主負責老師	年級	科目名稱	教師姓名 *：主負責老師
1	土木工程概論	蔡錦松	1	基礎國文(一)	未定
1	土木工程概念設計	蔡錦松	1	英文 (含口語訓練)(一)	未定
1	服務學習(一)	陳景文	1	公民	未定
1	計算機概論	李宇欣	1	普通物理學(一)	鄭靜
1	計算機概論	朱世禹	1	普通物理學實驗(一)	周忠憲
1	工程圖學(一)	賴啟銘	1	普通化學實驗	李介仁
1	微積分(一)	方永富	1	體育(一)	黃滄海
1	普通化學	邱顯泰* 周鶴軒	1	普通物理學(一)	盧炎田
1	體育(一)	黃賢哲	1	普通物理學實驗(一)	陳則銘
1	通識課程	未定	1	普通化學實驗	孫亦文
2	服務學習(三)	陳景文	2	運輸工程學	蕭志銘
2	工程數學(一)	王永明	2	水文學	呂珍謀
2	動力學	顏崇斌	2	哲學與藝術	未定
2	材料力學(一)	林育芸	2	測量學	尤瑞哲
2	運輸工程學	楊士賢	2	測量學實習	尤瑞哲
2	工程數學(一)	顏崇斌	2	體育(三)	未定

續(a)104學年度第一學期大學部課表

年級	科目名稱	教師姓名 *：主負責老師	年級	科目名稱	教師姓名 *：主負責老師
2	動力學	王永明	2	通識課程	未定
2	材料力學(一)	宋見春	2	英文(含口語訓練)(三)	未定
3	工程數學(三)	洪李陵	3	結構學(一)	吳致平
3	公路工程學	陳建旭	3	鋼結構	鍾興陽
3	結構學(一)	王彝彬	3	鋼筋混凝土學	侯琮欽
3	鋼筋混凝土學	洪崇展	3	工程計畫管理	張行道
3	鋼結構	鍾興陽	3	土壤力學	洪滂
3	工程計畫管理	張行道	3	土壤力學實驗	洪滂
3	土壤力學	倪勝火	3	通識課程	未定
3	土壤力學實驗	倪勝火	4	生態工程概論	陳景文
4	土木工程設計實務(三)	郭振銘	4	邊坡穩定與土工結構物	黃景川
4	隧道工程學	吳建宏	4	工程談判	蔡錦松
4	都市計劃	徐中強	4	通識課程	未定
4	論文	洪滂* 黃忠信 吳建宏 鍾興陽 方中 倪勝火 楊士賢 盧煉元	4	論文選讀	洪滂* 黃忠信 方中 楊士賢

(b)104學年度第二學期大學部課表

年級	科目名稱	教師姓名 *：主負責老師	年級	科目名稱	教師姓名 *：主負責老師
1	工程圖學(二)	賴啟銘	1	基礎國文(二)	未定
1	應用力學	顏崇斌	1	普通物理學(二)	鄭靜
1	計算機應用C++程式語言	李宇欣	1	普通物理學實驗(二)	周忠憲
1	服務學習(二)	陳景文	1	歷史	未定
1	土木工程實作設計	蔡錦松	1	英文(含口語訓練)(二)	未定

續(b)104學年度第二學期大學部課表

年級	科目名稱	教師姓名 *:主負責老師	年級	科目名稱	教師姓名 *:主負責老師
1	工程圖學(二)	賴啟銘	1	通識課程	未定
1	應用力學	盧煉元	1	體育(二)	未定
1	計算機應用 Matlab 程式語言	王永明	1	普通物理學(二)	盧炎田
1	微積分(二)	方永富	1	普通物理學實驗(二)	陳則銘
2	鐵路工程學	郭振銘	2	流體力學	方中
2	工程數學(二)	王永明	2	工程地質學	黃景川
2	材料力學(二)	胡宣德	2	工程材料學	王雲哲
2	流體力學	方中	2	服務學習(三)	陳景文
2	工程地質學	陳景文	2	哲學與藝術	未定
2	工程材料學	王雲哲	2	環境工程學	吳哲宏
2	工程材料學實驗	林育芸	2	英文 (含口語訓練)(四)	未定
2	工程數學(二)	顏宗斌	2	體育(四)	未定
2	材料力學(二)	宋見春	2	通識課程	未定
3	工程或然率	洪李陵	3	混凝土配合設計	黃忠信
3	工程數學(四)	譚建國	3	工程品質與安全	潘南飛
3	大地工程特論	李德河	3	結構學(二)	王彝彬
3	施工法	陳建旭	3	基礎工程學	吳建宏
3	公路工程實務	黃裔炎* 方文志 呂介斌	3	結構學(二)	吳致平
3	瀝青材料實驗	蕭志銘	3	基礎工程學	張文忠
3	預力混凝土學	方一匡	3	通識課程	未定
4	專題討論	胡宣德	4	土木工程設計實務(一)	朱聖浩
4	研究方法 與工程倫理	徐德修	4	土木工程設計實務(二) 基礎工程設計實務	倪勝火
4	永續交通設施 (英語授課)	楊士賢	4	通識課程	未定
4	論文寫作	洪瀞* 黃忠信 李宇欣 鍾興陽 王雲哲 方中 楊士賢 侯琮欽 洪崇展	4	專題研究	洪瀞* 黃忠信 李宇欣 吳建宏 鍾興陽 王雲哲 方中 倪勝火 楊士賢 盧煉元 洪崇展

(c)104學年度第一學期研究所課表

年級	科目名稱	教師姓名 *:主負責老師	年級	科目名稱	教師姓名 *:主負責老師
碩博(專)	高樓結構設計	甘錫瀅	碩博(專)	地工合成物工程概論	黃景川
碩博(專)	有限元素法	吳致平	碩博(專)	數值分析在大地工程上的應用	吳建宏
碩博(專)	結構動力學	洪李陵	碩博(專)	土壤動力學	張文忠
碩博(專)	數值分析	顏崇斌	碩博(專)	樁基礎分析與設計	倪勝火
碩博(專)	彈性力學	方中	碩博(專)	工程統計	陳建旭
碩博(專)	板殼力學(英語授課)	胡宣德	碩博(專)	高等瀝青材料學	蕭志銘
碩博(專)	結構實驗	朱聖浩	碩博(專)	鋪面分析(英語授課)	楊士賢* 郭振銘
碩博(專)	工程熱力學(英語授課)	方中	碩博(專)	材料機械性質(英語授課)	王雲哲
碩博(專)	結構控制	朱世禹	碩博(專)	高等鋼筋混凝土	侯琮欽
碩博(專)	複合材料力學	陳東陽	碩博(專)	作業研究	李宇欣
碩博(專)	軌道工程	郭振銘	碩博(專)	專題討論	胡宣德
碩博(專)	結構工程專題討論(一)	吳致平	碩博(專)	結構材料專題討論(一)	林育芸
碩博(專)	結構工程專題討論(三)	盧煉元	碩博(專)	結構材料專題討論(三)	林育芸
碩博(專)	大地工程專題討論(一)	倪勝火	碩博(專)	工程管理專題討論(一)	蔡錦松
碩博(專)	大地工程專題討論(三)	陳景文	碩博(專)	工程管理專題討論(三)	李宇欣
碩博(專)	交通工程專題討論(一)	陳建旭	碩博(專)	教學實習(一)	胡宣德
碩博(專)	交通工程專題討論(三)	楊士賢	碩博(專)	教學實習(三)	胡宣德

(d)104學年度第二學期研究所課表

年級	科目名稱	教師姓名 ＊：主負責老師	年級	科目名稱	教師姓名 ＊：主負責老師
碩博(專)	數值模擬法	王永明	碩博(專)	永續交通設施 (英語授課)	楊士賢
碩博(專)	固體力學特論	陳東陽	碩博(專)	瀝青配合設計	陳建旭
碩博(專)	地震工程	朱世禹	碩博(專)	鋪面管理系統	蕭志銘
碩博(專)	隨機振動	洪李陵	碩博(專)	交通設施實驗與分析	楊士賢* 郭振銘
碩博(專)	應力波動學	宋見春	碩博(專)	交通設施評估與維修	楊士賢
碩博(專)	微電腦橋樑結構分析	朱聖浩	碩博(專)	感測器原理及應用 (英語授課)	侯琮欽
碩博(專)	破壞力學	林育芸	碩博(專)	材料機械性質	黃忠信
碩博(專)	建築機電系統	賴啟銘	碩博(專)	高等鋼結構	鍾興陽
碩博(專)	高等土壤力學	張文忠	碩博(專)	材料變形機制 (英語授課)	王雲哲
碩博(專)	地下空間開發	吳建宏	碩博(專)	纖維混凝土 (英語授課)	洪崇展
碩博(專)	大地工程實務	胡邵敏	碩博(專)	永續指標 (英語授課)	張行道
碩博(專)	地工合成物 之應用與發展	黃景川	碩博(專)	決策理論	潘南飛
碩博(專)	高等岩石力學	李德河	碩博(專)	工程組織與績效	沈芳瀅
碩博(專)	深開挖基礎工程學 (英語授課)	洪瀞	碩博(專)	營建專案 組織規劃與設計	蔡錦松
碩博(專)	專題討論	吳致平	碩博(專)	結構材料專題討論(二)	黃忠信
碩博(專)	結構工程專題討論(二)	盧煉元	碩博(專)	結構材料專題討論(四)	林育芸
碩博(專)	結構工程專題討論(四)	盧煉元	碩博(專)	工程管理專題討論(二)	李宇欣
碩博(專)	大地工程專題討論(二)	黃景川	碩博(專)	工程管理專題討論(四)	蔡錦松
碩博(專)	大地工程專題討論(四)	陳景文	碩博(專)	教學實習(二)	胡宣德
碩博(專)	交通工程專題討論(二)	郭振銘	碩博(專)	教學實習(四)	胡宣德
碩博(專)	交通工程專題討論(四)	蕭志銘			

由以上諸表可知，2015年8月成大土木系大學部的專業科目有60餘項，研究所開設科目有75項(其中10項為英語授課)，由專任教師35位、名譽教授3位、外系支援教師3位及兼任教師7位共同執行教學工作。

大學部共同科目方面，如前述所提「三民主義」及「國父思想」科目，在1950年為因應當時「反共抗俄」的國策，教育部將「三民主義」列為各大專院校共同必修科目，到了1964年更名為「國父思想」，1990年教育部宣佈再更名為「中華民國憲法與立國精神」，並自1993年(82學年度)實施，1995年5月大法官釋字380號宣佈違憲，該課程轉為「通識課程」。惟成功大學到1993年尚使用「國父思想」的名稱並未更名。

1994年～1997年成大土木系的課程表中並未列「國父思想」或「中華民國憲法與立國精神」的必修科目。在1998年(87學年度)下學期，才再列出「中華民國憲法與國家發展」之科目為共同必修，一直到2007年為止。2008年(97學年度)下學期則改列「公民素養」為共同必修科目，2014年更名為「公民」列為核心通識必修科目。

成功大學土木系教育目標(2021年)

宗旨：培養學生具備土木工程學科知識與整合能力。

1. 教導土木工程專業知識與培養持續學習之能力。
2. 培養團隊合作能力與國際觀。
3. 培養善待環境與人文之基本素養。

(五) 土木系所教師榮譽與學術活動

1. 榮獲國家工學博士學位

「國家博士」係我國授予博士學位之初為昭慎重，博士的審查由教育部辦理，故稱為「國家博士」。依據教育部於民國四十九年(1960年)九月公佈[博士學位考試審查及評定細則]，規定受有碩士學位，在大學或獨立學院研究所繼續研究二年以上，修滿規定學分，得向所學之校院依規定申請博士學位候選人考試，經學科考試及格者，得參加論文考試。論文考試以一次為限，論文考試及格者由在學之校院呈請教育部審定為博士學位候選人，經教育部學術審議委員會常務委員會審查通過後，再交博士學位評定會審閱，經口試通過後由教育部授予博士學位，稱為「國家博士」。

在民國72年(1983年)9月修正[學位授予法施行細則]之前，博士學位候選人之口試，由教育部統籌辦理，並由教育部授予博士學位，故稱之為國家博士。1983年9月之後博士學位由各校授予[59]。

1975年4月，土木工程研究所博士班研究生翁茂城修完博士課程提出論文「綜合平交道事故複因素迴歸模型之研究」獲教育部國家工學博士學位。其乃成功大學首位交通工程方面的國家工學博士，指導教授為倪超博士及李謨熾博士。

1978年6月，成功大學於6月11日舉行1978年度(67年度)畢業典禮，大學部日間部畢業生有1429人，夜間部310人，碩士153人，博士有6人，包括土木系副教授蔡攀鰲及水利系講師歐善惠等，二人皆取得國家博士學位。

蔡攀鰲博士，成大土木系1958年畢業，1967年進入土木系擔任講師，其博士論文為「路面平整度與小客車各排檔耗油量關係之研究」，指導教授為倪超博士。

歐善惠博士，成大土木系1968年畢業，1971年成大土木工程研究所水利組畢業，同年進入剛成立的土木研究所博士班，1974年擔任水利及海洋工程研究所助理研究員，1975年改任水利系講師，1977年11月通過成大博士口試，1978年3月再通過教育部的口試取得國家工學博士學位，其博士論文為「波浪統計特性及波譜之參數決定法」，指導教授為湯麟武教授。

歐善惠與蔡攀鰲都是國家工學博士，是成大土木研究所博士班的第二位及第三位博士。

此外，1970年畢業於成功大學水利及海洋工程學系，1975年為碩士並於1981年取得成功大學土木工程研究所工學博士學位的黃煌煇校長亦是「國家工學博士」。

2. 榮獲其它學校博士學位

1979年12月，土木系系主任兼土木研究所所長游啟亨教授以「分裂式取土管內裝填小鋼圈之標準貫入試驗與海底沖積土壤工程特性之相關研究」的論文取得日本東京大學工學博士學位。

1989年5月12日，成功大學土木系金永斌副教授，經過多年努力榮獲澳洲臥龍崗大學博士學位(照片3-5-83)。

照片3-5-83　金永斌副教授獲博士學位

3. 榮獲各種獎項及榮譽

1982年11月，土木系譚建國教授榮獲中國工程師學會第四十七屆年會論文獎，與中國土木水利工程學會七十一年度論文首獎。

1986年11月22日，成功大學環境工程學系張祖恩副教授獲中國工程師學會選為優秀工程師。

1988年6月，譚建國教授榮獲國家科學委員會1987年度傑出研究獎。

1992年6月，成功大學土木系游啟亨教授膺選中國工程師學會1992年度傑出工程教授，榮獲獎狀及紀念金牌。

1992年6月，譚建國教授及李德河教授榮獲國家科學委員會1991年度傑出研究獎。

1992年10月，土木系蘇懇憲教授兼任成大附工校務主任，推展校務著有績效，榮獲教育部頒發1992年度社會教育有功人員獎。

1993年2月，徐德修教授榮獲國家科學委員會1992年度傑出研究獎。

1994年6月，譚建國教授及李德河教授榮獲國家科學委員會1993年度傑出研究獎。

1995年6月，陳東陽教授榮獲國家科學委員會1994年度傑出研究獎。

1996年6月，譚建國教授榮獲國家科學委員會1995年度傑出研究獎。

1997年6月，陳東陽教授榮獲國家科學委員會1996年度傑出研究獎。

1998年3月27日，本年度土木系教學優良老師已由學生票選，前三名分別為徐德修教授、吳致平教授及胡宣德副教授。

1998年10月30日，土木系譚建國教授榮獲中國工程師學會傑出工程教授獎；譚建國教授及宋見春教授榮獲國科會1997年度傑出研究獎。

1999年6月，陳東陽、莫詒隆兩位教授榮獲1998年度國科會傑出研究獎；蔡攀鰲教授榮獲中國工程師學會傑出工程教授獎，蔡教授也將於本學年結束後榮退，改聘為兼任教授。

2001年6月，徐德修教授榮獲中國工程師學會2001年度傑出工程教授獎。

2001年10月，譚建國教授獲選為本校講座教授；陳東陽教授及朱聖浩教授獲得2000年度國科會傑出研究獎。

2003年1月，陳東陽教授受聘為國科會特約研究員；譚建國教授榮獲力學期刊最佳論文獎；宋見春教授與陳東陽教授榮獲本校特聘教授。

2003年6月，李德河教授榮獲中國工程師學會之傑出工程教授獎。

2004年6月，朱聖浩教授榮獲國家科學委員會2003年度傑出研究獎。

2005年8月，李德河教授榮獲本校特聘教授。

2006年12月，譚建國教授獲中華民國力學學會首屆會士榮銜。

2007年1月，陳建旭教授榮膺成功大學特聘教授。

照片3-5-84　陳景文教授

2007年2月，陳景文教授榮任成功大學總務長。

2007年3月，方一匡教授榮膺ACI(American Concrete Institute) Fellow。

2008年3月，陳東陽教授榮獲成功大學講座。

2008年6月，李德河教授榮獲成功大學2008年度李國鼎金質獎章。

2009年2月，譚建國教授獲聘成功大學講座兼特聘教授；吳致平教授及陳景文教授獲聘特聘教授。

2009年4月，陳東陽教授榮獲國科會2008年度傑出特約研究員獎(照片3-5-85)。

2010年3月，黃景川教授榮任成功大學特聘教授。

2010年9月，吳致平教授榮獲成大教學傑出教師獎。

2011年1月，陳東陽教授兼具成功大學講座與特聘教授、朱聖浩教授與黃忠信教授續任特聘教授。

2012年3月，吳致平教授第2次榮任成功大學特聘教授。

2014年3月，黃景川教授第2次、朱聖浩教授第3次、黃忠信教授第3次榮任成功大學特聘教授。

照片3-5-85　陳東陽教授

2015年3月，吳致平教授第3次、陳東陽教授第2次榮任成功大學特聘教授。

2016年3月，賴啟銘教授榮任成功大學特聘教授。

2017年3月，黃景川教授第3次、朱聖浩教授第4次榮任成功大學特聘教授。

2018年3月，吳致平教授第4次、陳東陽教授第3次榮任成功大學特聘教授。

2019年3月，賴啟銘教授第2次榮任成功大學特聘教授。

2020年3月，朱聖浩教授榮獲成功大學講座；洪崇展教授、胡宣德教授榮任成功大學特聘教授。

2020年8月，胡宣德教授借調國立聯合大學副校長。

2021年3月，吳致平教授第5次、陳東陽教授第4次榮任成功大學特聘教授。

2021年10月，洪崇展教授獲科技部傑出研究獎。

2022年2月，郭振銘教授借調交通部鐵道技術研究暨驗證中心執行長。

2022年3月，吳建宏教授榮任成功大學特聘教授。

4. 舉辦學術研討會及學術活動

1985年12月16日，土木工程研究所與國家科學委員會工程科學研究中心共同舉辦「第一屆路面工程學術研討會」在成大國際會議廳舉行，會期兩天，蔡攀鰲教授為研討會主持人。

1986年3月5日，西德漢諾威工科大學航空測量研究所所長，現任國際航空測量及遙感探測學會會長康乃驥教授來成大訪問，商量進一步合作計畫並演講「以航空攝影測量的數據建立土地資訊系統」。

1989年5月5日～5月7日，成功大學土木工程研究所與中國土木水利工程學會大地工程委員會主辦之「第三屆大地工程學術研究研討會」在屏東縣墾丁青年活動中心舉行。游啟亨教授為委員會召集人，金永斌副教授為執行長，論文總共61篇，討論會參加者180位。

1992年12月17、18日，成功大學資源工程研究所、成功大學土木工程研究所、工業技術研究院能源與資源研究所及中國土木水利工程學會大地工程委員會主辦，中央大學土木工程研究所及國科會工程科技推展中心協辦我國第一屆岩盤工程及工程地質相關的研討會「1992岩盤工程研討會」，在成功大學國際會議廳舉行，由成大資源工程研究所陳時祖教授及土木工程研究所李德河教授主持，研討會共邀請國際岩石力學學會(ISRM)主席美國明尼蘇達州立大學土木及礦業工程系教授Prof. C. Fairhurst及亞洲區主席日本京都大學資源工學科教授Prof. K. Sassa出席發表專題演講。研討會共發表論文46篇，為國內岩盤工程界首次舉辦具有國際性的學術交流研討會。

2006年9月，中國土木水利學會、公路總局及成大土木系主辦之「台灣運輸工程之趨勢研習會」9月28日在土木系階梯教室舉行，由陳建旭教授統籌主辦。

2006年11月，陳景文教授於11月1日籌辦國際研討會International Symposium on Geohazards Mitigation，邀請國際學者美國莊長賢教授，日本Chuo University的Kokusho教授及新加坡大學K. K. Phoon來土木系作專題演講，並有多場學術報告及壁報展覽。

2009年11月，日本鹿兒島大學北村良介教授至土木系訪問；日本京都大學中川一教授至土木系訪問，並舉辦專題演講。

2009年12月，1974級畢業生，美國Clemson大學莊長賢教授至系訪問。

2010年4月，中華民國大地工程學會與本系共同主辦「莫拉克風災學術研討會」，於卓群大樓地下一樓會議廳舉行，由李德河教授與吳建宏教授負責辦理。

2010年5月，日本京都大學杉浦邦征教授及金哲佑教授至系參訪，由王雲哲教授與吳建宏教授接待。

2010年6月，國家地震工程研究中心於卓群大樓舉辦0304甲仙地震勘災暨地震智能研習會，由邱耀正教授規劃與協調工作。

2011年2月，日本香川高等專門學校校長嘉門雅史教授至系專題演講，吳建宏教授負責接待與翻譯工作。

2011年3月，朱聖浩教授擔任國家地震工程研究中心第二實驗設施籌備工作本系負責人，並協助處理相關行政工作。

(六) 土木系所系友狀況

要瞭解自1960年代到1990年代土木系畢業生的就業與發展的概略情形可由成功大學土木系系友通訊錄(2001年)所記載的資訊來調查、分析。由於成大土木成立於1944年，到2001年已有57年的歷史，而以第一屆臺灣省立工學院土木系畢業生身份取得學士學位的臺籍學生於1949年畢業，至2001年也過了52年的歲月，大都已離開了主要的職場。因此本書就由尚在生涯職場打拼的畢業40年、30年、20年、10年、5年的成大土木系學生所擔任的工作種類來進行分析。依照距離通訊錄印製之年份(2001年)，往前觀看畢業40年(1961年級)、30年(1971年級)、20年(1981年級)、10年(1991年級)及畢業5年(1996年級)的土木畢業生在2001年時之就業情形，來分析不同年代的畢業生其發展方向之異同。就業的分類種類為 ① 自營業、② 私人公司服務、③ 公務員(含國家及地方政府公務人員)、④ 學校教職(含公私立大學、中學老師)、⑤ 退休或無業、⑥ 已故、⑦ 移民或回僑居地、⑧ 無法聯絡。

(1) 畢業40年(1961年級畢業生)(約63歲)

登錄62位 ┐
　　　　　├ 總共127位
失聯65位 ┘

①自營業　8人
②私人機構　2人
③公務員　1人
④教職　4人
⑤退休或無業　7人
⑥已故　1人
⑦移民或僑生　39人
(內含移民美國、加拿大29位，回僑居地馬來西亞10位)
⑧失聯　65人

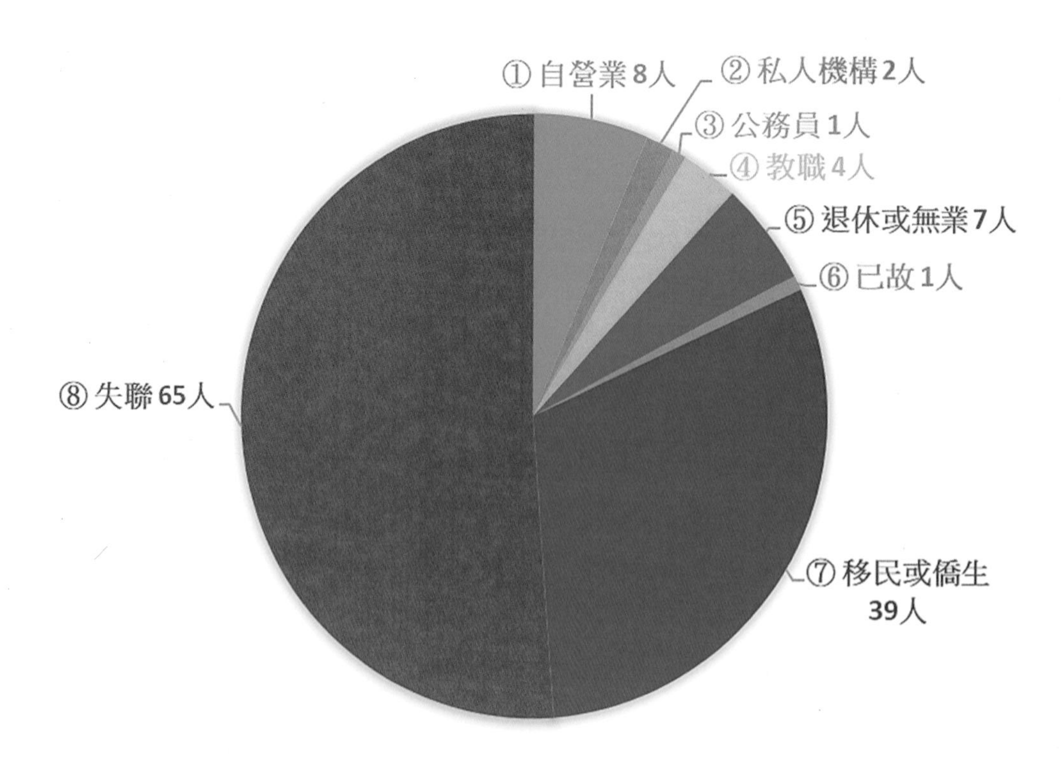

圖3-5-1

(2) 畢業30年(1971年級畢業生)(約53歲)

登錄45位┐
　　　　├總共68位
失聯23位┘

① 自營業　　7人

② 私人機構　7人

③ 公務員　　8人

④ 教職　　　5人

⑤ 退休或無業　4人

⑥ 已故　　　1人

⑦ 移民或僑生　13人

(內含移民美國、加拿大4位，回僑居地馬來西亞7位，香港1位，新加坡1位)

⑧ 失聯　　　23人

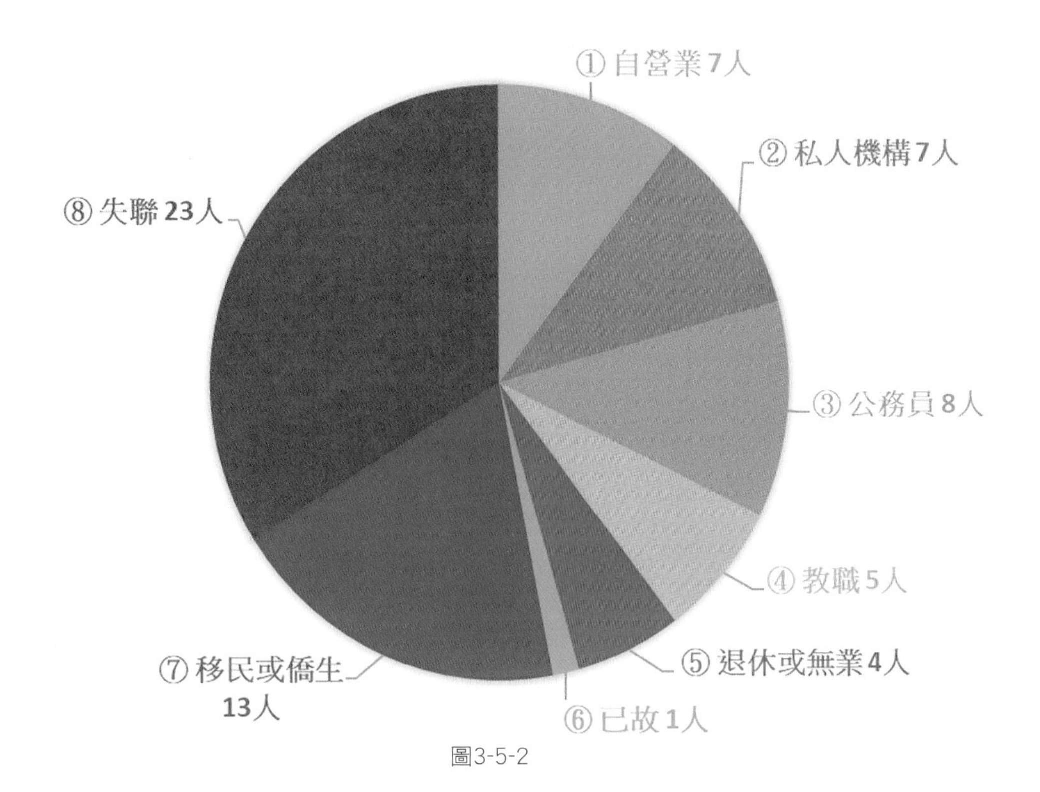

圖3-5-2

(3) 畢業20年(1981年級畢業生)(有3班學生，2班土木、1班衛工組，約43歲)

登錄102位 ┐
　　　　　├總共155位
失聯 53位 ┘

①自營業 12人

②私人機構 21人

③公務員 22人

④教職 17人

⑤退休或無業 10人

⑥已故 0人

⑦移民或僑生 20人

(內含移民美國、加拿大8位，回僑居地馬來西亞10位，香港1位，澳門1位)

⑧失聯 53人

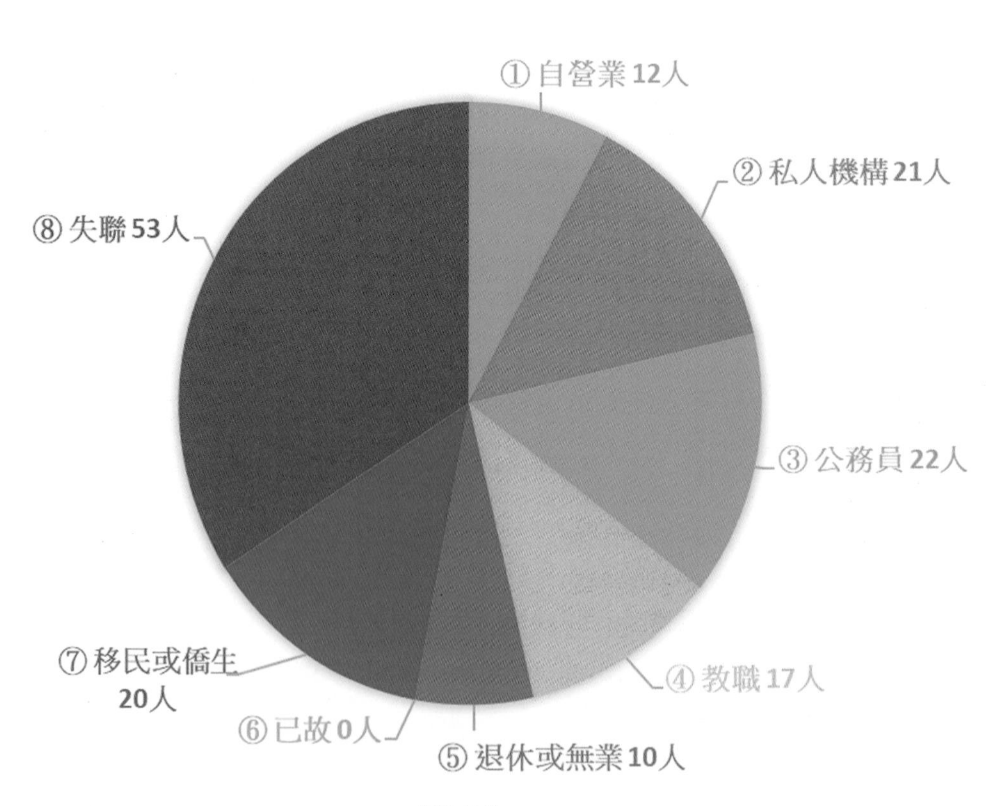

圖3-5-3

(4) 畢業10年(1991年級畢業生)(約33歲)

登錄 73位 ┐
失聯 9位 ┘ 總共82位

① 自營業 5人

② 私人機構 20人

③ 公務員 13人

④ 學生(博) 1人

⑤ 退休或未定 19人

⑥ 已故 0人

⑦ 移民或僑生 15人

(內含移民美國、加拿大2位，回僑居地馬來西亞4位，越南1位，香港5位，澳門2位，印尼1位)

⑧ 失聯 9人

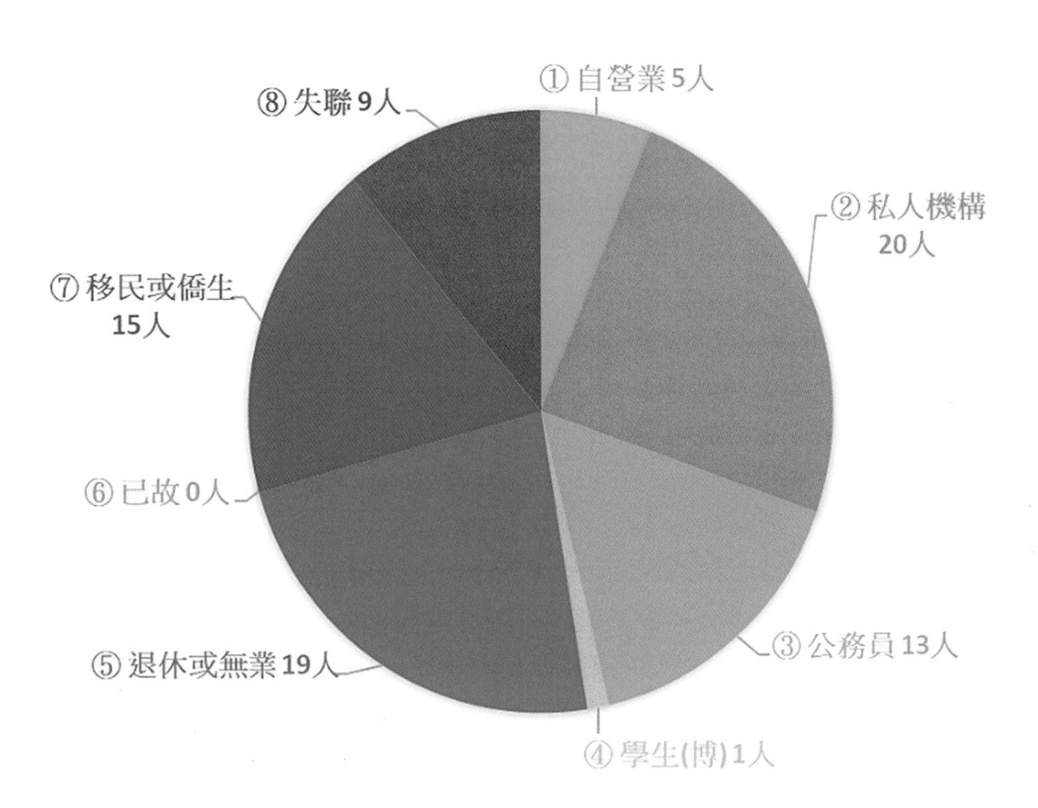

圖3-5-4

(5) 畢業5年(1996年級畢業生)(約28歲)

登錄114位┐
　　　　　├總共116位
失聯　2位┘

① 自營業　0人
② 私人機構　51人
③ 公務員　14人
④ 學生(博)　13人
⑤ 兵役或無登記　33人
⑥ 已故　1人
⑦ 移民或僑生　2人
(內含回僑居地馬來西亞2位)
⑧ 失聯　2人

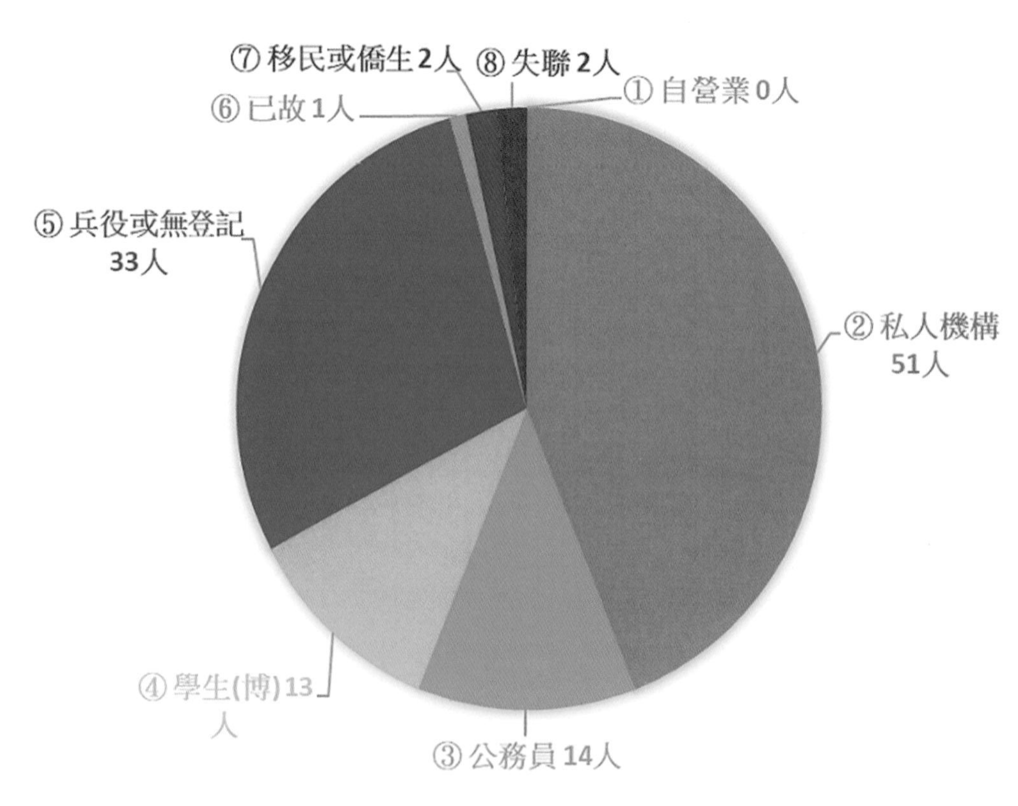

圖3-5-5

再將以上五組土木系畢業生(1961級、1971級、1981級、1991級及1996級畢業生在2001年時的發展情況加以統計分析。

①自營業比例(以通訊錄有登錄者為母數)

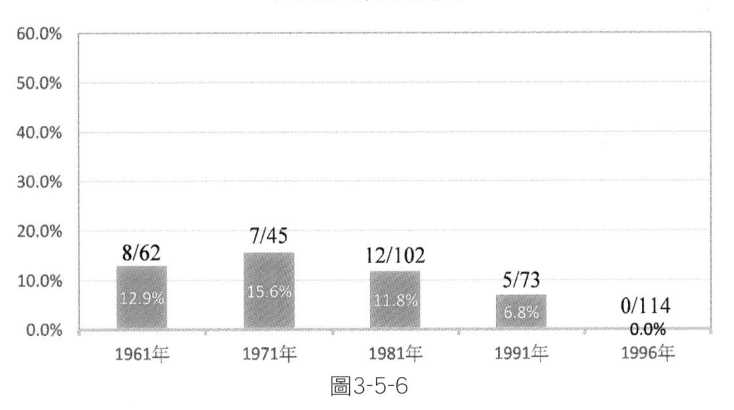

圖3-5-6

②私人機構比例(以通訊錄有登錄者為母數)

私人機構比例

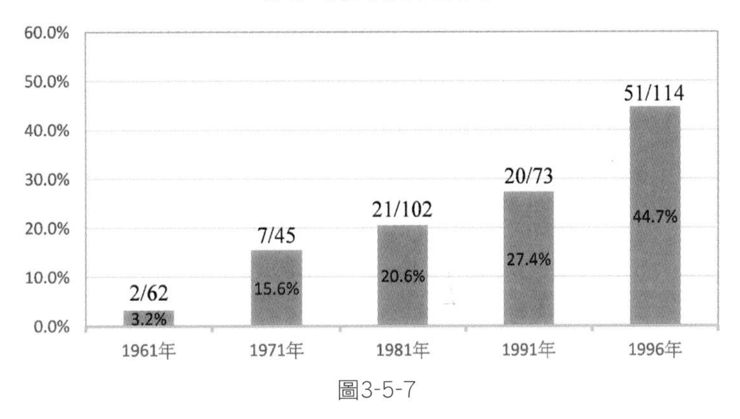

圖3-5-7

③ 公務員比例 (以通訊錄有登錄者為母數)

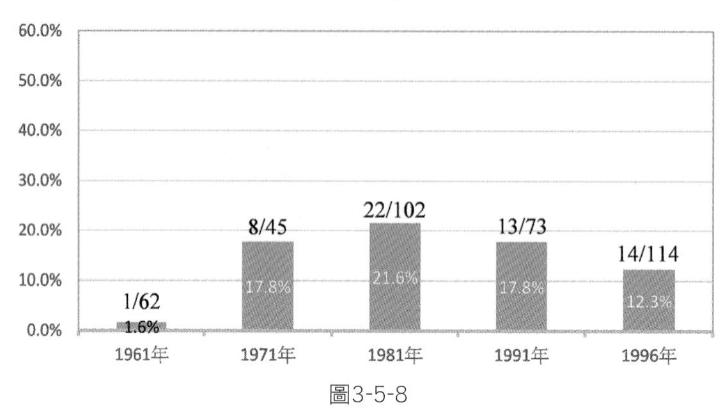

圖3-5-8

④ 教職或學生比例 (以通訊錄有登錄者為母數

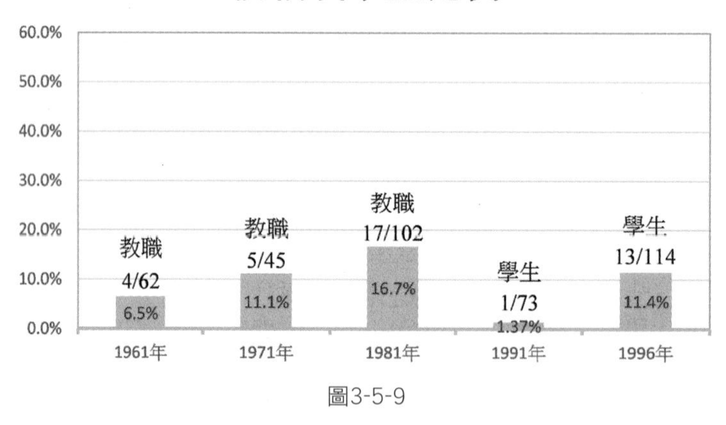

圖3-5-9

⑤ 退休或未定比例 (以通訊錄有登錄者為母數)

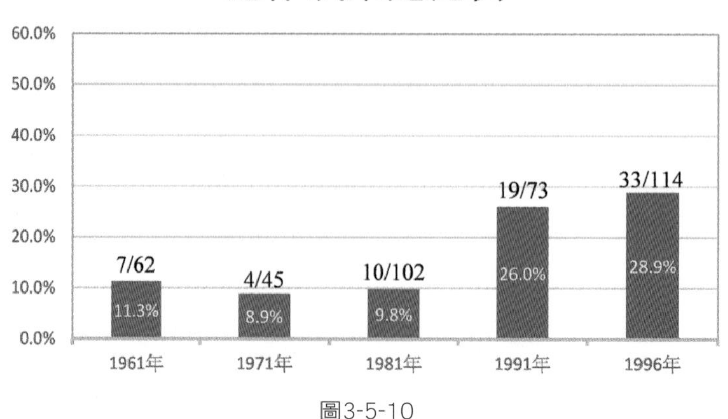

圖3-5-10

⑥移民或僑生比例

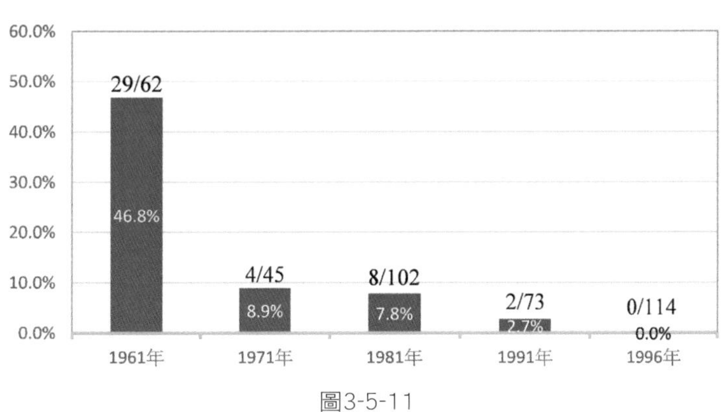

圖3-5-11

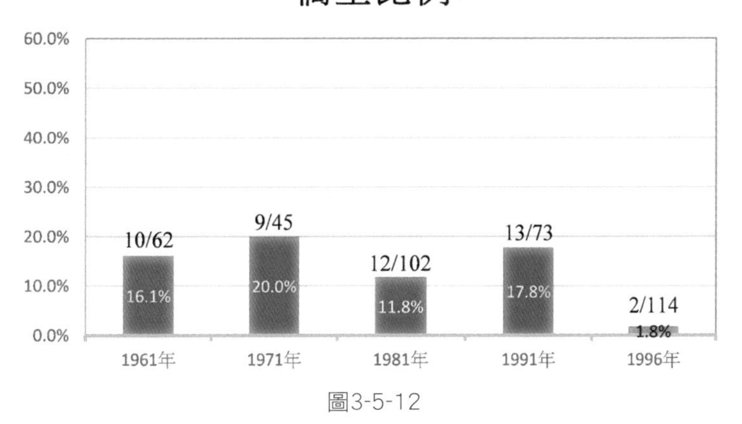

圖3-5-12

⑦失聯比例

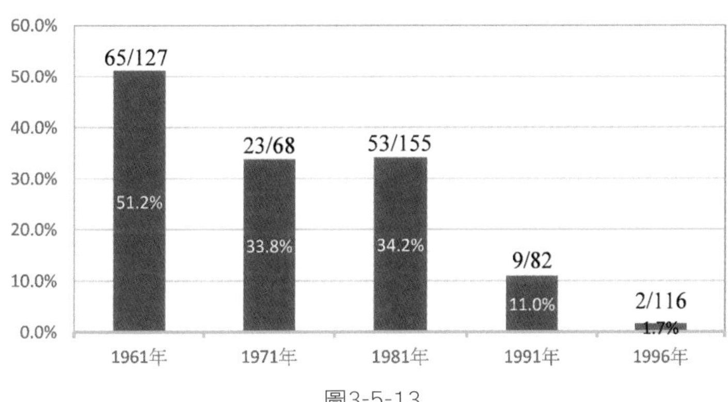

圖3-5-13

由上述成大土木系1961年、1971年、1981年、1991年及1996年畢業生在2001年時當其畢業後40年、30年、20年、10年及5年調查其就業的狀況，經過統計後可得幾點結論：

(1). 在1960年代(美援時期前後)的畢業生到美加留學，進而在美加就業發展的畢業生約佔46.8%(29位/62位)。所以當時臺灣的大學畢業生不只是臺大的學生被稱為「來來來，來臺大，去去去，去美國」，成大土木系的畢業生也不遑多讓，也有約50%的學生是「來來來，來成大，去去去，去美國」。

(2). 在1970年代及1980年代的土木系畢業生，出國到歐美留學的人數有明顯下降，但還維持約在7～9%左右，但到了1990年代以後出國留學的比例則急速降低。

(3). 成大土木系的畢業生自行創業(自營業)的比例以畢業30年(1971年畢業的15.6%)、畢業40年(1961年畢業的12.9%)及畢業20年(1981年畢業的11.8%)較佳，畢業5年(1996年畢業)尚無人自行創業。

(4). 成大土木系的畢業生到大小私人機構服務的比例隨著畢業年數的增加而減少，以畢業5年(1996年畢業)到大小私人機構服務佔44.7%為最多，以畢業40年(1961年畢業)為最少3.2%，顯示早年臺灣可供成大畢業生就業的私人機構不多，或者是早年的土木系畢業生自行創業的機會較多。

(5). 成大土木系畢業生選擇中央地方公務員為職業的以畢業20年(1981級)的21.6%為最多，其次是畢業30年(17.8%)及畢業10年的畢業生(17.8%)，畢業5年者為12.3%，而以畢業40年為最低1.6%。

(6). 成大土木系畢業生擔任公私立大學、中學等教職者以畢業20年(1981級)的16.7%為最多，其次是畢業30年(1971級)的畢業生有11.1%擔任教職，而畢業40年(1961年畢業)的畢業生只有6.5%。惟畢業10年及5年的學生無人擔任教職，反而是1991年畢業生有1位在成大土木系唸博士班，而1996年的畢業生有3位出國深造，10位在國內各大學攻讀博士學位。

(7). 成大土木系畢業生已經退休或尚未有固定工作者中，退休人員以1961級的11.3%為最多，1971級及1981級皆為8.9%，而1991級畢業生有26%為退休或無固定工作，畢業5年的1996級畢業生則有

28.9%是未填職業，表示其尚無固定工作。

(8). 成大土木系的畢業生中僑生所佔的比例在1961級、1971級、1981級、1991級、1996級中依序為16.1%、20%、10.7%、17.8%、1.8%，表示在1991年以前僑生的人數雖有增減，但尚有10～20%左右，但在1996年時只有1.8%，同時在1961年～1981年之間以馬來西亞的僑生最多，其次是港澳僑生，1991年代則以香港與馬來西亞較多，此外尚有澳門、越南、印尼的僑生由成大土木系畢業。

(9). 成大土木系的失聯畢業生，隨著畢業年數的增加而增加，1961級(51.2%)、1971級(33.8%)、1981級(34.2%)、1991級(11.0%)、1996級(1.7%)。

(七) 系友榮譽

1985年8月，葉基棟博士(土木系1960級)擔任新埔工業專科學校(今聖約翰科技大學)第四任校長(1985.08～1989.07)。

1986年7月，吳京博士(土木系1956級)當選中央研究院第16屆數理科學組院士。

1988年11月11日成功大學1988年校慶，馬哲儒校長頒獎表揚實業界傑出校友莊國欽先生及學術界傑出校友陳惠發先生。陳惠發博士為成大土木系1959年畢業生(如照片3-5-86)，會中發表演講，講題為「計算機在結構工程研究上之應用」。

照片3-5-86　陳惠發博士

照片3-5-87　賴世聲局長

1990年7月，陳廉泉博士(土木系1949級)擔任臺北翡翠水庫管理局第三任局長(1990.07～1993.06)。

1992年6月，土木系1974級系友賴世聲博士(照片3-5-87)榮任臺北市政府捷運工程局第二任局長(1992.06～1993.10)。

1993年8月，歐善惠博士(土木系1968級、碩士1971級、博士1977級)擔任成功大學工學院第十五任院長(1993.08～1999.07)。

1993年10月，廖慶隆博士(土木系1969級)接任臺北市政府捷運工程局第三任局長(1993.10～1994.12)。

1994年8月，吳京博士(土木系1956級)出任成功大學校長(1994.08～1996.06)。

1995年10月，歐晉德博士(土木系1966級、碩士1968級)接任行政院公共工程委員會副主任委員(1995.10～1996.06)。

1996年6月，吳京博士(土木系1956級)榮任教育部部長(1996.06～1998.02)。

1996年6月，歐晉德博士(土木系1966級)接任行政院公共工程委員會主任委員(1996.06～1998.12)。

1996年6月，李建中博士(土木系1971級)接任行政院公共工程委員會副主任委員(1996.06～1998.12)。

1997年1月，廖慶隆博士(土木系1969級)榮任交通部高速鐵路工程局第一任局長(1997.01～2002.07)。

1998年7月，陳惠發博士(土木系1959級)當選中央研究院第22屆工程科學組院士。

1998年8月，土木系1972級系友周禮良博士榮任高雄市政府捷運工程局第三任局長(1998.08～2004.11)。

1998年12月，李建中博士(土木系1971級)代理行政院公共工程委員會主任委員(1998.12～1999.01)。

1998年12月，歐晉德博士(土木系1966級)出任臺北市政府(政務)副市長(1998.12～2004.07)。

2000年8月，林秋裕博士(土木系1974級、碩士1976級)出任逢甲大學工學院院長。

2001年，歐善惠博士(土木系1968級)擔任成功大學副校長(2001年～2006年)。

2001年4月，土木系1973級系友張祖恩博士借調出任行政院環境保護署副署長。

2001年5月，土木系1974級系友蔡國華伉儷(蔡國華先生亦為成大土木文教基金會2001年之董事)捐贈一佰九十萬給成大土木文教基金會，指定購買英國製之音樂大笨鐘一組，將設置於新建的大地工程館，裝置工程及材料亦由蔡國華伉儷負責，五月十日已和日本廠商完成簽約手續。

2001年10月，土木系友蔡國華先生伉儷捐款，委託成大土木文教基金會採購之大型音樂鐘已裝妥於大地工程館臨長榮路側，除了大笨鐘外，九個音樂鐘在一年四季及日、夜間不同時段演奏不同的世界名曲，各有不同的意象。

2001年11月，土木系1965年畢業生顏聰博士榮任國立中興大學校長(2001.11～2004.07)。

2003年8月，李建中博士(土木系1971級)出任中央大學工學院院長(2003.08～2008.07)。

2003年8月，林秋裕博士(土木系1974級)再任逢甲大學工學院院長。

2003年10月，土木系1973級系友張祖恩博士榮任第七任行政院環境保護署署長(2003.10～2005.04)。

2004年8月，歐章煜博士(土木系1979級)出任臺灣科技大學工程學院第三、四任院長(2004.08～2010.07）。

2005年3月，吳明洋教授(土木系1972級)出任高雄市立空中大學第三任校長(2005.03～2008.01)。

2005年8月，土木系1973級系友張家祝博士獲聘為中華大學校長(2005.08～2008.08)。

2006年，歐善惠博士(土木系1968級)擔任大仁科技大學校長(2006年～2012年)。

2007年8月，李秉乾博士(土木系1982級)擔任逢甲大學副校長(2007.08～2013.07)。

2008年2月，徐德修博士(土木系1970級)代理立德(康寧)大學校長(2008.02～2008.07)。

2008年5月，土木系1971級毛治國學長榮任交通部部長。

2008年8月，李咸亨博士(土木系1972級)出任財團法人臺灣營建研究院第十二任院長(2008.08～2010.12)。

2008年8月，土木系1973級系友張家祝博士出任中國鋼鐵股份有限公司董事長(2008.08～2010.06)。

2008年8月，陳春盛博士(土木系1975級)擔任立德(康寧)大學校長(2008.08～2009.01)。

2008年8月，周家蓓博士(土木系1980級)擔任臺灣大學工學院副院長(2008.08～2011.07)。

照片3-5-88　林晉祥教授

2009年8月，林秋裕博士(土木系1974級)擔任逢甲大學建設學院院長(2009.08～2010.07)。

2009年9月，歐晉德博士(土木系1966級)接任臺灣高速鐵路股份有限公司董事長(2009.09～2014.03)。

2011年2月，黃煌煇教授(1981年土木研究所博士)榮任成功大學校長。

2012年，林晉祥博士(土木系1973級、土木所1975級)(照片3-5-88)為美國匹茲堡大學教授，當選美國土木工程師學會會士(Elected

Fellow, American Society of Civil Engineers)。

照片3-5-89　張家祝部長

2013年2月，土木系1973級系友張家祝博士(照片3-5-89)榮任第三十任中華民國經濟部部長(2013.02～2014.08)。

2013年8月，李秉乾博士(土木系1982級)榮任逢甲大學校長(2013.08～迄今)。

2013年8月，田永銘博士(土木系1982級、碩士1984級、博士1991級)出任中央大學工學院院長(2013.08～2019.01)。

2014年4月，李咸亨博士(土木系1972級)出任臺灣科技大學副校長(2014.04～2015.06)。

2014年8月，古志生博士(土木系1985級、碩士1991級、博士2001級)出任義守大學工學院第九任院長(2014.08～2017.07)。

2014年12月，土木系1971級系友毛治國博士(照片3-5-90)榮任第二十六任行政院院長(2014.12～2016.02)。

照片3-5-90　毛治國院長

2015年1月，土木系1972級系友周禮良博士(照片3-5-91)榮任臺北市政府捷運工程局第十一任局長(2015.01～2016.04)。

2015年2月，陳東陽博士(土木系1982級)出任成功大學副校長(2015.02～2019.01)。

2016年7月，邱琳濱博士(土木系1973級、碩士1975級)榮任中興工程顧問公司董事長(2016.07～2019.07)。

2017年8月，古志生博士(土木系1985級)續任義守大學工學院第十任院長(2017.08～2020.07)。

照片3-5-91　周禮良局長

2019年1月，周家蓓博士(土木系1980級)榮任臺灣大學副校長(2019.01～迄今)。

2018年，莊長賢博士(土木系1974級、土木所1976級)(照片3-5-92)為美國南卡羅萊納州Clemson大學教授，榮任中央大學土木系玉山學者講座教授。

2019年6月，張陸滿博士(土木系1971級)榮膺臺灣大學107學年度高科技廠房工程講座。

2020年8月，胡宣德博士(土木系1980級)出任聯合大學副校長(2020.08～迄今)。

此外，將成功大學土木系歷屆榮獲傑出校(系)友之名單整理列於表3-5-16。

照片3-5-92　莊長賢教授

表3-5-16　成功大學土木系歷屆榮獲傑出校(系)友名單

屆次	獲獎年度	獲獎名稱	畢業系級	系友姓名	職稱
第1屆	2008	傑出系友	土木45級	詹仁道	泰山企業集團董事長
			土木57級	郝晶瑾	美國馬利蘭大學土木與環工系教授
			土木57級	蘇德勝	中臺科技大學環境與安全衛生系系主任兼環安中心主任
			土木67級	吳恩柏	香港應用科技研究院有限公司(簡稱「應科院」副總裁及研發群組總監)
			土木67級	陳正誠	國立臺灣科技大學營建工程系教授
第2屆	2009	傑出系友	土木48級	彭耀南	國立交通大學土木系教授(退休)
			土木58級	張京生	桂田技術顧問有限公司顧問
			土木58級	施永富	成功大學測量及空間資訊學系講師
			土木58級	王承順	中興顧問工程公司顧問
			土木68級	呂守陞	國立臺灣科技大學營建系教授
			土木68級	陳妨佳	賓夕法尼亞州立大學哈里斯堡土木系教授
			土木78級	曾惠斌	臺灣大學土木工程系教授
第3屆	2022 2010	傑出校友 傑出系友	土木59級	張陸滿	臺灣大學土木系教授兼高科技廠房研究中心主任
	2010	傑出系友	土木69級	周家蓓	臺灣大學土木系教授兼工學院副院長
			土木69級	方文志	交通部鐵路改建工程局 副局長
			土木69級	許俊逸	交通部鐵路改建工程局 局長
			土木79級	林農傑	南投縣議會-總務組 主任
第4屆	2011	傑出系友	土木60級	陳源	林同炎國際工程顧問有限公司董事
			土木60級	阮國棟	行政院環境保護署環境檢驗所所長
			土木70級	夏明勝	公路總局副局長
			土木70級	鍾家富	台灣電力公司北區施工處 處長

續表3-5-16　成功大學土木系歷屆榮獲傑出校(系)友名單

屆次	獲獎年度	獲獎名稱	畢業系級	系友姓名	職稱
第5屆	2012	傑出系友	土木61級	李咸亨	國立臺灣科技大學名譽教授兼副校長
			土木71級	李秉乾	逢甲大學土木教授兼校長
			土木71級	李清華	Managing Director, Lee Chin Wah Construction, SDN, BHD, Malaysia.
第6屆	2013	傑出系友	土木52級	卓瑞年	中興工程顧問股份有限公司 總經理(退休)
			土木62級	張家祝	前經濟部長
			土木62級	張祖恩	成功大學環工系特聘教授兼永續環境實驗所 所長
第7屆	2014	傑出系友	土木63級	莊長賢	美國Clemson大學土木系教授
			土木83級	林昆虎	臺北市政府工務局新建工程處 主任秘書
第8屆	2015	傑出系友	土木54級	顏聰	前中興大學校長 中興土木科技發展文教基金會董事長
			土木64級	王訓濤	總裁(PRESIDENT) of ENSOFT INC. and LYMON C. REESE & ASSOCIATES, U.S.A
			土木64級	陳文亞	碧盛國際企業有限公司 董事長
			土木84級	王正一	高雄市政府農業局主任秘書
	2014 2016	傑出校友 傑出系友	土木60級	毛治國	前行政院副院長
	2008 2016	傑出校友 傑出系友	土木50級	葉文工	UCLA 土木環境工程學系傑出教授 Distinguished Professor, Department of Civil and Environmental Engineering, UCLA
	1989 2016	傑出校友 傑出系友	土木41級	盧偉民	美國明尼蘇達大學教授
	1995 2016	傑出校友 傑出系友	土木51級	楊志達	科羅拉多州立大學教授 The Civil and Environmental Engineering Department at Colorado State University
	1988 2016	傑出校友 傑出系友	土木48級	陳惠發	美國夏威夷大學土木系研究教授
	2003 2016	傑出校友 傑出系友	土木53級	張建平	美國國家科學基金會工程部力學及材料研究主任 The National Science Foundation
	2008 2016	傑出校友 傑出系友	土木衛工53級	廖保和	LAA & Subsid. Co. 董事長
	2016	傑出系友	土木45級	蘇懇憲	成大土木系退休教授
			土木45級	顏榮記	成大土木系退休教授
			土木46級	蔡攀鰲	成大土木系退休教授
			土木50級	葉超雄	國立臺灣大學應用力學研究所名譽教授
	2019 2016	傑出校友 傑出系友	土木56級	李文造	長虹建設(股)公司董事長
	2016	傑出系友	土木57級	譚建國	國立成功大學榮譽講座教授
			土木57級	歐善惠	國立成功大學水利及海洋工程學系名譽教授
			土木58級	黃煌輝	國立成功大學水利及海洋工程學系教授

續表3-5-16　成功大學土木系歷屆榮獲傑出校(系)友名單

屆次	獲獎年度	獲獎名稱	畢業系級	系友姓名	職　　稱
第9屆	2016	傑出系友	土木58級	廖慶隆	國立臺灣大學土木系教授兼軌道中心主任
			土木59級	徐德修	成大土木系退休兼任教授
	2020 2016	傑出校友 傑出系友	土木60級	李建中	國立中央大學榮譽教授
	2016	傑出系友	土木60級	周南山	臺大土木系兼任教授/中華地工材料協會理事長
			土木62級	吳宗榮	臺南市政府 副市長
	2016 2016	傑出校友 傑出系友	土木69級	鄭漢烈	Panca Metta 有限公司董事長
	2017	傑出系友	土木43級	劉長齡	成功大學名譽教授、兼任教授、台灣省土木技師公會學術委員
			土木45級	鐘文義	鐘文義顧問公司董事長
			土木55級	鄭向元	紐約都市計劃局退休主任都市計劃師
	2018 2017	傑出校友 傑出系友	土木61級	周禮良	台灣世曦工程顧問股份有限公司 董事長
	2017	傑出系友	土木61級	陳景文	國立成功大學土木工程學系教授
			土木63級	李德河	成功大學土木系教授
	2017	傑出系友	土木47級	李三畏	1. 中華威霸營造有限公司受聘技師 2. 公共工程委員會、農委會、新北市、桃園市等公共工程查核委員(聘任) 3. 公共工程委員會調解委員會諮詢委員(聘任制)
			土木52級	許勝田	巨廷工程顧問股份有限公司董事長
			土木52級	樓漸逵	世界銀行國際水壩專家、大陸水利部大壩安全管理中心國際顧問、中興工程顧問社國際壩工顧問
			土木53級	林清吉	星能電力公司前董事長(已退休)

續表3-5-16　成功大學土木系歷屆榮獲傑出校(系)友名單

屆次	獲獎年度	獲獎名稱	畢業系級	系友姓名	職稱
第10屆	2017 2017	傑出校友 傑出系友	土木62級	邱琳濱	中興工程顧問股份有限公司董事長
	2017	傑出系友	土木66級	甘錫瀅	永峻工程顧問股份有限公司 總工程師
			土木54級	陳利明	中興工程顧問社前執行長(已退休)
			土木55級	鄭幸雄	國立成功大學環境工程系名譽教授
			土木62級	顏邦傑	臺北大眾捷運股份有限公司總經理
			土木65級	黃然	國立臺灣海洋大學河海工程系教授、國立空中大學基隆中心主任、臺灣混凝土學會理事長
			土木72級	白捷隆	前國防部陸軍司令部中將參謀長
	2018	傑出系友	土木61級	周功台	華光工程顧問股份有限公司董事長
			土木64級	黃燦輝	臺灣大學土木工程學系教授(2018年2月退休)
			土木64級	潘則建	新加坡南洋理工大學巨災風險管理研究院院長(Executive Director, Institute of Catastrophe Risk Management, Nanyang Technological University, Singapore)
			土木66級	歐章煜	國立臺灣科技大學營建工程系講座教授
			土木71級	田永銘	國立中央大學土木工程學系教授兼工學院院長
			土木55級	歐晉德	前台灣高速鐵路公司執行長、董事長
			土木54級	謝清志	總統府國策顧問、科技部國家太空中心資深顧問
第11屆	2018	傑出系友	土木51級	于立欽	香港土力混凝土工程有限公司董事長
			土木67級	洪火文	台灣糖業股份有限公司副總經理
第12屆	2020	傑出系友	土木57級	胡邵敏	三力技術工程顧問股份有限公司及 磐固工程股份有限公司總工程師，總經理，首席資深顧問
			土木66級	陳慰慈	台灣電力公司副總經理
			土木66級	莫詒隆	美國休斯頓大學土木與環境工程系教授
			土木79級	張新福	桃園市政府交通局副局長
第13屆	2021	傑出系友	土木60級	林志棟	國立中央大學土木系榮譽教授
			土木80級	王泰典	國立臺灣大學土木系教授
第14屆	2022	傑出系友	土木59級	林信政	已退休(曾任高雄應用科技大學 夜間部主任及總務主任)
			土木65級	王炤烈	華光工程顧問有限公司董事長
			土木68級	余信遠	中興工程顧問公司總經理
			土木79級	康思敏	繽紛科技股份有限公司總經理
			土木81級	林培元	華熊營造股份有限公司副總經理(主任技師)

(八) 其它事項

照片3-5-93　許茂雄教授

2008年10月26日，土木系1962級系友建築系退休教授許茂雄老師辭世(照片3-5-93)。許茂雄教授為我國地震工程及結構耐震工程的著名學者。

2008年12月26日，土木系1949級畢業系友環工系退休教授高肇藩老師辭世。高肇藩教授為成功大學環境工程系之創系系主任，以及環境工程研究所之創所所長。

2019年7月，土木研究所1981年博士成功大學黃煌輝前校長病逝。

2021年4月17日，成功大學土木系系友會成立。

四、臺灣省立臺北工業專科學校(國立臺北工業專科學校、國立臺北技術學院、國立臺北科技大學)土木工程教育概況

臺灣省立臺北工業職業學校於1948年8月奉令升格為臺灣省立臺北工業專科學校，初設五年制機械、電機兩科。次年增設五年制化工及礦冶兩科及三年制電機科(分電力及電訊兩組)，再隔年增設五年制土木工程科。1951年為儲備土木工程人才、配合國家建設需要，土木工程科增設二年制專科，招收高中及同等學歷畢業生；1954年再增設三年制專科，招收高中畢業生。

(一) 校科系與中心之設置與組織更迭

1966年，臺北工專增設三專工業工程科及二專工業工程科以及工業設計科。同年8月土木工程科之工業設計組、建築組併入工業設計科。

1967年，臺北工專增設三專礦冶工程科及電子工程科。

1981年7月，「臺灣省立臺北工業專科學校」升格為「國立臺北工業專科學校」。

1990年8月，國立臺北工業專科學校奉教育部核准成立改制技術學院籌備規劃小組，積極推動改制工作。

1994年8月1日，「國立臺北工業專科學校」改制為「國立臺北技術學院」，設立機械工程、電機工程、化學工程、材料及資源工程、土木工程、紡織工程、電子工程、工業工程、工業設計、建築設計等十個技術系。停招二專及三專改為招收四技與二技大學部學生，五專學制繼續招生。

1997年8月，「國立臺北技術學院」正式改制為「國立臺北科技大學」，張天津校長繼續擔任國立臺北科技大學校長。

1997年8月，成立「土木與防災研究所」碩士班。

1998年8月，臺北科技大學停招五專。

2000年2月，臺北科技大學成立「水環境研究中心」。

2001年8月，工學院成立「工程科技研究所」博士班，土木系在其下成立「土木與防災組」。

2004年8月，臺北科技大學二技學制停招。

2011年2月，土木系增設「土木與防災研究所」博士班。

2012年，成立環境工程與管理研究所博士班。

2016年，桃園農工正式改隸為臺北科技大學附屬農工，更名為「國立臺北科技大學附屬桃園農工高級中等學校」。

2018年，配合政府政策與虎尾科大、高雄科大等9所學校重啟五專部。

(二) 校科系人事更迭

1971年，第八任校長趙國華先生屆齡退休，於12月30日由唐智先生接任第九任校長。

照片3-5-94　唐智校長

照片3-5-95　張文雄校長

唐智校長(照片3-5-94)，中國湖南邵陽人，1918年10月26日生，國立藍田師範學院教育系畢業，美國賓州大學、田納西大學工業教育研究所畢業、菲律賓安吉利士大學名譽博士，曾任嘉義高工、高雄高工校長、省立高雄工專校長兼教育部專科及職業教育司首任司長。

1984年，第九任校長唐智先屆齡退休，於12月由張文雄先生接任第十任校長。

張文雄校長(照片3-5-95)，臺灣臺北市人，1938年6月10日生，中原理工學院化學系畢業，日本早稻田大學理工研究所工學博士，歷任經濟部聯合工業研究所研究室主任、高雄師範學院教務主任、高雄工專校長。

1989年，第十任校長張文雄先生奉教育部命令調任籌劃雲林技術學院建校，擔任首任校長，於8月1日由張天津先生接任第十一任校長。

張天津校長(照片3-5-96)，臺灣嘉義人，1940年4月13日生，國立臺灣師範大學工教系1965年畢業，美國賓州州立大學工業教育博士，曾任私立大華工專校長、國立臺灣師範大學副教授、教授、省立海山高工創校校長、國立雲林工專(現之國立虎尾科技大學)創校校長等職。

照片3-5-96　張天津校長

1994年8月1日，學校由「國立臺北工業專科學校」改制為「國立臺北技術學院」，張天津校長繼續留任校長。同時，停招二專及三專，五專學制繼續招生。

1997年8月，學校改制為「國立臺北科技大學」，張天津校長繼續擔任校長。

綜合上述，將1971年12月以來擔任校長的名單以及自1972年8月以來擔任土木科系主任的名單列表如下：

表3-5-17　1971年起擔任校長名單*

任次	擔任起始年月	校長姓名
九	1971年12月	唐 智
十	1984年12月	張文雄
十一	1989年8月	張天津#
十二	2004年8月	李祖添
十三	2011年8月	姚立德
十四	2018年8月	王錫福

*前八任校長依序是杜德三、王石安、簡卓堅、顧柏岩、宋希尚、康代光、張丹、趙國華。

#任內歷經1994年升格為國立臺北技術學院，1997年改制為國立臺北科技大學。

表3-5-18　1972年起擔任土木工程科、系主任名單

擔任起始年月	科主任姓名
1972年8月	李文勳
1978年8月	黃正義
1985年8月	彭添富
1991年8月	張添晉
	系主任姓名
1994年8月	張添晉
1995年8月	吳傳威
1998年8月	施邦築
2001年8月	林至聰
2004年8月	李有豐
2007年8月	張順益
2010年8月	宋裕祺
2013年8月	陳水龍
2016年8月	廖文義

(三) 土木科系師資、課程、教學措施、設備與學生人數

依1966年10月，"臺灣省立臺北工業專科學校簡況"中明訂土木工程科之教學要旨為：

(1) 教學目標：在教授土木工程專門應用學術，培養土木工程專門技術人才，以適應臺灣工業建設及復國建國之需要。

(2) 教學精神：在使學生知行合一，手腦並用，培育其專門之技術，養成其勞動習慣，具備一般土木工程之學術與技能。

針對五年制土木科課程之編訂原則為：

(1) 前二年：除均著重語文及數理等基本課程外，並分別著重各該本組專業製圖及技藝實習等工程技能之學科。

(2) 第三年：注重其個別專業有關之工程基本學科。

(3) 第四年：注重其專業基本專門學科。

(4) 第五年：側重實習及專業性之專門技術學科。

畢業總學分規定為200學分。

針對三年制專科課程之編訂為：

(1) 第一年：注重普通基本學科及工程基本學科。

(2) 第二年：注重工程基本理論學科及一般土木工程基本專門學科。

(3) 第三年：著重一般土木、水利、建築等工程基本專門學科。並設有各種專門學科之選修。

必修科目及選修科目，應共修滿120學分方得畢業。

此外，1966年時土木科的重要設備有：

木工實習工廠	測量儀器室	材料試驗室
標本模型室	土壤試驗室	

學生人數方面(1966學年度第一學期)：

(1) 三年制土木科

制科組別	一年級			二年級			三年級			共　計		
	男	女	計	男	女	計	男	女	計	男	女	計
三年制土木科	49	1	50	39	0	39	27	1	28	115	2	117

(2) 五年制土木科

制科組別	一年級			二年級			三年級			四年級			五年級			共　計		
	男	女	計	男	女	計	男	女	計	男	女	計	男	女	計	男	女	計
五年制土木科	52	0	52	43	4	47	33	0	33	43	2	45	33	1	34	204	7	21

顯示在1966年代，臺北工專土木科的學生以男生為主，女生只是點綴性的存在。

又由1984年的"國立臺北工業專科學校概況"，土木工程科分為三年制及五年制。其中

(1) 土木工程科之教學總目標為：

在教授土木工程實用技術、培育專業技術人才，從事土木工程設施有關之調查、測繪、設計、施工、檢驗與營運等工作。

(2) 土木工程科之分組教育目標為：

① 營建組：培養專業技術人才，以根據設計圖說與規範協助擬定施工計劃，從事建造、工地管理、品質控制與監工等工作。

② 結構組：培養專業技術人才，以根據定案計劃及有關資料執行結構之細部設計、製圖、計量、估價與施工規範之編製等工作。

③ 環工組：培養專業技術人才，從事環境工程有關之調查、檢驗、設計、製圖、操作與維護等工作。

④ 水工組：培養專業技術人才，從事水利工程建設有關資料之蒐集與整理，並協助水工結構物之設計、繪圖、運作與維護等工作。

⑤ 路工組：培養專業技術人才，以執行交通工程有關之路線測繪、

資料蒐集與整理，並協助從事設計、繪圖、檢驗及維護等工作。

(3) 1984年臺北工專的重要設備：

① 木工實習工廠

② 測量儀器室(照片3-5-97)

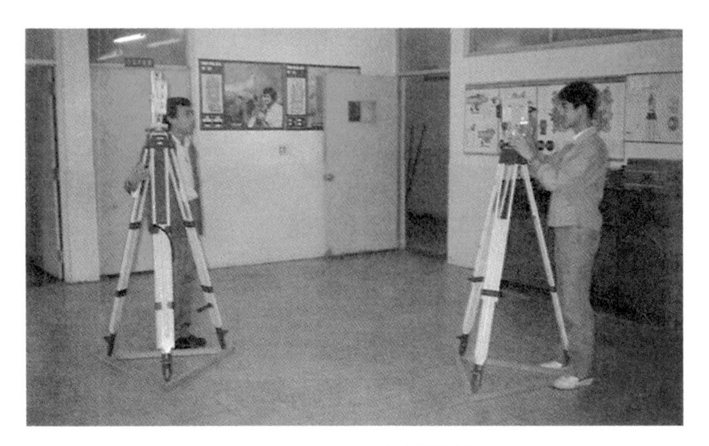

照片3-5-97　測量儀器室

③ 材料試驗室

④ 土壤試驗室(照片3-5-98)

照片3-5-98　土壤試驗室

⑤ 力學試驗室(照片3-5-99)

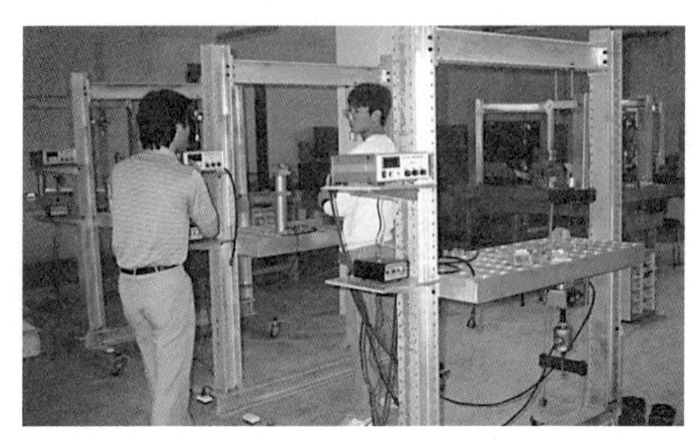

照片3-5-99　力學試驗室

⑥ 環工實驗室(照片3-5-100)

照片3-5-100　環工實驗室

⑦ 水工實驗室

(4) 1984年臺北工專土木工程科三年制的科目表如表3-5-19：

表3-5-19　1984年臺北工專土木工程科三年制科目表

土木工程科三年制科目

科目類別	科目	預定學分
共同科目	國父思想	4
	國文	8
	英文	8
	中國現代史	2
	中國近代史	4
	國際關係	
	人生哲學	
	憲法	
	體育	(6)
	軍訓	(4)
	小計	26
專業及相關科目	微積分	6
	普通物理	6
	平面測量	4
	應用力學	4
	材料力學	4
	工程材料	2
	結構學	6
	流體力學	3
	土壤力學	3

續表3-5-19　1984年臺北工專土木工程科三年制科目表

科目	學分
專業及相關實習科目	
計算機程式	2
基礎工程	2
鋼筋混凝土	5
水利工程	3
運輸工程	4
結構設計	3
衛生工程	3
小計	60
物理實驗	2
圖學	2
測量實習	2
材料試驗	2
水力試驗	2
土力試驗	2
計算機實習	1
工程實習	2
土木製圖	2
結構力學試驗	2
衛工試驗	2
小計	21
選修科目（科目附後）	13
合計	120
工程數學	6
工程地質	2

科目	學分
選修科目	
預力混凝土	2
橋樑設計	2
工程估價與規範	2
土木施工法	2
基礎施工	2
環境衛生	2
路工定線與土方	2
動力學	2
水工結構設計	2
工程規劃	2
都市計劃	2
基礎設計	2
高等結構	2
衛生工程設計	2
空氣污染防治	2
結構動力學	2
工程測量	2
建築工程	2
水文學	2
運輸工程設計施工與維護	2
其他	2

由表3-5-19可知三年制土木科學生必須修習共同科目26學分，專業必修60學分，專業實習及試驗21學分，選修13學分，總共120學分，修滿方得畢業。

2021年國立臺北科技大學土木工程系之教學目標：

1. 大學部(四技)

(1). 訓練土木工程之專業知識及實務技術能力，以為往後自我學習與就業需求之基礎。

(2). 培養團隊工作與整合的能力，建立正確的工作態度與重視工程倫理的觀念。

(3). 學習國際視野、環境生態保護、工程美學以及人文素養的知能。

2. 研究所

(1). 畢業生具備土木工程之進階知識，以為進階技術應用與實務研發之基礎。

(2). 畢業生具備團隊工作與整合的組織領導能力。

(3). 畢業生具備國際觀、環境生態保護與工程法學之處理能力。

2021年之教學設備：

電腦教室	視聽教室	結構實驗室
材料實驗室	土壤實驗室	水工實驗室
測量實驗室	生態資訊與防災實驗室	

2021年之師資：

1. 結構材料組

教　　授	李有豐、宋裕祺、張哲豪、張順益、尹世洵 廖文義、楊元森
副 教 授	黃昭勳、黃中和、羅元隆

2. 大地工程組

教　　授	陳水龍、陳偉堯、魏敏樺、張國楨
副 教 授	陳立憲

3. 營建、交通、防災管理組

教　　授	林利國、林祐正
副 教 授	林正平

4. 生態與防災組

教　　授	林鎮洋
副 教 授	陳映竹
助理教授	杜敏誠

5. 水資源工程與水利防災組

教　　授	陳彥璋
副 教 授	陳世楷
助理教授	朱子偉

(四) 系友榮譽

此外，將臺北科技大大學土木系系友歷年榮獲傑出校友之名單整理列於表3-5-20。

表3-5-20　臺北科技大學土木系歷年榮獲傑出校友名單

獲獎年度	畢業系級	系友姓名
62 (1973)	10年畢、五專、土木	唐傳宗
63 (1974)	45年畢、五專、土木	李玉泉
64 (1975)	26年畢、五專、土木	陳寶川
64 (1975)	31年畢、五專、土木	王雪清
64 (1975)	38年畢、五專、土木	賴騰鏞
65 (1976)	44年畢、五專、土木	廖慧明
66 (1977)	五專、土木	邱德旺
67 (1978)	31年畢、五專、土木	吳爐扭
68 (1979)	46年畢、五專、土木	馮鑑昌
69 (1980)	57年畢、三專、土木	盧光普
69 (1980)	32年畢、日制本科、土木	楊懷東
70 (1981)	25年畢、專修科、土木	陳馨
70 (1981)	53年畢、五專、土木	吳增榮

續表3-5-20　臺北科技大學土木系歷年榮獲傑出校友名單

獲獎年度	畢業系級	系友姓名
70 (1981)	30年畢、日制本科、土木	白石清
74 (1985)	21年畢、日制本科、土木	春田正壽
76 (1987)	56年畢、二專、土木	粘國西
76 (1987)	57年畢、三專、土木	張荻薇
77 (1988)	44年畢、五專、土木	謝牧州
78 (1989)	50年畢、五專、土木	楊杏芬
78 (1989)	54年畢、五專、土木	劉祥宏
79 (1990)	50年畢、五專、土木	陳繼志
79 (1990)	63年畢、五專、土木	曾迪華
80 (1991)	48年畢、五專、土木	孫宏文
80 (1991)	46年畢、五專、土木	劉松男
80 (1991)	53年畢、五專、土木	李俊明
80 (1991)	56年畢、五專、土木	陳賜文
81 (1992)	59年畢、五專、土木	謝維采
82 (1993)	50年畢、五專、土木	林秀雄
83 (1994)	77年畢、進修專校、土木	黃財源

續表3-5-20　臺北科技大學土木系歷年榮獲傑出校友名單

獲獎年度	畢業系級	系友姓名
84 (1995)	47年畢、五專、土木	廖本達
85 (1996)	54年畢、五專、土木	蔡和憲
85 (1996)	45年畢、五專、土木	楊夷
85 (1996)	42年畢、五專、土木	陳茂生
86 (1997)	17年畢、五專、土木	魏炳麟
86 (1997)	59年畢、三專、土木	張長海
86 (1997)	74年畢、進修專校、土木	潘欽章
87 (1998)	58年畢、三專、土木	許俊逸
87 (1998)	47年畢、五專、土木	羅勝宏
87 (1998)	78年畢、三專、土木	洪東嶽
88 (1999)	54年畢、五專、土木科建築組	楊欽明
88 (1999)	49年畢、三專、土木	郝金生
88 (1999)	79年畢、二專、土木	吳澤成
88 (1999)	44年畢、二專、土木	謝志尚
89 (2000)	57年畢、五專、土木	張誠
89 (2000)	48年畢、五專、土木	樂昌洽

續表3-5-20　臺北科技大學土木系歷年榮獲傑出校友名單

獲獎年度	畢業系級	系友姓名
89 (2000)	57年畢、五專、土木	翁禎祥
89 (2000)	62年畢、三專、土木	王清海
89 (2000)	62年畢、三專、土木	余烈
90 (2001)	50年畢、三專、土木	蕭江碧
91 (2002)	50年畢、三專、土木	曾浩雄
91 (2002)	47年畢、五專、土木	尤碧海
91 (2002)	54年畢、五專、土木科建築組	許俊美
92 (2003)	59年畢、五專、土木	郭蔡文
93 (2004)	54年畢、五專、土木	劉峰雄
93 (2004)	91年畢、研究所、土木	王庭華
93 (2004)	93年畢、研究所、土木	謝潮儀
94 (2005)	57年畢、三專、土木	方文志
95 (2006)	49年畢、三專、土木	王松男
95 (2006)	52年畢、五專、土木科建築組	吳卓夫
95 (2006)	71年畢、二專、土木	張慶忠
96 (2007)	65年畢、三專、土木	張忠民

續表3-5-20　臺北科技大學土木系歷年榮獲傑出校友名單

獲獎年度	畢業系級	系友姓名
97 (2008)	64年畢、三專、土木	魏國梁
98 (2009)	54年畢、五專、土木	范姜光男
98 (2009)	68年畢、五專、土木	顏文暉
100 (2011)	59年畢、三專、土木	黃維敏
100 (2011)	61年畢、五專、土木	呂震世
100 (2011)	62年畢、三專、土木	鄭明源
100 (2011)	66年畢、土木	曾榮鑑
101 (2012)	61年畢、三專、土木	張昭富
101 (2012)	68年畢、三專、土木	簡錫雲
101 (2012)	73年畢、五專、土木	劉文佐
102 (2013)	83年畢、五專、土木	辛志鵬
104 (2015)	38年畢、工職、土木	賴騰和
109 (2020)	75年畢、五專、土木	陳 琳
111 (2022)	67年畢、五專、土木	宿希成

五、臺灣省立中興大學(國立中興大學) 土木工程教育概況

(一) 校院重要人事組織更迭與教學措施

1966年11月20日，湯惠蓀校長巡視能高林場時因心臟病突發逝世。由農業經濟系教授兼教務長劉道元先生奉命代理校長。

照片3-5-101　劉道元校長

1967年4月，劉道元代理校長真除為臺灣省立中興大學第三任校長。

劉道元校長(照片3-5-101)，中國山東曹縣人，1902年3月出生，1926年畢業於山東省第六中學，後考入北京大學經濟學系，1933年北大畢業後返鄉進入山東省政府教育廳工作，1947年以山東省政府顧問名義赴美考察，進入科羅拉多州立大學研究財政經濟，1952年獲得碩士學位後來臺，進入臺灣省立農學院擔任農經系教授。

1971年7月，臺灣省立中興大學改隸教育部，更名為「國立中興大學」，由劉道元教授擔任國立大學時期第一任校長。

1972年8月，教育部部長的羅雲平博士於1972年5月卸任，改為擔任國立中興大學第二任校長。

照片3-5-102　羅雲平校長

羅雲平校長(照片3-5-102)，中國安東省鳳城縣人，1915年9月生，哈爾濱工業大學畢業，德國漢諾威高等工科大學博士，歷任上海同濟大學教授、中央大學教授、國立長春大學校長等職。1949年來臺後擔任臺灣省立工學院土木系教授，1956年8月任成功大學教授兼工學院院長，1964年1月接任國立成功大學校長，1971年3月出任教育部長。

照片3-5-103　李崇道校長

1976年6月，中興大學理工學院成立環境工程學系。

1981年8月，第二任校長羅雲平博士屆齡退休，由李崇道博士接任國立中興大學第三任校長。

李崇道校長(照片3-5-103)，中國江蘇蘇州人，1923年10月生，東吳大學附屬中學畢業後，進入東吳大學理學院化工組攻讀。二戰時，曾借讀國立浙江大學龍泉分校，最後是由國立廣西大學農學院獸醫系畢業，後赴美進修取得康乃爾大學獸醫病理系博士。來臺後曾任臺灣省農林廳獸疫血清製造所技士兼疫苗室主任，以及臺灣大學、中興大學獸醫系教授、中央研究院評議委員，1973年5月奉派為農復會主委。

1984年8月，國立中興大學第三任校長李崇道博士轉任考試院第七屆考試委員，由貢穀紳博士接任國立大學時期的第四任校長。

貢穀紳校長(照片3-5-104)，中國江蘇武進人，1920年4月生，1944年福建省立農學院植物病蟲害學系畢業。1947年來臺進入臺灣省立農學院(現中興大學)擔任講師，1956年～1958年於美國威斯康辛大學取得昆蟲學碩士與植物病理碩士後回臺通過教授審查，歷任農學院昆蟲系主任、農學院院長。1964年再度赴美，於1967年取得佛羅里達大學博士學位。

照片3-5-104　貢穀紳校長

1988年8月，中興大學理工學院分設理學院及工學院，理學院由化學系、植物學系、應用數學系及物理學系所組成。工學院由環境工程學系、機械工程學系及土木工程學系組成，工學院院長由土木系主任顏聰博士升任。

1988年8月，國立中興大學第四任校長貢穀紳博士任期屆滿，由陳清義博士接任國立中興大學第五任校長。

陳清義校長(照片3-5-105)，臺灣屏東人，1928年9月生，1951年臺灣省立農學院農業系畢業，1967年獲得日本國立九州大學農學博士學位。

2002年7月，臺灣電力公司捐贈3000萬元配合校舍整建興建「混凝土科技研究中心」大樓。

2006年11月，「混凝土科技研究中心」大樓竣工驗收。

照片3-5-105　陳清義校長

綜合上述，將1971年8月中興大學改制為國立大學以來歷任校長名單列於表3-5-21。

表3-5-21　1971年起國立中興大學歷任校長名單

屆次	擔任起始年月	姓　名	備　註
一	1971年8月	劉道元	照片3-5-101
二	1972年8月	羅雲平	照片3-5-102
三	1981年8月	李崇道	照片3-5-103
四	1984年8月	貢穀紳	照片3-5-104
五	1988年8月	陳清義	照片3-5-105
六	1994年10月	黃東熊	
七	1997年10月	李成章	
八	2000年10月	彭作奎	
九	2001年11月	顏　聰	
十	2004年8月	蕭介夫	
十一	2007年8月	蕭介夫	
十二	2011年8月	李德財	
十三	2015年8月	薛富盛	

此外，自1988年8月理工學院分設理學院及工學院以來，歷任工學院院長名單列於表3-5-22。

表3-5-22　1988年起國立中興大學歷任工學院院長名單

屆次	擔任起始年月	姓名	備註
一	1988年8月	顏聰	土木系教授
二	2003年8月	林其璋	土木系教授
三	2009年8月	薛富盛	材料系教授
四	2015年8月	王國禎	機械系教授
五	2021年8月	楊明德	土木系教授

照片3-5-106　楊明德院長

(二) 系、中心之設置與組織更迭

1975年3月，中興大學土木工程學系與台電公司合作成立混凝土試驗研究中心。

1975年8月，土木系建立水工模型試驗室，並接受委託辦理港灣、海岸工程及水利工程設計之水工模型試驗。

1977年8月，土木系分別成立工程材料試驗室及土壤力學試驗室，並接受委託辦理工程材料試驗、結構物安全鑑定及各項土壤性質試驗。

1984年8月，土木系成立土木工程研究所碩士班，由土木系主任李華寧教授兼任所長。研究所分為結構工程、水利工程及大地工程三組招收研究生(1985年到1988年間水利工程組兼招收環境工程研究生)。

1988年8月，中興大學土木環工大樓動工興建。

1990年8月，土木工程系擴大招生為兩班。

1991年8月，土木環工大樓竣工落成。

1992年8月，土木工程研究所博士班成立。

1995年6月，土木系成立測量資訊組，並招收碩士班研究生。

1996年8月，因應大學法修正，土木工程學系與土木工程研究所合併為土木工程學系，其下分大學部、碩士班及博士班。

1996年8月，接受委託辦理內政部營建署「工地主任訓練班」、公共工程委員會「品管工程師訓練班」等在職訓練教育。

1999年8月，成立碩士在職專班，分為結構工程、水利工程、大地工程、與測量資訊等四組招生、教學。

2009年8月，碩士在職專班改為不分組招生及教學。

(三) 土木系所人事更迭及師資

1968年8月，土木系主任姜子驊先生辭系主任，由張學新先生(照片3-5-107)擔任第五任系主任。

照片3-5-107　張學新主任

1971年國立中興大學土木系之師資：

教　授	張學新、曹敏欽、何智武、尹鐘奇、張志禮
副教授	林震東、李華寧
講　師	陳秋楊、劉梁生、曾慶峯、陳孝順、侯和雄

1974年8月，土木系第五任系主任張學新主任任期屆滿辭職，由郭金棟博士擔任第六任系主任。

郭金棟博士(照片3-5-108)，臺灣彰化鹿港人，1934年出生，1952年臺中一中畢業後考入臺灣省立工學院(成功大學前身)土木系，1958年擔任成大土木系助教，1961年升任講師，後到日本東京大學土木工學科進修，1965年取得東京大學土木工學修士(碩士)，1966年升任成大土木系副教授，1972年取得東京大學工學博士學位，同年升任成大土木系教授，後改聘為成大水利系教授，1974年8月借調中興大學土木系系主任。

照片3-5-108　郭金棟博士

1980年2月，李華寧教授擔任土木系第七任系主任。李華寧主任，中國福建林森人，1935年9月生，中原理工學院土木系畢業。

1980年國立中興大學土木系之師資：

教　授	李華寧、顏聰、郭金棟、陳武正、何智武
副教授	杜震東、陳秋楊、陳矩、歐陽鐘裕、侯和雄 王寶璽、陳朝和、高呈毅、王文麟、曾清涼
講　師	劉梁生、朱明信、褚炳麟、林秋裕、蘇德勝 顏秀吉、莊甲子、莊天賜、洪清森

1986年8月，第七任系主任李華寧教授任期屆滿辭系主任職，由顏聰博士繼任第八任系主任暨研究所所長。

照片3-5-109　顏聰主任

顏聰主任(照片3-5-109)，臺灣臺南人，1965年成功大學土木系畢業，1967年成大土木研究所碩士，1971年赴西德深造，1975年8月獲得柏林工業大學營建與力學研究所工程博士學位，1976年8月返國進入中興大學土木系擔任副教授，1979年7月升任教授。

1989年8月，土木系林炳森教授接任土木系第九任系主任暨研究所所長。

林炳森主任(照片3-5-110)，臺灣臺中人，1952年10月生，1975年臺灣大學土木系畢業後赴美深造，1978年取得南卡羅萊納州立大學土木工程碩士，1981年取得普渡大學土木工程博士學位。同年進入中興大學土木系擔任副教授，1986年12月升任教授。

1992年8月，歐陽鐘裕教授出任土木系第十任系主任暨研究所所長。

照片3-5-110　林炳森主任

1992年國立中興大學土木系之師資：

教　授	歐陽鐘裕、顏聰、林炳森、盧昭堯、林建宏
副教授	林震東、劉梁生、郭其珍、朱明信、閻嘉義 褚炳麟、蘇苗彬、藍振武、徐登文、蔡清標 陳正炎、呂建華、蕭伯聰、林其璋、張明添 方富民、黃添坤、藍近羣、林宜清、林呈 陳鴻烈
講　師	潘進明、翁駿民、黃玉麟、陳豪吉

此外，自1966年到1992年歷年來中興大學土木系師資人數統計如表3-5-23所示。

表3-5-23　歷年師資人數統計表(1966年～1992年)

	省立中興大學			國立中興大學				
年代	1966	1968	1971	1977	1980	1987		1992
班級數(班×年)	1　1	1	1　1			1 1×2(研)		2×4 1×2(研)
系主任	姜子雛	姜子雛	張學新	郭金棟	李華寧	顏聰		林炳森
						大學	研究所	
教授	2	4	3	3	2	3	3	5
副教授	1	1	2	5	4	5	8	21
講師	3	1	2	4	3	4	1	4
(A)小計	6	6	7	12	9	12	12	30
兼任教授	4	4	3	1	3		2	
兼任副教授	2	1			6	2	3	
兼任講師		2	5	4	6	1	2	
(B)小計	6	7	8	8	15	3	7	
合計(A+B)	12	13	15	20	24	34		30

附註：中興大學於1971.7改為國立，1961～1971.7是省立時期；土木系於1984.8成立研究所；1990.8由單班增為雙班。

由上表可見在省立中興大學時期(1966年～1971年)，即土木系初創時期專任師資與兼任師資各佔約50%，亦即土木系教學的工作相當倚靠校外兼任師資的支援。在改隸為國立後(1971年～)，專任師資特別是副教授人數有顯著的增加，兼任師資人數亦有成長。在成立研究所後(1984年～)，大量聘任國內外年青的副教授，使專任師資人數成長1倍。在1990年8月，土木系大學部增班為雙班，專任副教授的人數又再次大增，佔全部專任師資的三分之二。由於專任師資的充足，所以兼任師資就急速縮減。

此外，表3-5-24為土木系自1968年以來歷任系主任的名單。

表3-5-24　1968年起國立中興大學歷任土木系系主任名單

屆次	擔任起始年月	姓 名	備 註
五	1968年8月	張學新	
六	1974年8月	郭金棟	
七	1980年2月	李華寧	
八	1986年8月	顏 聰	
九	1989年8月	林炳森	
十	1992年8月	歐陽鐘裕	
十一	1995年8月	林建宏	*
十二	1998年8月	林其璋	
十三	2001年8月	方富民	
十四	2001年8月	林宜清	
十五	2007年8月	陳豪吉	
十六	2010年8月	壽克堅	
十七	2013年8月	蔡榮得	
十八	2016年8月	高書屏	
十九	2019年8月	楊明德	
二十	2021年8月	陳榮松	

*1996年系所合併。

2021年國立中興大學土木系的師資：

1. 結構工程組

教　　授	林宜清、陳豪吉、張惠雲、余志鵬
副 教 授	翁駿民、宋欣泰
助理教授	楊文嘉、李翼安、黃謝恭
講　　師	林樹根

2. 水利工程組

教　　授	蔡清標、方富民、林呈、陳榮松
副 教 授	陳佳正
助理教授	石武融

3. 大地工程組

教　　授	壽克堅、蔡祁欽
副 教 授	黃建維、鄒瑞卿、陳毅輝

4. 測量資訊組

教　　授	蔡榮得、楊明德、謝孟勳、高書屏
助理教授	蔡慧萍

5. 智慧城市組

教　　授	陳豪吉、張惠雲、楊明德
助理教授	楊文嘉、黃謝恭、陳毅輝

6. 退休教師

名譽教授	顏聰
教　　授	張學新、曹敏欽、李華寧、歐陽鐘裕、黃玉麟 林義雄、褚炳麟、閻嘉義、徐登文、郭其珍 盧昭堯、陳正炎、林炳森、林其璋、黃添坤 林建宏、呂東苗、蘇苗彬
副 教 授	藍近羣、林震東、劉梁生、呂建華、朱明信 蕭伯聰、藍振武、石棟鑫、張明添
助理教授	蕭博謙
講　　師	潘進明、張啟文
助　　教	謝忠岳

(四) 土木系所之課程、設備

1.1971年國立中興大學土木系之課程

表3-5-25　1971年之課程表

貳、課　　程

本系爲四年課程，玆將必、選修科目及學分列表如下：

年級	科目	必修或選修	學分 上學期	學分 下學期	備註
一年級	國父思想	必修	2	2	
	國文	〃	4	4	
	英文	〃	4	4	
	微積分	〃	4	4	
	物理學	〃	4	4	包括實驗
	普通化學	〃	3	3	包括實驗
	圖學	〃	2	2	包括實習
	體育(一)	〃	0	0	
	軍訓(一)	〃	0	0	
	學分總計		23	23	全年學分：46
二年級	工程數學	必修	4	3	
	工程力學	〃	4	4	
	流體力學	〃	3	2	包括實驗一學分
	測量學(一)	〃	3	3	包括實習
	工程材料	〃	3	0	
	工程地質	〃	0	2	
	中國近代史	〃	0	3	
	社會科學概論	〃	3	0	
	經濟學	〃	0	3	
	圖學	〃	0	2	包括實習
	體育(二)	〃	0	0	
	軍訓(二)	〃	0	0	
	學分總計		20	22	全年學分：42
三年級	測量學(二)	必修	2	2	包括實習
	結構學	〃	3	3	
	結構設計	〃	0	2	
	鋼筋混凝土	〃	3	2	包括實習一學分
	土壤力學與基礎	〃	2	3	包括實驗一學分
	水文學	〃	2	0	
	水利工程	〃	2	2	
	衛生工程	〃	2	2	
	體育(三)	〃	0	0	
	渠道水力	選修	0	2	
	路工定線	〃	3	0	
	電工學	〃	0	3	
	房屋設計	〃	3	0	
	高等數學	〃	3	3	
	工程英文	〃	0	2	
	工程日文	〃	2	2	
	工程德文	〃	2	2	
	學分總計	必修	16	16	全年學分：必修：32
		選修	13	15	選修：28
四年級	鐵路工程	必修	0	2	
	公路工程	〃	2	0	
	施工估價	〃	2	0	
	體育(四)	〃	0	0	
	上下水分析	選修	2	2	
	水資源規劃	〃	0	2	
	港埠工程	〃	2	2	
	施工計劃及工程經濟	〃	2	0	
	灌溉排水工程	〃	3	0	
	隧道工程	〃	0	2	
	高等結構學	〃	2	2	
	水電工程	〃	2	0	
	港灣工程	〃	0	2	
	契約規範	〃	0	2	
	都市計劃	〃	0	2	
	水土保持	〃	0	2	
	航空測量學	〃	3	0	
	第二外國語	〃	3	3	
	環境衛生學	〃	2	2	
	地下水工程	〃	2	0	
	水污染處理	〃	0	2	
	預力混凝土	〃	0	2	
	高等鋼筋混凝土	〃	2	0	
	高等材料力學	〃	2	2	
	結構動力學	〃	0	2	
	橋樑設計	〃	0	2	
	防震工程	〃	2	2	
	流體動力學	〃	0	3	
	衛工微生物學	〃	3	0	
	電子計算機	〃	3	0	
	數值分析	〃	2	0	
	學分總計	必修	4	2	全年學分：必修：6
		選修	37	38	選修：75
四學年總學分：必修：126　選修：103					

— 3 —

2. 1971年國立中興大學土木系之試驗室

土壤力學試驗室	材料試驗室	水工試驗室
衛生工程試驗室	測量儀器室	

3. 1980年國立中興大學土木系之課程表

三、課程與分組

(一) 本系課程之擬訂，係依照部訂標準及配合理論與實際需要。本系修業期限爲四年，學生至少必須修畢一百五十學分（其中包括必修一百十一學分）始得畢業。依照部頒大學規程規定，第一學年每學期不得少於十六學分，不得多於二十五學分，第二及第三學年每學期不得少於十六學分，不得多於二十二學分，第四學年每學期不得少於九學分，不得多於十八學分。分組教學目的在使學生就其志趣及將來準備就業或繼續深造能有所選擇。此外並增開最新選修科目，以達到高深研究的課程水準。

(二) 分組辦法：

1.本系經系務會議，並呈經上級核准自六十七學年度起實施分組教學。凡本系學生自第三學年第一學期起應經本系教師輔導，就下列四組中任選一組修課：

(1)工力組　(2)路工組　(3)水利組　(4)衛工組

2.各組應修學科目如附表。

3.各組學生應修讀該組必選課程始得畢業，但不及格時，可不必重修。

4.學生如擬中途變更組別，應徵得系主任同意，但僅可變更一次

本系各學年各學期必選修學分統計表

學年	學期	必修學分	選修學分	
第一學年	第一學期	25	0	
	第二學期	24	0	
第二學年	第一學期	18	6	
	第二學期	17	6	
第三學年	第一學期	13	24	
	第二學期	9	29	
第四學年	第一學期	3	36	必選修
	第二學期	2	36	總計學分
	合計	111	130	241

續 3. 1980年國立中興大學土木系之課程表

國立中與大學土木工程學系分組必選課程科目表

組別	必選科目
系共同必選	電子計算機、基礎工程、工程統計學。
工力組必選	鋼筋混凝土設計、預力混凝土、鋼結構設計、高等工程數學、高等材料力學。
路工組必選	橋樑設計、都市計劃、交通工學、岩石力學、預力混凝土、高等土壤力學、道路工程。
水利組必選	流體力學㈡、水文分析、河渠水力學、渠港工程、灌溉排水工程、水電工程。
衛工組必選	上下水工程設計㈠㈡、衛生化學、環境衛生、衛生微生物學、水質分析㈠㈡。

㈡ 必修、選修科目及學分

年級	科目	修習類別
一年級	國父思想	必修
	國文	〃
	英文	〃
	微積分	〃
	物理	〃
	化學	〃
	中國通史	〃
	圖學	〃
	工程力學㈠	〃
	軍訓	〃
	體育	〃
二年級	工程數學	〃
	工程材料	〃
	流體力學㈠	〃
	測量學	〃
	工程力學㈡	〃
	工程力學㈢	〃
	憲法	〃
	中國現代史	〃
	水文學	〃
	工程統計	選修
	都市計畫	〃
	施工機械	〃
	道路工程	〃
	契約與規範	〃
	軍訓	必修
	體育	〃
三年級	結構學	必修
	鋼筋混凝土	〃
	土壤力學	〃
	水利工程	〃
	衛生工程	〃
	運輸工程㈠㈡	〃
	大地測量	選修
	高等工程數學	〃
	地下水工程	〃
	輕質混凝土	〃
	工程日文	〃
	高等材料力學	〃
	基礎工程	〃
	流體力學㈡	選修
	鋼筋混凝土設計	選修
	房屋工程	〃
	水文分析	〃
	電子計算機	〃
	航空測量	〃
	河渠水力學	〃
	水質分析㈠	〃
	環境衛生學	〃
	衛生化學	選修
	衛生微生物學	〃
四年級	工程地質	必修
	經濟學	必修
	數值分析	選修
	系統分析	〃
	水污染防治	〃
	有限要素法	〃
	預力混凝土	〃
	彈性力學	〃
	海岸工程	〃
	交通工學	〃
	高等結構學	〃
	結構動力學	〃
	水電工程	〃
	鋼結構設計	〃
	運輸規劃	〃
	運輸經濟學	〃
	工程管理	〃
	水質分析㈡	〃
	上下水工程設計㈠㈡	〃
	計測工學	〃
	大氣污染學	〃
	混凝土配合設計	〃
	隧道工程	〃
	工程管理	〃
	防震工程	〃
	板殼力學	〃
	渠港工程	〃
	灌溉排水工程	〃
	體育	必修
	房屋結構設計	選修
	橋樑設計	選修
	岩石力學	選修
	高等土壤力學	選修
	固體廢物處理	選修

註：1.本系至少須修滿150學分方得畢業。
2.本系三、四年級選修課目可互選。

4. 1980年國立中興大學土木系之試驗室

土壤力學試驗室	工程材料試驗室	流體力學試驗室
衛生工程試驗室	測量儀器室	混凝土試驗室中心
水工模型試驗中心		

5. 1992年國立中興大學土木系之課程

表3-5-27　1992年之課程表

大學部課程表

年級	科目	必/選修	學分 上學期	學分 下學期	科目	必/選修	學分 上學期	學分 下學期
一年級	國文	必	4	4	計算機概論(一)	必	2	
	英文	必	4	4	體育(一)	必	0	0
	國父思想	必	2	2	軍訓(一)	必	0	0
	中國通史	必	2	2	英語聽講教學	必選	0	0
	微積分	必	3	3	普通化學	選	3	
	普通物理	必	3	3	應用力學(一)	必		3
	普通物理實驗	必	1	1	計算機概論(二)	選		2
	工程圖學	必	1	1				
二年級	工程數學(一)	必	3	3	工程契約與規範	選	2	
	應用力學(二)	必	3		中國現代史	必		2
	流體力學(一)	必	3	1(實驗)	水文學	必		2
	工程材料學	必	2	2	材料力學	必		4
	測量學	必	3	3	施工機械	選		2
	軍訓(二)	必	0	0	流體力學(二)	選		3
	體育(二)	必	0	0	運輸工程概論	選		2
	中華民國憲法	必	2		測量學總實習	選		1
	日文(一)	選	2	2	電腦繪圖概論	選		3
	經濟學	選	3					
三年級	水利工程學(一)	必	2		水利工程學(二)	選		2
	土壤力學(一)	必	3	1(實驗)	工程日文(二)	選		2
	結構學(一)	必	3		工程管理	選		2
	鋼筋混凝土學	必	3		PC在工程上之應用	選		3
三年級	工程統計學(一)	必	3		隧道工程導論	選		2
	衛生工程學(一)	必	2		工程統計學(二)	選		3
	高等材料力學	選	3		房屋工程學	選		2
	工程日文(一)	選	3		結構系統	選		3
	應用水文學	選	3		工程數學(三)	選		3
	道路工程學	選	2		明渠水力學	選		3
	工程數學(二)	選	3		航空測量學	選		2
	工程地質學(一)	必		2	鋼筋混凝土設計	選		3
	基礎工程學(一)	必		2	鐵路工程學	選		2
	結構學(二)	必		3				
四年級	海岸工程學	選	3		地理資訊系統概論	選	2	
	預力混凝土學	選	3		混凝土配合設計	選		2
	運輸規劃	選	2		港灣及海域工程	選		3
	遙感探測與影像處理	選	3		土壤力學(二)	選		3
	水力發電	選	3		應用土壤力學	選		3
	地下水工程學	選	3		系統分析	選		3
	施工與估價	選	3		都市計劃	選		3
	數值方法	選	3		房屋結構設計	選		3
	地震工程	選	3		鋼結構設計(二)	選		3
	灌溉排水工程	選	2		橋樑設計	選		2
四年級	基礎工程學(二)	選	3		結構動力學	選		2
	鋼結構設計(一)	選	3		路工定線	選		2
	結構學(三)	選	3		電腦輔助結構分析	選		3
	工程地質學(二)	選	2		電腦繪圖在工程上之應用	選		3
	建築法規	選	3		敷地計劃	選		3

研究所碩士班課程表

年級	科目	必/選修	學分 上學期	學分 下學期	科目	必/選修	學分 上學期	學分 下學期
碩一	大地工程專題討論	必	1	1	高等預力混凝土	選		3
	結構工程專題討論	必	1	1	實驗力學	選		4
	水利工程專題討論	必	1	1	高等結構動力學	選		3
	遙感探測與影像處理	選	3		[illegible]理論	選		3
	工程日文(一)	選	3		理論土壤力學	選		3
	波譜分析	選	3		坡地工程特論	選		3
	高等基礎工程	選	3		結構可靠度分析	選		3
	橋梁設計	選	3		電子計算機在大地工程上之應用	選		3
	高等結構學	選	3		海岸漂砂	選		3
碩一	彈性力學	選	3		動力數值分析	選	3	
	電子計算機在水利工程上之應用	選	3		波傳	選	3	
	高等土壤力學與實習(一)	選	4		塑性力學	選	3	
	土壤滲流學	選	3		不連續變形分析	選	3	
	應用統計學	選	3		高等應用土壤力學	選	3	
	波浪理論	選	3		混凝土力學專題討論	選		3
	水資源系統分析(一)	選	3		高等土壤力學(一)	選		4
	地下水學	選	3		耐震設計	選		3
	高等工程材料試驗	選	3		有限元素在流體力學上之應用	選		3
	工程材料專題討論	選	3		岩石力學與實習	選		4
	河口水力學	選	3		射流理論	選		3
	高等流體力學(一)	選	3		隨機數據分析	選		3
	高等水文學	選	3		海岸水力學	選		3
	板殼力學	選	3		海岸保全	選		3
	水工設計	選	3		鋼筋輕質混凝土	選		3
	機率在結構工程上之應用	選	3		高等鋼筋結構設計	選		3
	高等明渠水力學	選	3		專家系統個案分析	選		3
	流體量測學	選	3		地理資訊系統	選		3

續表3-5-27　1992年之課程表

年級	科目	必/選修	學分 上學期	學分 下學期	科目	必/選修	學分 上學期	學分 下學期
碩二	結構工程專題討論	必	1	1	計算力學	選	3	
	大地工程專題討論	必	1	1	水資源系統評估	選	3	
	水利工程專題討論	必	1	1	地下水與滲流	選	3	
	畢業論文	必	3	3	地理資訊系統實習	選	2	
	邊坡穩定專題討論	選	3		邊界層理論	選	3	
	隧道工程	選	3		計算流體力學	選	3	
	現場岩石力學	選	3		局部沖刷特論	選	3	
	土壤行為學	選	3		複合材料力學	選		3
	系統分析專題討論	選	3		土壤結構互制	選		3
	海岸工程專題討論	選	3		能量方法	選		3
	海洋土木工程	選	3		計算流體力學(二)	選		3
	穩定學	選	3		時變水力學	選		3
	結構可靠度及安全性	選	3		現場監測	選		3
	波浪力學專題討論	選	3		路面工程專題討論	選		3
	擴散理論	選	3					

研究所博士班課程表

科目	學分	科目	學分
高等彈性力學	3	工程地質特論	3
高等固體力學	3	遙感探測與影像	3
高等板殼力學	3	判statistics特論	3
高等破壞力學	3	鋪面設計特論	3
複合材料力學	3	高等岩石力學(一、二)	3,3
隨機振動	3	大地工程專討	3
高等結構動力學	3	路面工程專討	3
連體力學	3	地理資訊系統應用特論	3
有限元素法應用特論	3	高等流體動力學(一、二)	3,3
高等實驗力學	3	紊流理論	3
地震工程特論	3	擬設理論	3
鋼筋混凝土特論	3	時變水力學	3
高等鋼結構特論	3	高等序率水文學	3
高等預力混凝土	3	水資源系統分析特論	3
高等混凝土力學	3	擴散理論	3
結構工程專討	3	輸砂力學	3
結構力學專討	3	河口水力學	3
土壤質流學	3	非線性波動力學	3
土石結構特論	3	海洋結構物力學	3
邊坡穩定特論	3	波譜分析	3
土壤行為特論	3	波浪特論	3
地下水工程特論	3	海岸漂砂力學	3
現場監測特論	3	輸砂特論	3
現場岩石力學特論	3	水資源工程專討	3
土壤穩定學	3	海洋工程專討	3

6. 1992年國立中興大學土木系之試驗室

結構及材料試驗室	流體力學及水工試驗室
大地工程試驗室	測量研究室

由表3-5-25、表3-5-26、表3-5-27顯示，土木系隨著專兼任教師人數的增加，所開設的課程愈來愈多樣化，特別是在研究所設立後更加明顯。此外，

2007、2013、2019年8月，土木系通過中華工程教育學會(IEET)第一、二、三週期「工程教育認證」。

7. 中興大學土木系2021年之教育目標：

培育兼顧理論與實作能力之土木工程及科技人才，使其具有團隊合作及多領域整合能力、專業倫理、國際觀及終生學習精神，並強化學生之土木防災及永續工程教育。

① 大學部培養土木工程通才為主，理論與實務並重，學以致用為目的。

② 碩士班、碩士在職進修專班、及博士班則以培養土木工程專業人才為目標，工程與科學相互為用，培養研究生獨立思考及創造開發的能力。

8. 2021年國立中興大學土木系之試驗室

岩石工程實驗室	雷射實驗室
坡地工程研究室	土壤力學暨地面工程試驗室

(五) 土木系所之系友狀況

土木系自1965年創系以來到1996年之間土木系畢業生的就業情形如表3-5-28所示。

表3-5-28　中興大學土木系所畢業生公家、私人機構就業人數統計表
(1965年～1996年)

大學部(1965年～1996年)				
年代	屆次	記錄人數	公家機構	私人機構
1965	1	8	4	4
1966	2	20	5	15
1967	3	23	3	20
1968	4	21	5	16
1969	5	14	7	7
1970	6	20	9	11
1971	7	20	4	16
1972	8	17	7	10
1973	9	13	2	11
1974	10	24	6	18
1975	11	28	12	16
1976	12	34	13	21
1977	13	23	10	13
1978	14	26	11	15
1979	15	33	14	19
1980	16	29	15	14
1981	17	34	14	20
1982	18	31	9	22

續表3-5-28　中興大學土木系所畢業生公家、私人機構就業人數統計表（1965年～1996年）

大學部(1965年～1996年)				
年代	屆次	記錄人數	公家機構	私人機構
1983	19	43	11	32
1984	20	44	6	38
1985	21	46	10	36
1986	22	37	6	31
1987	23	48	13	35
1988	24	34	6	28
1989	25	39	10	29
1990	26	46	14	32
1991	27	43	15	28
1992	28	40	10	30
1993	29	54	21	33
1994	30	12	7	5
1995	31	60	31	29
1996	32	46	21	25

研究所(1986年～1996年)			
屆次	記錄人數	公家機構	私人機構
1	4	4	0
2	8	5	3
3	6	3	3
4	9	4	5
5	17	4	13
6	25	9	16
7	37	14	23
8	38	16	22
9	18	9	9
10	28	15	13
11	11	7	4

土木系大學部由1965年～1996年共32屆畢業生，只有1980年及1995年的畢業生到公家機構服務的人數超過到私人機構的人數，也只有1965年及1969年兩屆的畢業生到公家機構及私人機構的人數是相等的，亦即其餘28屆的畢業生以到私人機構服務為多數。

大學部的畢業生到公家機構服務的人數明顯增加的時期可能是與社會的景氣不佳有關。當大多數的學生湧到私人機構服務時，可能是在景氣良好、經濟發展的時期(如1960年代後半到1970年代前半)。

至於研究所碩士畢業生因具有較專門深入的知識及研究的經驗，到公家機構(如學校單位、研究單位)的機會增加，因此由1985年到1996年之間共11屆的碩士畢業生中到公家機構服務的人數較私人機構人數為多的有1986年、1987年、1995年、1996年四屆畢業生，而公、私機構人數相等的則有1988年、1994年兩屆畢業生，其餘五屆1989年、1990年、1991年、1992年及1993年的畢業生則是到私人機構人數較多，特別是1990年、1991年及1992年的畢業生，到私人機構服務的比例約佔該屆畢業生的2/3。

此外，將中興大學土木系歷屆榮獲傑出校(系)友以及傑出成就獎之名單整理列於表3-5-29。

表3-5-29　中興大學土木系歷屆榮獲傑出校(系)友及傑出成就獎名單

獲獎年度	獲獎名稱	畢業系級	系友姓名	職稱
第7屆 2003	傑出校友	大學部第9屆	賀陳旦	
第14屆 2010	傑出校友	大學部第10屆	楊偉甫	
2012	工學院校友傑出成就獎	土木系66年畢 土木所86年畢	王瑞德	
2013	工學院校友傑出成就獎	碩士專班第1屆	陳順天	

續表3-5-29　中興大學土木系歷屆榮獲傑出校(系)友及傑出成就獎名單

獲獎年度	獲獎名稱	畢業系級	系友姓名	職稱
第18屆 2014	傑出校友	土木系 66年畢 土木所 86年畢	王瑞德	經濟部水利署副署長
第18屆 2014	傑出校友	土木系 54年畢	陳永祥	曾任監察院監察委員、臺大名譽教授
2015	工學院校友傑出成就獎	大學部 第8屆	陳伯珍	
2015	工學院校友傑出成就獎	博士班 第6屆	陳肇成	
第一屆 2018	傑出系友	大學部 第7屆	王慶一	
第23屆 2019	傑出校友	土木系 73年畢	曹明宗	President Lakeview Parkway Partners, LP 及中興大學北德州校友會會長
第二屆 2019	傑出系友	大學部 第26屆	陳申岳	
第二屆 2019	傑出系友	大學部 第20屆	曹明宗	
第三屆 2020	傑出系友	大學部 第26屆 研究所 第7屆	黃隆茂	
2021	工學院校友傑出成就獎	大學部 第26屆 研究所 第7屆	黃隆茂	
第四屆 2021	傑出系友	土木所 第6屆	王水樹	
第四屆 2021	傑出系友	大學部 第19屆	范嘉程	
第四屆 2021	傑出系友	大學部 第4屆	蘇成田	
2021	工學院校友傑出成就獎	研究所 第6屆	王水樹	
2021	工學院校友傑出成就獎	大學部 第19屆	范嘉程	
第25屆 2021	傑出校友	土木所 第6屆	王水樹	晨禎營造股份有限公司 及麗晨建設股份有限公司總經理

第四章

1950年代以後新設土木類科系概況

1950年代以後臺灣的社會逐漸穩定，經濟亦快速起飛，為因應社會發展的需求，增加培育各項工程人才以承擔國家社會發展的重責大任，成為國家教育必須注重的方針。於是除了擴大既有學校的軟、硬體規模外，亦增設多所大專院校，並容許私人興學辦校，共同為培育國家發展所需的人才而努力。因此1950年代以來，臺灣除了增加許多公立的大學、專科學校(科技大學)，也讓多所原在中國的大學在臺復校，同時更增設不少私立的大學及專科學校(科技大學)。本章則將戰後新成立土木系的大學、專科學校(科技大學)其創設以來的大事紀，依成立的年序分別列出，以助全盤瞭解土木工程教育在臺灣的發展情形。

第一節　1950年代以後新設公立學校土木類科系概況

除了前面章節所提到臺灣較具歷史的土木系(臺灣大學、成功大學、臺北科技大學、中興大學)以外，公立大學中設有土木系或是與土木系相關的科系，如營建工程系等的學校尚有國立陽明交通大學、國立中央大學、國立高雄科技大學、國立嘉義大學、國立海洋大學、國立臺灣科技大學、國立屏東科技大學、國立雲林科技大學、陸軍官校、國防大學等多所。以下分別針對各校土木系的發展情形以編年史的方式，按照系所成立的年代依序將各校土木系由創立以來的大事紀列出。

各校的成立年代及該校土木相關科系成立的年代將以(○○年，╳╳年)的形式註記於校名及系名之後，○○年為學校成立或復校的年代，╳╳年為系所成立的年代。各校之排序為：

1. 陸軍官校 土木工程學系 (1950年，1953年)	2. 國立臺灣海洋大學 河海工程學系 (1953年，1960年)
3. 國立屏東科技大學 土木工程系 (1954年，1960年)	4. 國防大學理工學院 環境資訊及工程學系 (1949年，1962年)
5. 國立高雄科技大學 5-1 國立高雄科技大學 土木工程系 (原高雄應用科技大學 土木工程系) (1963年，1963年) 5-2 國立高雄科技大學 營建工程系 (原國立高雄第一科技大學 營建工程系) (1995年，1995年)	6. 國立嘉義大學 土木與水資源工程學系 (1965年，1965年)
7. 國立中央大學 土木工程學系 (1962年，1971年)	8. 國立臺灣科技大學 營建工程學系 (1974年，1975年)
9. 國立陽明交通大學 土木工程學系 (原國立交通大學 土木工程學系) (1958年，1978年)	10. 國立聯合大學 土木與防災工程學系 (1972年，1994年)
11. 國立雲林科技大學 營建工程學系 (1991年，1994年)	12. 國立暨南國際大學 土木工程學系 (1995年，1997年)
13. 國立金門大學 土木與工程管理學系 (1997年，1997年)	14. 國立宜蘭大學 土木工程學系 (1988年，2003年)
15. 國立高雄大學 土木與環境工程學系 (2000年，2003年)	

1. 陸軍官校 土木工程學系(1950年，1953年)

1924年6月16日孫中山先生於中國廣州市長洲島設立軍官學校，任命蔣中正先生為校長，並親頒「親愛精誠」校訓，其後因應時局變化離開廣州三度遷校，分為黃埔時期(民國13年~16年)、南京時期(民國17年~25年)、成都時期(民國16年~38年)及臺灣鳳山時期(民國39年迄今)，並於1953年改制為四年大學教育，為國軍培育文武兼備之幹部。

1950年(民國39年)，陸軍官校在臺灣高雄鳳山復校。

1953年(民國42年)，陸軍官校改制為四年制大學教育，成立軍事工程系(屬教育委員會)。

1955年(民國44年)7月，教育委員會改組為普通科學部。

1977年(民國66年)4月，普通科學部改制為自然科學部。

1978年(民國67年)，成立二年制專科部土木科。

1996年(民國85年)9月，配合大學法之實施，將自然科學部與社會科學部合併成大學部，軍事工程系擔任陸軍官校所有土木工程學專業課程之教學。

1999年(民國88年)，成立二年制土木工程技術系(只辦一期)。9月1日合併陸軍官校測繪系及軍事工程系，成立「土木工程學系」。

2000年(民國89年)，停招二年制土木工程技術系。

2007年(民國96年)，配合教育部政策，停招二年制專科部，提高軍官基礎教育為大學程度。

土木工程學系之教育目標：

培養學生成為具備軍事工程規劃分析與管理監造能力之領導幹部。策劃為下列四點：

1. 教授土木工程專業知識，俾使理論與實務並重。
2. 建立管理和溝通能力，養成團隊合作精神。
3. 培養國際觀，建立工程倫理與道德標準。
4. 孕育國防科技軍官之氣質修養及領導才能。

教學設備：

工程材料實驗室(一)	工程材料實驗室(二)	管理專業教室(一)
工程管理專業教室(二)	流體力學實驗室	土壤力學實驗室
MTS實驗室	結構工程實驗室	施工方法模型室

2. 國立臺灣海洋大學 河海工程學系(1953年，1960年)

1953年春，臺灣省教育廳廳長鄧傳楷，有感於臺灣若干縣政府所在地尚無省立專科學校，於是在5月主持籌創臺灣省立海事專科學校設於基隆北寧路八尺門之濱。

1953年，臺灣省立海事專科學校創校於基隆市。6月，戴行悌先生擔任第一任校長。

1960年，臺灣省立海事專科學校成立「河海工程科」，由徐人壽教授擔任科主任。

1964年，「臺灣省立海事專科學校」升格為「臺灣省立海洋學院」，由李昌來先生擔任改制後的校長，「河海工程科」改制為「河海工程學系」。

1978年，河海工程系增設研究所碩士班，由周宗仁教授擔任研究所所長。

1979年，「臺灣省立海洋學院」改隸中央，改制為「國立臺灣海洋學院」。謝君韜先生繼續留任校長。

1989年，「國立臺灣海洋學院」改名為「國立臺灣海洋大學」。鄭森雄先生繼續留任校長。

1992年，河海工程學系增設研究所博士班。

1999年，河海工程學系增設碩士在職專班。

2008、2014年，河海工程學系通過IEET工程及科技教育認證(第一、二周期)。

此外，將國立臺灣海洋大學自創校以來歷任校長的名單綜合列出如表4-1-1。

表4-1-1　歷任校長名單

屆次	擔任起始年月	姓 名
一	1953年6月	戴行悌
二	1956年9月	李昌來*
三	1975年2月	謝君韜
四	1981年8月	鄭森雄
五	1990年8月	汪群從
六	1992年8月	石延平
七	1996年4月	吳建國#
八	1997年2月	吳建國
九	2003年3月	黃榮鑑
十	2006年3月	李國添
十一	2012年8月	張清風
十二	2020年8月	許泰文$

* 1964年學校升格繼續擔任校長。
# 1996年4月石延平校長因病去世，由吳建國代理校長。
$ 照片4-1-1。

照片4-1-1　許泰文校長

2021年河海工程學系之教育目標：

旨在培育土木、水利及海洋工程之基礎知識與專業能力兼具，理論與實務並重之專業工程人才。

實驗室：

測量儀器室	流體力學實驗室	工程材料暨力學實驗室
大地工程實驗室	海洋工程綜合實驗館	

師資：

1. 結構工程組

教　　授	郭世榮、陳正宗、張景鐘、楊仲家、葉為忠 張建智、曹登皓
助理教授	李應德、陳泰安

2. 大地工程組

教　　授	林三賢、簡連貴、顧承宇、蕭再安
副 教 授	許世孟
名譽教授	陳俶季

3. 水資源及環境工程組

教　　授	李光敦、黃文政、廖朝軒、范佳銘
助理教授	蘇元風

4. 海洋工程組

教　　授	許泰文、蕭葆羲、臧效義、蕭松山、翁文凱 石瑞祥
副 教 授	黃偉柏
助理教授	林鼎傑

5. 退休教授

名譽教授	黃然、陳俶季、周宗仁
教　　授	林炤圭、岳景雲、李志源、尹彰、黃文吉 張固宇、梁明德
副 教 授	楊文衡、呂秋水、朱壽銓、施士力

3. 國立屏東科技大學 土木工程系(1954年，1960年)

國立屏東科技大學的歷史可上溯到1924年成立的「高雄州立屏東農業補習學校」，校長為鳥居武男；1928年改名為「高雄州立屏東農業學校」，為五年制，招收國小畢業生，設農業科及畜牧科。

1945年，日本戰敗，國民政府遷臺，「高雄州立屏東農業學校」改名為「臺灣省立屏東農業職業學校」。

1954年，「臺灣省立農業專科學校」成立，校長由「臺灣省立屏東農業職業學校」王玉崗校長兼任。

1960年，「臺灣省立農業專科學校」成立農田水利科。

1963年，「臺灣省立屏東農業職業學校」升格為五年制專科學校，並與「臺灣省立農業專科學校」合併。

1964年，「臺灣省立農業專科學校」改名為「臺灣省立屏東農業專科學校」，首任校長由王玉崗先生擔任。

1972年，「農田水利科」更名為「農業工程科」。

1975年，「農業工程科」改名為「農業土木工程科」。

1981年，「臺灣省立屏東農業專科學校」改隸中央，更名為「國立屏東農業專科學校」，由郭孟祥先生擔任第一任校長。

1989年，由屏東市區遷移到內埔，佔地283餘公頃。

1991年，升格為「國立屏東技術學院」，吳功顯先生出任首任校長。「農業土木工程科」改制為「土木工程技術系」，招收二年制學生。

1993年，土木工程技術系增設碩士班。

1997年，「國立屏東技術學院」更名為「國立屏東科技大學」，設有農業、工業、管理等三個科技學院，劉顯達博士任首任大學校長。

1998年，「土木工程技術系」更名為「國立屏東科技大學土木工程系」。

1999年，土木工程系成立日間部四年制及碩士班在職專班。

2005年8月，「坡地防災及水資源工程研究所博士班」成立。

2009年(98學年度)，「坡地防災及水資源工程研究所博士班」改制，調整更名為「土木工程系博士班」。

2021年土木工程系之教育目標：

1. 大學部：

(1). 培育實務與理論兼具之土木工程師
(2). 培育具人文素養之土木工程師
(3). 培育具國際觀之土木工程師

2. 研究所：

(1). 培養學生土木工程專業知識和協調整合能力。
(2). 培養學生獨立思考和紮實研究基礎。
(3). 培養學生終身學習觀念和國際觀。

試驗室：

結構資訊實驗室	灌排試驗場	地工合成材料實驗室
土壤力學實驗室	流體力學實驗室	

師資：

名譽教授	王裕民
教　　授	蔡孟豪、丁澈士、盧俊愷、柯亭帆、謝啟萬 葉一隆
副 教 授	韋家振、王弘祐、鍾文貴、徐文信、楊樹榮
助理教授	陳政治、葉文正、陳智謀

退休教師：

教　　授	伍木林、廖連金、蔡光榮
副 教 授	陳鈞華、陳信松、鄒禕、劉政、林金炳
助理教授	黃信茗、杜永昌
講　　師	陳旺志、陳翊彰、龍立偉、李唯泰、陳俊偉 王崇儒、謝勝賢、林健偉、許澤華、李志宏 陳邦彥、邱登保、顏志憲

4. 國防大學理工學院 環境資訊及工程學系(1949年，1962年)

國防大學理工學院，是一所位於臺灣桃園市大溪區的軍事學校，1917年創校時名為「漢陽兵工專門學校」，2000年併入國防大學。

1917年（民國六年），中國北洋政府設校培養兵器工程人才，在設備最新的漢陽兵工廠附設「兵工學校」，定名為陸軍部「漢陽兵工專門學校」，招辦三期，因經費短絀，於1922年停辦。

1924年，又呈准續辦於湖北漢陽，仿照日本帝國大學，設立造兵（製造兵器）和製藥（製造火藥）兩科，招考高中畢業生，四年畢業，分發各兵工廠任工程師。

1926年，改名為「國民政府兵工專門學校」。

1933年，國民政府軍政部成立，改制為「軍政部漢陽兵工專門學校」，遷校於中國南京中華門外，內分四年制之造兵、製藥二科。

1937年抗日軍興，奉命西遷，暫遷至湖南株洲。1938年抵四川重慶。

1939年，校名又更名為「軍政部兵工學校」。

1947年，正式於上海吳淞建校。

1948年，更名為「兵工工程學院」。

1949年元月，奉命遷校於臺灣花蓮。

1951年，奉令在臺北市龍門里新生南路新建校舍。1952年（民國41年）秋，全部遷入。

1955年冬，改隸陸軍供應司令部兵工署，更名為「陸軍兵工學校兵工工程學院」。

1962年9月，「兵工學校」校院分制，「兵工工程學院」分編成為「陸軍理工學院」，直屬於陸軍總部，除原有四系外，另增加土木工程學系、工業工程及物理三個學系，以臺北市新生南路三段原校舍為該院院址；「兵工學校」（今「陸軍後勤學校」）遷往臺北市中正區信義路一段。

1966年10月，「陸軍理工學院」改直隸國防部，並更名為「中正理工學院」，遷桃園。

1968年12月，「中正理工學院」遷入桃園縣大溪鎮員樹林（現址）。

1969年3月，整編「海軍工程學院」及「聯勤測量學校」，初設大學部，後陸續增設研究所博、碩士班及專科部。

1984年，「土木工程學系」更名為「軍事工程學系」。

1987年，成立「軍事工程研究所」，為國軍培養碩士級之軍事工程科技軍官。

2000年，併入國防大學，更名為「國防大學中正理工學院」。

2006年9月，將國防大學中正理工學院之「測繪工程學系」、「應用物理學系氣象組」、「軍事工程學系」及「軍事工程研究所」整合為「環境資訊及工程學系」，下轄空間科學組、大氣科學組、軍事工程組，分別辦理大學部與碩士班教育。

2006年11月，國防大學中正理工學院中文校名更名為「國防大學理工學院」。

2021年國防大學理工學院 環境資訊及工程學系之教育目標：

1. 大學部：培養允文允武、術德兼修且具有空間科學、大氣科學或軍事工程專長之人才。
   (1). 空間科學組：培養學生具備地(海)圖測繪與編印的能力。
   (2). 大氣科學組：培養學生具備氣(海)象分析與預報的能力。
   (3). 軍事工程組：培養學生具備工程監造與管理的能力 。
2. 碩士班：培養具備掌握空間科學、大氣科學 或軍事工程發展趨勢暨規劃與執行專業研究能力之人才。
   (1). 空間科學碩士班：培養學員具備空間測繪與圖資研發及管理的能力。
   (2). 大氣科學碩士班：培養學員具備氣(海)象預報及研發的能力。
   (3). 軍事工程碩士班：培養學員具備工程規劃設計及管理研發的能力。

5. 國立高雄科技大學

國立高雄科技大學(簡稱高科大)係由「國立高雄應用科技大學」、「國立高雄第一科技大學」及「國立高雄海洋科技大學」於2018年2月1日合併成立之新大學，為全國規模最大之科技大學。

5-1 國立高雄科技大學 土木工程系

(原高雄應用科技大學 土木工程系)(1963年，1963年)

1963年4月，時任高雄市長陳啟川先生與多位地方仕紳為了配合國家經濟建設、培育工業技術人才，組織「高雄工業專科學校促進委員會」，積極向臺灣省政府等單位爭取籌設。

1963年7月31日，臺灣省政府以高雄高工為基礎改制，於該校設立「臺灣省立高雄工業專科學校」，校地面積約10公頃，令由高雄高工兼辦校務，初設五年制化學工程及土木工程兩科，招收國(初)中畢業生，修業期限五年。

1965年，臺灣省政府正式聘任唐智先生為首任校長，並兼高雄高工校長。同年增設五年制機械、電機、電子、機具衙模四科，並設立三年制夜間部土木、化工兩科。

1968年，夜間部改制為二年制，增設機械、電子、機具衙模、工管等科。

1972年2月，夏漢民博士接任校長，夏博士為美國奧克拉荷馬州立大學機械工程博士。

1972年8月，日間部增設二年制化工、機械、模具、電機、電子、土木、工管等科。

1972年9月，高雄工專與高雄高工分治，各自獨立為兩校。

1973年，夏漢民博士指示訓導處公開徵選設計校徽。同年10月正式啟用，如圖4-1-1，以齒輪、書本、朝陽為主要構成要素，校名則隨著改制而有所變更。

圖4-1-1　高雄應用科技大學校徽

1977年10月，夏漢民校長奉調教育部技職司司長，教務主任彭耀南教授代理校長。

1978年2月，郭南宏博士接任校長，郭博士為美國西北大學電機工程博士，曾任教育部技職司司長，8月即奉調接掌國立交通大學。

1978年8月，張文雄博士奉派擔任校長，張博士為日本早稻田大學化學工程博士。同年，土木科增設日間部二專營建組。

1979年7月，高雄市升格為直轄市，改名為「高雄市立工業專科學校」。

1979年10月，奉教育部令設置二年制專科進修補校，先後設立電機、電子、機械、化工、土木、模具及工管七科。

1981年7月，改屬中央更名為「國立高雄工業專科學校」。

1981年土木科遷入土木館，內有土壤力學、土木材料、瀝青材料、結構、測量、流體力學等實驗室。

1982年奉教育部核定土木科五年制擴增為雙班。

1983年增設土木科二年制進修學程。

1985年1月，張文雄校長奉調臺北工專校長，教育部聘吳建國博士接任校長，吳博士為美國柏克萊加州大學材料科學博士。

1991年11月，吳建國校長參加二屆國民大會代表選舉，辭校長職，由教務主任洪錕銘代理。

1992年2月，黃廣志博士奉派接任校長，黃校長是美國布魯克林理工學院電子物理哲學博士。

1992年2月，增設二年制商業類科，改名為「國立高雄工商專科學校」。

1993年1月，高雄縣政府無償撥用燕巢鄉深水農場106.3公頃土地，教育部核准規劃設置第二校區。

1997年7月，改制為「國立高雄科學技術學院」，成立二技部化工、土木、電機、電子及模具等五個工程系。

1997年8月，成立金門分部，成立二年制專科部。

2000年7月，奉行政院核定改名「國立高雄應用科技大學」，劃分13系為「工學院」、「商學院」、「管理學院」，增設四技部化工、土木、電機、電子等系。

2001年7月，由林仁益副校長代理校務。

2001年8月，增設「土木工程與防災科技研究所碩士班」。

2002年8月，土木工程與防災科技研究所設立碩士在職專班。

2002年10月，由林仁益副校長升任第七任校長。

2003年8月，金門分部奉准獨立升格為「國立金門技術學院」。

2007年，四技日間部通過工程教育認證。日間部二技部停止招生。

2007年9月，林仁益校長轉任高雄市副市長，由方俊雄副校長代理校務。

2008年8月，由方俊雄副校長升任第八任校長。

2008年8月，許琦博士任土木系系主任(照片4-1-2)。

2009年，設立「土木工程科技研究所博士班」。

2012年8月，由楊正宏博士擔任第九任校長。

2016年8月，由楊慶煜博士擔任第十任校長。

2018年2月，與國立高雄第一科技大學、國立高雄海洋科技大學合併成「國立高雄科技大學」。

2018年，土木系配合教育部政策新設立五專部土木科。

2019年，日間部研究所更名為「土木工程系碩士班」。

將高雄應用科技大學自1965年成立以來歷任校長名單列於表4-1-2。

照片4-1-2　許琦系主任

表4-1-2　歷任校長名單

屆次	擔任起始年月	姓 名
一	1965年6月	唐 智
二	1972年2月	夏漢民
代理	1977年10月	彭耀南*
三	1978年2月	郭南宏
四	1978年8月	張文雄
五	1985年1月	吳建國
代理	1991年11月	洪錕銘*
六	1992年2月	黃廣志
代理	2001年7月	林仁益**
七	2002年10月	林仁益
代理	2007年9月	方俊雄**
八	2008年8月	方俊雄
九	2012年8月	楊正宏
十	2016年8月	楊慶煜#
國立高雄科技大學一	2018年2月	楊慶煜#

* 原教務主任代理校長。**原副校長代理校長。

2018年2月，出任與國立高雄第一科技大學、國立高雄海洋科技大學合併成國立高雄科技大學首任校長。

2021年土木工程系教學理念：

本系之教學理念，以土木工程實務技術為主，輔以必要之理論，以求學以致用。考慮土木營造業升級之需要，加強電腦應用課程之安排，介紹各種新施工方法，新材料之性能，並強調工程實務的規劃與管理，以達學用一體，理論與工程實務相結合為目的。

2021年土木工程系教育目標：

旨在培養設計及營建施工與管理之中高級人才為宗旨。使其具有專業知識與技能外，亦加強電腦、管理、機械、電機等領域之整合性知識與應用，以從事土木工程之規劃與設計、施工、管理及檢測等工作。

教學目標：

1. 大學部：

(1). 強化基礎訓練、紮根專業知識
(2). 啟發思維邏輯、激發創新實作
(3). 厚植自主管理、落實團隊精神
(4). 深耕公民素養、拓展國際視野

2. 研究所：

(1). 強化專業知識、開發實務技術
(2). 深化邏輯分析、建立創新思維
(3). 精進協調整合、躍升國際視野
(4). 培養領導統御、育成終身學習

實驗室設備：

先進材料與技術發展實驗室	智慧道路資產管理與工程實驗室
MTS實驗力學室	結構力學實驗室
土壤實驗室	空間資訊研究室
土壤動力實驗室	混凝土試驗室
精密材料實驗室	工程資訊整合與模擬研究中心
水刀應用科技中心	營建材料檢測研究中心
工程大數據實驗室	

師資：

1. 結構與監控組

教　授	曾世雄、潘煌　、黃立政、彭生富
副教授	夏冠群、陳世豪
助理教授	蘇育民、林棟宏、林智強、劉瀚聰、許信翔

2. 材料與大地組

教　授	郭文田、沈茂松、王和源、沈永年、蕭達鴻 熊彬成
助理教授	張志誠

3. 資訊與管理組

教　授	林宗曾、黃忠發、王裕仁、吳翌禎
副教授	謝嘉聲、莊正昀、王廷魁
助理教授	許博淵、黃凱翔、曾子榜

4. 退休教授

退休教授	許琦、潘信雄、楊雲華、劉博仁

5-2 國立高雄科技大學 營建工程系

(原國立高雄第一科技大學 營建工程系)(1995年，1995年)

1988年，政府決定在大高雄地區籌設一所全新高等教育學府。

1993年7月1日，設立「國立高雄技術學院籌備處」，谷家恆博士擔任籌備處主任。

1995年7月，正式成立「國立高雄技術學院」，為大高雄地區第一所技術學院，谷家恆博士為首任校長。

1995年8月，設立營建工程技術系大學部四年制學士班。

1995年12月12日，國立高雄技術學院首屆校慶日。

1997年8月，奉教育部核定成立「國立高雄科技大學籌備處」，並先行籌備一年。

1997年12月，「國立高雄技術學院」改名「國立高雄科技大學」。

1998年7月，改名「國立高雄第一科技大學」，谷家恆博士續任第二任校長，為改名後首任校長，成立「工學院」、「管理學院」與「外語學院」。

1998年8月，設立工學院營建工程技術研究所碩士班(結構組、管理組)。營建工程技術系更名為「營建工程系」

1999年8月，增設工學院營建工程系碩士在職專班。

2001年8月，增設營建工程系四技一班及碩士班(大地組)。

2002年8月，增設工學院工程科技研究所博士班(營建工程組)。

2007年8月，成立營建工程系碩士班(建築技術組)。

2008年8月，工學院的營建工程系招收科技校院繁星計畫學生。

2014年8月1日，工學院工程科技研究所博士班更名為「工學院工程科技博士班」。

2018年2月1日，與「國立高雄應用科技大學」及「國立高雄海洋科技大學」正式合併為「國立高雄科技大學」，由原國立高雄應用科技大學校長楊慶煜博士擔任首任校長。

2021年，碩士在職專班改名為「營建工程與管理碩士在職專班」。

此外，將高雄第一科技大學自1995年成立以來歷任校長名單列於表4-1-3。

表4-1-3　歷任校長名單

屆次	擔任起始年月	姓名
一	1995年7月	谷家恆
二	1998年7月	谷家恆
三	2001年7月	谷家恆
四	2004年8月	周義昌
五	2007年8月	周義昌*
六	2010年5月	陳振遠
七	2014年5月	陳振遠
國立高雄科技大學 一	2018年2月	楊慶煜#

* 2009年8月，周至宏博士代理校長；
  2010年3月，許孟祥博士代理校長。

出任與國立高雄應用科技大學、國立高雄海洋科技大學合併成國立高雄科技大學首任校長。

營建工程系系所特色：

使命：培育營建與建築工程的高階實務人才。

特色與技術：結構工程、工程管理、大地工程、建築工程、材料科學。

發展方向：以永續營建為主軸，強化結構與大地防災、生態工程、綠建築、務實與創新的工程管理技術，以及建築資訊整合等技術，推廣教育、研發、與產業服務，以培育理論與實務兼備、敬業樂群、具人文素養、與創新能力之營建專業人才。

2021年營建工程系教育目標：

1. 大學部：

培育具設計分析、工程技術、管理整合能力、國際視野與敬業樂群之營建工程實務人才。

2. 碩士班：

培育具設計分析、工程技術、管理整合能力、國際視野與敬業樂群之營建工程研發人才。

3. 碩士在職專班：

培育具設計分析、工程技術、管理整合能力、國際視野與敬業樂群之營建工程實用人才。

研究、服務實驗室介紹：

震害防制實驗室	營建資訊室	營建技術服務試驗室
營建材料實驗室	建築環境實驗室	建築技術實作工廠
土壤及岩石力學實驗室	工程監檢測試驗室	工程測量實習室

師資：

1. 結構工程

教　授	鄭錦銅、楊國珍
助理教授	郭耕杖、張簡嘉賞、林彥宇、林錦隆

2. 工程管理

教　授	晁立中、林建良
助理教授	李振榮、陳懿佐

3. 大地工程

教　授	范嘉程
副教授	許懷後
助理教授	林志森

4.建築技術

副教授	許鎧麟、翁佳樑、廖婉茹、
助理教授	柯佑沛、謝秉銓

6. 國立嘉義大學 土木與水資源工程學系(1965年，1965年)

國立嘉義大學是於2000年(民國89年)2月1日由原「國立嘉義技術學院」及原「國立嘉義師範學院」整合而成。

原「國立嘉義技術學院」之前身乃是創立於日治時期1919年(大正8年)的「臺灣公立嘉義農林學校」，成立的目的在於培養臺灣南部農業及林業的基礎人才。1921年(大正10年)4月改校名為「臺南州立嘉義農林學校」。

1945年(昭和20年)8月15日日本戰敗，國民政府來到臺灣，於1945年11月(民國34年11月)易校名為「臺灣省立嘉義農業職業學校」，到了1951年(民國40年)7月又改校名為「臺灣省立嘉義高級農業職業學校」。

1954年8月，歷經增加科別、變更修業年限及改制，易校名為「臺灣省立嘉義示範高級農業職業學校」。

1962年7月，成立農業土木科，設置高農三年制(經歷三屆)。

1965年3月，升格改制為「臺灣省立嘉義農業專科學校」為五年制專科學校，同時成立農業工程科，招收初中、初職畢業生。

1970年7月，農業工程科分設農業機械組及農田水利組(歷五屆)。

1975年8月，配合學校增設專科二年制日間部，農田水利組暫停招生。

1977年8月，農業工程科農田水利組恢復招生(再歷二十三屆)。

1980年8月，農業工程科二組分別獨立成農業機械工程科與農田水利工程科。農田水利工程科內設水工與材料試驗場，並增設專科二年制夜間部(歷二十屆)。

1981年7月，學校由省立改隸中央，校名改為「國立嘉義農業專科學校」。

1983年11月，教育部專科學校評鑑(1980～1982學年度)，農業工程科列為二等。

1985年1月，校本部遷至蘭潭校區。

1986年11月，教育部專科學校評鑑(1983～1985學年度)，農業工程科列為一等。

1989年8月，農業工程科更名為「農業土木工程科」。

1989年11月，教育部專科學校評鑑(1986～1988學年度)，農業土木工程科列為一等。

1990年8月，農業土木工程科設專科二年制(歷十屆)。

1992年11月，教育部專科學校評鑑(1989～1991學年度)，農業土木工程科列為一等。

1995年11月，教育部專科學校評鑑(1992～1994學年度)，農業土木工程科列為一等。

1997年8月，學校改制為技術學院，校名易為「國立嘉義技術學院」。「農業土木工程科」更名為「農業土木工程系」，設技術學院二年制(二技)。

2000年2月，學校改制為大學，「國立嘉義技術學院」與「國立嘉義師範學院」合併為「國立嘉義大學」，由教育部政務次長楊國賜博士奉命擔任首任校長。「農業土木工程系」易名為「土木與水資源工程學系」，隸屬理工學院。

2000年8月，「土木與水資源工程學系」設置大學四年制，並增設進修部技術學院二年制(二技)。

2002年8月，成立「土木與水資源工程研究所」，設碩士班。

2003年8月，「土木與水資源工程學系」增設進修部大學四年制(進修學士班)。「土木與水資源工程研究所」增設進修部碩士在職專班。

2005年2月，李明仁博士接任嘉義大學校長。

2006年8月，「土木與水資源工程學系」大學部二技停招，大學部分甲、乙兩班。

2008年8月，「土木與水資源工程學系」進修部二技停招。

2009年8月，「土木與水資源工程學系」大學部甲、乙兩班改分為土木組及水利組。

2012年2月，邱義源博士接任嘉義大學校長。

2013年4月，「土木與水資源工程學系」通過中華工程教育認證(IEET)第二週期評鑑。

2013年9月，「土木與水資源工程學系」大學部甲、乙二班減招成一班，不分組。

2016年2月，邱義源博士續任嘉義大學校長。

2018年2月，艾群博士接任嘉義大學校長。

2021年嘉義大學土木與水資源工程學系之教育目標：

1. 專業知識的培育
2. 人文素養的培育
3. 領導管理的培育

本系所之發展方向除養成具土木與水資源工程學專業學理與實務技能之高級人才，為國家之經建開發培育專業科技工程人才外，也以培育兼具人文氣息、科技環保、謙恭有禮、服務熱誠及系所認同之學生。

研究設備：

2021年重要研究設備有：材料試驗室、土壤力學試驗室、水工試驗室、水質分析室、教育訓練專用教室、資料處理室、會議室等。

材料試驗室之設備如照片照片4-1-3～照片4-1-5，水工試驗室之設備如照片4-1-6所示。

照片4-1-3　萬能材料試驗機

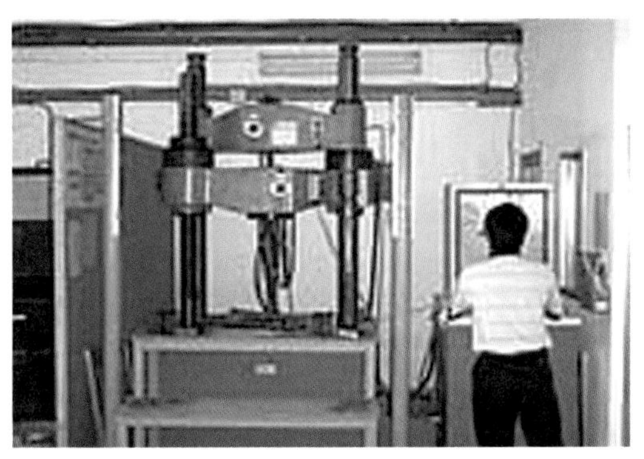

照片4-1-4　鋼筋抗拉試驗

照片4-1-5　材料試驗場內部情景

照片4-1-6　大型水工試驗水槽

師資：

名譽教授	黃景春
教　授	劉玉雯、林裕淵、陳建元、蔡東霖
副教授	陳清田、周良勳、陳文俊
助理教授	吳南靖
講　師	吳振賢、陳永祥、陳錦嫣

7. 國立中央大學 土木工程學系(1962年，1971年)

中央大學之前身是創建於1902年(清光緒28年)於南京的三江師範學堂，1906年(清光緒32年)更名為兩江優級師範學堂，到1915年(民國4年)改設為國立南京高等師範學校，1921年(民國10年)擴建為國立東南大學，1927年(民國16年)進行大學區制，整併江蘇法政大學、江蘇醫科大學及南京農業、南京工業、蘇州工業、上海商業等四所公立專門學校成為國立第四中山大學，1928年(民國17年)2月改名江蘇大學，引發全校師生罷課抗議的「易名風潮」至1928年(民國17年)5月遂由國民政府正式定名為「國立中央大學」[60]。

1937年(民國26年)因對日抗戰，西遷至重慶沙坪壩。

1946年(民國35年)11月舉校遷回南京復校，此時設有文、理、工、農、醫、法、師範七個學院，其中工學院有機械系、航空系、電機系、土木系、建築系、水利系、化工系等。

1950年(民國39年)國民政府遷臺後，於1958年(民國47年)教育部

照片4-1-7　洪如江主任

同意中央大學在臺復校，於1962年(民國51年)5月籌建「國立中央大學地球物理研究所」，直到1962年(民國51年)7月「地球物理研究所」正式成立，由戴運軌擔任首任所長，先借用臺大物理館後再遷往苗栗縣二坪山。

1967年(民國56年)再遷往桃園中壢市雙連坡。

1968年(民國57年)改名為「國立中央大學理學院」，由戴運軌擔任院長。

1971年(民國60年)8月土木工程學系成立，由洪如江教授(照片4-1-7)擔任第一任系主任。

1973年7月，戴運軌院長奉准退休，由李新民繼任院長。

1976年3月，土木工程學系系主任為唐治平副教授，專任副教授為詹增郎，專任講師為廖峯正、鄭增慶、羅俊雄、蕭珍祥。

1979年奉准恢復校名「國立中央大學」，擴大為綜合大學，李新民院長奉派擔任首任校長，設有理、工、文三個學院，十個學系、七個研究所。

1981年8月，土木工程研究所碩士班成立，分結構、大地、環工三組招生。

1981年11月土木系主任兼代理研究所所長為歐陽嶠暉教授，專任教授有唐治平、高奎傳，副教授有徐道中、李建中，講師有周健捷、李崇正、范志海、李兆芳。大學部及研究所之課程科目及擔任教師如表4-1-4。

表4-1-4　中央大學土木系課程科目表(1981年)

課程科目(教師)	
工程力學、結構矩陣、地下結構物設計施工(唐治平)	
工程力學、散漫振動(唐治平)	
薄板力學、結構組專題討論、工程數學、研一導師(高奎傳)	
衛生工程、汙水工程及設計、環工組專題討論、土木工程概論、主任導師(歐陽嶠暉)	
測量學 土一、測量實習 土一、測量學 土二、測量實習 土二(A)(B)、土二導師(徐道中)	
樁基工程、地下水及滲流、土四導師(李建中)	
工程材料、材料試驗、鋼筋混凝土設計、道路工程設計(林志棟)	
圖學、結構學、地下結構物、土一導師(周健捷)	
中等土力、基礎工程、土力試驗(李崇正)	
工程材料、流力試驗、工程畫、工程機械、工程力學(范志海)	
中等流力、水文學、水利工程、土三導師(李兆芳)	
施工估價及規範(鄭茂川)	高樓分析簡易法(吳東明)
有限元素法(王鴻智)	工業廢水(曾聰智)
環境微生物學(黃正義)	軟弱地盤基礎(歐晉德)
結構穩定(王寶璽)	環規與管理(李錦地)
衛生設計(謝　男)	混凝土工(汪燮之)
港灣工程(陳國鑌)	運輸規劃、運輸工程(張昭焚)
鋼結構設計(蕭珍祥)	環工微生物及化學(黃國賢)
房屋設計(孫谛)	

1982年7月31日，李新民校長任期屆滿，由余傳韜繼任校長。

1985年6月，中央大學土木工程研究所碩士班材料組開始招生。

1985年8月，土木工程研究所博士班成立，招收結構、大地、環工三組博士班。

1986年10月，教育部評鑑成績優異。

1986年10月，土木系主任為歐陽嶠暉教授，專任教授為唐治平、李建中、陳文雄、客座教授吳永成，副教授有徐道中、周健捷、林志棟、羅俊雄、莊甲子、張惠文、曾迪華、陳慧慈、王鯤生、莊德興、盛若磐、李釗，講師有李崇正、范志海。

大學部及研究所之課程科目及擔任教師如表4-1-5。

表4-1-5　中央大學土木系課程科目表(1986年)

課程科目(教師)	
環境工程特論、汙水系統設計、地下結構物設計施工(歐陽嶠暉)	
結構組專題討論、結構矩陣學、應用力學(唐治平)	
鋼筋混凝土、地下結構物設計施工、高等混凝土力學特性、實驗土壤力學(陳文雄)	
瀝青混凝土配合設計、材料組專題討論、品質管制、工程材料學(林志棟)	
測量學 II 、測量實習 II (徐道中)	
結構學、橋梁工程、地下結構物施工設計(周健捷)	
工程數學、統計或然率在結構工程之應用(羅俊雄)	
實驗設計和統計方法、工程材料物化性質分析(李釗)	
工程地質、土壤力學 II 、實驗土壤力學(李崇正)	
水利工程、波譜分析(莊甲子)	
土壤力學 I 、大地組專題討論、應用土壤力學 I 、地下結構物設計施工(張惠文)	
環境工程化學、環工組專題討論、給水工程(曾迪華)	
彈性力學、結構動力學(陳慧慈)	
環境微生物學、固體廢棄物處理設計、水文學(王鯤生)	
電子計算機概論、動力學、結構最佳設計(莊德興)	
工程圖學、地下水與滲流、理論土壤力學(盛若磐)	
材料力學 I 、散漫振動、專題研究、結構組專題討論(唐治平)	
生物處理法、汙水工程、專題研究(歐陽嶠暉)	
鋼筋混凝土設計、預力混凝土、高等鋼筋混凝土、專題研究(陳文雄)	
公路鋪面設計、電算在土木工程應用、工程材料實驗、專題研究(林志棟)	
結構學、鋼結構設計、地震工法、專題研究(周健捷)	
流體力學 I 、港灣工程、應用水利學、專題研究(莊甲子)	
工程統計、材料組專題討論、實驗設計與分析、工程材料物化實驗分析(李釗)	
土木施工學(汪燮之)	空氣汙染控制設計(黃正義)
危害物質特論(楊重光)	河川汙染控制(李錦地)
高等基礎工程(梁樾)	有限元素法(王鴻智)
電腦繪圖(陳治)	房屋研究(仲澤還)
作業設計(張昭焚)	

1987年8月，土木工程系成立電腦終端機室。

1990年6月，土木工程研究所運輸工程組開始招生。

1990年6月，余傳韜校長請辭獲准，由劉兆漢繼任校長。

1990年8月，土木工程學系環境工程組擴編成「環境工程研究所」為隸屬於工學院之獨立所，曾迪華博士為第一任所長，第一屆碩士班學生11名入學。

1991年6月，土木工程研究所碩士班水資源組開始招生，博士班材料組亦開始招生。

1991年8月，土木工程學系大學部增為二班。

1991年11月，土木工程學系系主任兼研究所所長為林志棟副教授，專任教授有唐治平、李建中、陳文雄，副教授有周健捷、張惠文、陳慧慈、莊德興、盛若磐、李釗、李崇正、蔣偉寧、陳惠國、王仲宇、吳瑞賢、黃偉慶、李顯智、周憲德、陳良健、吳究。

1991年度大學部及研究所之課程科目及教師如表4-1-6所列。

表4-1-6　中央大學土木系課程科目表(1991年)

課程科目(教師)	
材料力學、結構矩陣學(唐治平)	測量學 II 、測量實習 II (陳良健)
流體力學(周憲德)	環境基本科學(李俊福)
工程數學 I (李顯智)	土壤力學 I 、地盤改良(張惠文)
鋼筋混凝土學、高等鋼筋混凝土學(陳文雄)	水利工程(李光敦)
給水工程(曾迪華)	流體力學實驗(吳瑞賢)
運輸工程(陳惠國)	動力學、或然率方法與模糊數學(蔣偉寧)
結構學 II (周健捷)	工程數學 III (王仲宇)
應用大地測量(吳究)	工程地質學(黃鎮台)
土壤力學 II (盛若磐)	土木施工學(汪爕之)
工程估價及規範(林泰煌)	空氣污染學(李崇德)
結構力學實驗(周健捷)	數值分析、有限元素法(莊德興)
鋪面設計(黃偉慶)	橋梁設計 I (林俊雄)
結構動力學、土壤結構互制(陳慧慈)	實驗土壤力學(李崇正)
工程材料物理及化學性質(李釗)	波浪理論、專題研究(莊甲子)
高等基礎工程(李建中)	運輸經濟學(王弓)
工程圖學 I A、工程圖學 I B(吳昭慧)	固體廢棄物(王鯤生)
流體力學實驗(吳瑞賢)	基礎工程、高等土壤力學(李崇正)
工程數學 II (李顯智)	土木施工學(汪爕之)

續表4-1-6　中央大學土木系課程科目表(1991年)

課程科目(教師)	
工程圖學、材料力學、結構學Ⅰ(周健捷)	應用水文學(周憲德)
工程材料實驗、土木工程實務(林志棟)	橋梁設計(林俊雄)
營建管理(林泰煌)	高等材料力學、散漫振動(唐治平)
環境工程(張木彬)	能量法在結構力學之應用(張瑞宏)
土壤力學Ⅲ(盛若磐)	程式語言、最佳化設計(莊德興)
鋼筋混凝土設計、預力混凝土設計(陳文雄)	測量學Ⅰ、測量實習Ⅰ(陳良健)
網路分析、交通工程及設計(陳惠國)	應用力學B(陳慧慈)
公路工程(黃偉慶)	污水工程(歐陽嶠暉)
應用力學A(蔣偉寧)	土壤力學試驗(鄭江青)
工程經濟學(藍科正)	作業研究(顏上堯)
鋼結構設計(蘇源峰)	
結構組專題討論Ⅰ、結構組專題討論Ⅲ、彈性力學(王仲宇)	
大地組專題討論Ⅰ、大地組專題討論Ⅲ、地下水與滲流(盛若磐)	
材料組專題討論Ⅰ、材料組專題討論Ⅲ、瀝青混凝土配合設計(林志棟)	
工程數學Ⅳ、結構組專題討論Ⅱ、結構組專題討論Ⅳ(王仲宇)	
測量學Ⅰ、測量實習Ⅰ、衛星大地測量(吳究)	
工程統計學、材料組專題討論Ⅱ、材料組專題討論Ⅳ(李釗)	
工址調查、大地組專題討論Ⅱ、大地組專題討論Ⅳ、應用土壤力學Ⅰ(張惠文)	

1992年6月，土木工程研究所博士班運輸工程組開始招生。

1993年5月，土木工程研究所碩士班測繪工程組及營建管理組招生。

1993年6月，土木工程研究所博士班測繪工程組及水資源組招生。

1993年6月，環境工程研究所博士班成立，第一屆學生招收五名。

1993年，環境工程研究所遷入環境工程館(面積1,700多坪)。

1995年7月，李建中教授榮陞公共工程委員會副主任委員。

1997年，劉兆漢博士續任校長，成為中央大學新制組織規程實施後首任校務會議遴選之校長。

2000年，劉兆漢博士續任校長。

2001年9月，營建管理研究所由土木工程系獨立分出。

2003年，劉兆漢校長任期屆滿，劉全生博士繼任校長。

2003年12月，「測量工程組」改名為「空間資訊組」。

2004年12月，蔣偉寧教授榮任副校長。

2006年1月，劉全生校長任期屆滿，李羅權博士繼任校長。

2006年8月，張惠文教授榮任總務長。

2008年5月20日，李羅權校長榮升行政院國家科學委員會主任委員，蔣偉寧副校長代理校務。

2009年1月，蔣偉寧校長真除，成為中央大學復校第七任校長。

2009年06月，林志棟教授獲中國工程師學會傑出工程教授獎。

2009年，顏上堯教授獲國科會傑出研究獎。

2010年03月，顏上堯教授獲國科會研究傑出獎(2009、2010、2011)三年。

2011年，張惠文教授、田永銘教授獲大地工程學會大地工程期刊論文獎。

2012年02月，蔣偉寧教授2012年2月6日起借調榮任教育部部長。校長先後由副校長暨太空及遙測研究中心教授劉振榮、人力資源研究所教授李誠代理，7月校長遴選委員會通過校長候選人，10月票選通過由周景揚為新任校長。

照片4-1-8　田永銘院長

2014年02月，顏上堯教授榮任研發長、田永銘教授榮任工學院院長(照片4-1-8)。

2014年06月，中央土木系通過IEET認證。

2016年，中央大學於《美國新聞與世界報導(U.S. News & World Report)》「全球最佳大學」排名中躋身全球前500強之行列中，為全國第四。

此外，將國立中央大學自1968年在臺復校以來學校的最高首長的名單列表於表4-1-7。

同時，將中央大學土木系於1971年8月創系以來的系主任名單列於表4-1-8。

表4-1-7　歷任校長名單

屆次	擔任起始年月	姓名	備註
	1968年	戴運軌	院長(註一)
	1973年8月	李新民	院長
一	1979年8月	李新民	校長
二	1982年8月	余傳韶	
三	1990年6月	劉兆漢	
四	1997年8月	劉兆漢	遴選出任
五	2000年8月	劉兆漢	
六	2003年8月	劉全生	
七	2006年8月	李羅權	(註二)
八	2009年1月	蔣偉寧	(註三)
九	2013年2月	周景揚	

註一：當時校名是國立中央大學理學院。

註二：2008年5月20日，李羅權校長榮升國家科學委員會主任委員，由蔣偉寧副校長代理校務。

註三：2012年2月，蔣偉寧校長榮任教育部部長。先後由劉振榮副校長及李誠教授代理校務，7月校長遴選委員會通過校長候選人，10月票選通過由周景揚為新任校長。

表4-1-8　歷任系主任名單

屆次	擔任起始年月	姓名
一	1971年8月	洪如江
二	1973年4月	唐治平
三	1979年8月	林光禧
四	1980年2月	張哲偉
五	1981年8月	歐陽嶠暉
六	1984年8月	李建中
七	1985年8月	歐陽嶠暉
八	1988年8月	李建中
九	1991年8月	林志棟
十	1994年8月	蔣偉寧
十一	1997年8月	張惠文
十二	2000年8月	顏上堯
十三	2003年8月	吳瑞賢
十四	2006年8月	田永銘
十五	2009年8月	周憲德
十六	2012年8月	許協隆
十七	2015年8月	黃偉慶
十八	2018年8月	朱佳仁
十九	2021年8月	陳世晃

2021年中央大學土木工程學系之教育目標：

1. 基本學科知識與技能的養成與訓練，著重於培養學生跨領域知識、人文素養及終身自我學習能力。
2. 建構學生未來的工作能力，除人際溝通與各種不同的表達能力外，更加強團隊合作與領導統御之能力。
3. 著重在啟發創新能力以掌握土木多元發展及專業變革，並培養具國際觀、永續發展與造福人群之能力。

實驗室與研究中心：

大型力學實驗館		
結構工程實驗室	大地工程實驗室	環境流體力學實驗室
環境風洞實驗室	離心機實驗室	太空遙測研究中心
橋梁工程研究中心	智慧營建研究中心	土木系終端機室

2021年土木系師資：

1. 力學與結構工程組

講座教授	蔣偉寧
教授	王仲宇、王勇智、李姿瑩、李顯智、張瑞宏、許協隆
助理教授	林子軒、陳鵬宇、賴勇安

2. 大地工程組

專案教授	莊長賢
教授	王瑞斌、田永銘、洪汶宜、黃俊鴻、黃文昭
副教授	鐘志忠

3. 水資源工程組

教授	朱佳仁、吳瑞賢、周憲德
副教授	林遠見

4. 環境工程組

教授	江康鈺、李崇德、張木彬、莊順興、廖述良
副教授	林伯勳、林居慶、秦靜如
助理教授	王柏翔

5. 工程材料組

教授	陳世晃、黃偉慶
副教授	王韡蒨

6. 運輸工程組

講座教授	顏上堯
教授	陳惠國

7. 營建管理組

教授	姚乃嘉、陳介豪、楊智斌、謝定亞
副教授	王翰翔

8. 資訊應用組

教授	周建成
副教授	林遠見、鐘志忠

9. 空間資訊組

教授	陳繼藩、蔡富安
副教授	曾國欣
助理教授	姜壽浩、黃智遠

10. 退休教授

教授	丁承先、吳究、吳健生、李建中、李釗、李崇正、周健捷 林志棟、唐治平、張惠文、盛若磐、莊德興、陳文雄 陳良健、陳慧慈、歐陽嶠暉、謝浩明

8. 國立臺灣科技大學 營建工程學系(1974年，1975年)

1974年8月1日，國立臺灣工業技術學院成立，由陳履安博士擔任首任院長。

1975年，成立營建工程系，設大學部招收 ① 高級工業職業學校土木、建築或其他相關科組之畢業生，修業四年(四年制)及 ② 五年制、二年制或三年制工業專科學校土木、建築或其他相關科組之畢業生修業二年(二年制)或修業三年(在職班)。

1976年8月，葉基棟博士擔任營建工程系第一任系主任。

1978年2月，毛高文博士擔任第二任院長。

1979年，營建工程系設立研究所，招收碩士班研究生，修業1至4年，修畢24學分，通過論文考試後授予工學碩士學位。

1980年7月，營建工程系與「榮民工程處」、臺灣大學土木系共同籌劃成立「財團法人臺灣營建研究中心」後擴大組織改制為「財團法人臺灣營建研究院」。

1981年8月，石延平博士擔任第三任院長。

1983年，營建工程系增設研究所博士班，修業2至7年，修畢18學分並通過基本專門學科博士學位資格考試及論文口試後授予工學博士學位。

1990年8月，劉清田博士擔任第四任院長。

1995年起，接受臺北市政府、行政院公共工程委員會委託辦理營建工程品質管理工程師訓練班。

1997年8月，「國立臺灣工業技術學院」改名為「國立臺灣科技大學」，由劉清田院長直接成為首任校長。

1998年，臺灣科技大學在教育部頂尖計畫下，成立「臺灣建築科技中心」。

1999年，營建工程系增設博士班在職教師組，提供技術學院、專科學校及高級職校現職教師在職進修之管道。

2000年8月，陳希舜博士代理「國立臺灣科技大學」校長。

2000年12月，陳舜田博士擔任臺科大校長。

2003年，開辦公共工程品質管理人員回訓班。

2005年2月，陳希舜博士擔任校長。

2005年，開授英語授課學程，招收印尼、越南、捷克、俄羅斯、蘇丹、菲律賓、肯亞、伊索比亞等國國際學生，修習博碩士學位。每學期有超過半數的研究所課程提供英語授課。

2007年，營建工程系通過中華民國工程教育學會之大學部及研究所認證。

2008年，獲得IEET工程教育認證。

2013年2月，廖慶榮博士擔任校長。

2013年，獲得IEET工程教育認證。

2014年，QS世界大學學科排名(QS World University Rankings by Subject 2014)土木與結構工程領域排名為世界第100～150名之間。

照片4-1-9　陳正誠系主任

2015年8月，陳正誠博士擔任營建工程系第十三任系主任(照片4-1-9)。

2019年8月，提供大三以上專業科目的英語授課。

2021年2月，顏家鈺博士擔任校長。

將國立臺灣科技大學於1974年8月設立以來學校的最高首長的名單列於表4-1-9。

此外，將國立臺灣科技大學營建工程系自1975年創系以來系主任的名單列於表4-1-10。

表4-1-9　歷任校長名單

屆次	擔任起始年月	姓　名	備　註
	1974年8月	陳履安	院長(註一)
	1978年2月	毛高文	院長
	1981年8月	石延平	院長
	1990年8月	劉清田	院長
一	1997年8月	劉清田	校長
二	2000年12月	陳舜田	(註二)
三	2005年2月	陳希舜	
四	2013年2月	廖慶榮	
五	2021年2月	顏家鈺	

註一：當時校名是國立臺灣工業技術學院。

註二：2000年8-12月，陳希舜博士代理校長。

表4-1-10　歷任系主任名單

屆次	擔任起始年月	姓　名
一	1976年8月	葉基棟
二	1979年4月	陳舜田
三	1982年2月	林草英
四	1987年8月	鄭文隆
五	1989年8月	陳希舜
六	1995年8月	林英俊
七	1997年8月	歐章煜
八	2000年8月	廖洪鈞
九	2003年8月	林宏達
十	2006年8月	呂守陞
十一	2009年8月	張大鵬
十二	2012年8月	黃兆龍
十三	2015年8月	陳正誠
十四	2018年8月	楊亦東
十五	2021年8月	邱建國

2021年國立臺灣科技大學營建工程系之教育目標：

1. 大學部：

(1). 具備專業技能、跨領域整合協調能力、及國際視野，以執行工程專案，並能提出符合安全、經濟及永續需求之解決方案。

(2). 具備自我學習與創新能力，在工程與個人生涯能持續成長、取得國家專業認證，進而更有效服務社會與專業社群。

2. 研究所：

(1). 具備專業知識及技能。

(2). 培養從事研發及創新之能力。

(3). 培養執行工程實務與整合協調之能力。

(4). 具備工程倫理、社會責任、永續發展及國際視野之涵養。

3. 碩專班：

(1). 持續提升專業素養及管理決策能力，以整合協調資源與創新思維解決問題。

(2). 應用新知並自我學習，在職業生涯持續成長，進而回饋社會與專業社群。

實驗室：

大型結構實驗室	材料試驗室	土壤力學試驗室	岩石力學試驗室
施工測量實習室	營建材料檢測中心	電腦實習工廠	

師資：

1. 管理組

教　　授	呂守陞、鄭明淵、楊亦東、周瑞生、李欣運
助理教授	洪嫦闈

2. 大地組

講座教授	歐章煜
教　　授	陳堯中、林宏達、廖洪鈞、盧之偉
副 教 授	李安叡
助理教授	鄧福宸

3. 結構組

教　　授	黃震興、張燕玲、陳正誠、邱建國、鄭敏元
副 教 授	潘誠平、陳瑞華、黃慶東、許丁友、陳沛清、汪向榮、蕭博謙

4.材料組

教　　授	張大鵬、楊錦懷
副 教 授	陳君弢、廖敏志、何嘉浚

5. 資訊組

教　　授	陳鴻銘
副 教 授	謝佑明
助理教授	蔡孟涵、紀乃文

6. 退休教授

名譽教授	王慶煌、林耀煌、李咸亨、陳志南、陳希舜、黃兆龍、沈得縣
榮譽講座教授	陳生金
副 教 授	李得璋

9. 國立陽明交通大學 土木工程學系

(原國立交通大學 土木工程學系)(1958年，1978年)

國立陽明交通大學是2021年2月1日由「國立陽明大學」與「國立交通大學」合併而成，其中在原「國立交通大學」部份設有土木工程學系。

原「國立交通大學」之前身為1896年(清光緒22年)由盛宣懷創立於上海徐家匯的南洋公學，隸屬於招商局和電報局。1905年改名為「商部高等實業學校」，1906年改稱「郵傳部上海高等實業學校」，1911年又改稱「南洋大學堂」，1912年改稱「上海工業專門學校」。

1920年(民國9年)12月中國北洋政府交通總長葉恭綽以交通部所屬上海工業專門學校、唐山工業專門學校、北平鐵路管理學校及北平郵電學校四校分散各地，統理困難，乃決定於1921年4月將四校統一學制，統稱「交通大學」。

1937年交通大學與全國各大學一同改隸教育部，稱為「國立交通大學」。中國對日抗戰八年期間，交通大學滬校因租界淪陷遷往重慶，稱為「交通大學重慶分校」，中國抗戰勝利後遷回上海[61]。

1949年，中華民國政府遷臺，國立交通大學校務被迫中斷。

1958年6月1日，國立交通大學電子研究所正式成立，表示交通大學在臺復校的第一步，由當時教育部科學教育委員會主任委員李熙謀博士兼任第一任所長，以「篳路藍縷，以啟山林」為治校理念。

1967年，電子研究所改制為工學院，由鍾皎光博士擔任第一任工學院院長。

1969年，由劉浩春博士擔任第二任院長。

1970年，博士研究生張俊彥通過博士學位考試，成為中華民國第一位國家工學博士。

1972年，劉浩春院長因病離職，由郭南宏博士代理院長。

1972年，由盛慶琜博士繼任交大工學院院長。

1978年，陸軍有償撥用威武營區及附近民地，設立光復校區，並奉准成立「交通工程系」，由姚家圻教授為創系人及第一任系主任。由於課程多與土木工程相近，故於1979年8月正名為「土木工程學系」(見照片4-1-10)。

工程一館

工程二館

照片4-1-10　工程一、二館

1978年，由郭南宏博士接任工學院院長。

1979年，教育部奉准交通大學工學院恢復大學名義，分設理、工、管理三學院。由工學院院長郭南宏繼任交通大學校長。

1984年，土木工程學系成立材料實驗室。

1985年8月，成立土木工程研究所。研究所之發展專業領域分為：(一)結構工程組、(二)大地工程組、(三)流體力學組及(四)環境工程組。

1987年5月，阮大年博士繼任交通大學校長。

1988年8月，土木工程研究所增設博士班。

1990年，環境工程組獨立成為「環境工程研究所」。

土木工程學系之專業領域調整為：(一)結構工程組、(二)大地工程組、(三)流體力學組、(四)測量組及(五)運輸工程管理組。

1991年8月，大學部擴增為雙班。

1992年8月，鄧啟福博士經由交通大學校內教職員投票被選為校長。

1992年8月，流體力學組改稱為「水利及海洋工程組」。

吳永照教授為第一任研究所所長。

1994年，「運輸工程管理組」獨立，另設研究所。

1994年8月，環境工程研究所成立「博士班」。

方永壽教授為第二任研究所所長。

1996年7月，土木結構大樓完工啟用。

1998年，張俊彥博士擔任交通大學第八任校長。

1998年，土木系增設「營建管理組」。

專業分組分為(一)結構工程組、(二)大地工程組、(三)水利及海洋工程組、(四)測量組、(五)營建管理組。

1998年，土木系部份教師籌設「防災工程研究中心」。

交通大學土木系在2000年之大學部及研究所課程如表4-1-11及表4-1-12所示。

表4-1-11　交通大學土木系大學部課程表(2000年)

	大一	大二	大三	大四
專業科目共同必修及選修	微積分（一）（二） 物理及實驗(一)(二) 工程圖學(一)(二) 計算機概論 應用力學 工程材料及實驗 化學及實驗	材料力學 工程數學(一)(二) 工程統計學 環境工程化學 C程式語言	工程數學（三） 數值方法 FORTRAN語言與數值計算	污水工程 土木專題討論 土木工程實務
結構工程		結構學	鋼筋混凝土學 結構矩陣分析 鋼筋混凝土設計 鋼結構設計(一)(二) 房屋結構系統	初等結構動力學 橋樑施工法
大地工程		土壤力學及實驗	基礎工程 工程地質學	土壤工程 大地工程實務 岩石工程 應用基礎工程
水利工程		流體力學	流力實驗 水文學 水利工程 中等流體力學	
測量工程	測量學及實習(一)	測量學及實習(二) 攝影測量與遙感探測	統計平差 大地測量學	
營建管理		工程經濟 營建管理	電腦應用於營建管理 土木施工法	

※微積分、物理及實驗…等為大學部必修課程。

表4-1-12　交通大學土木系研究所課程表(2000年)

結構工程	結構動力學 結構穩定學 高等材料力學 彈性力學 高等混凝土力學 平板理論 高等結構學 鋼骨結構耐震設計 高等鋼結構	鋼筋混凝土桿件行為 鋼筋混凝土結構行為 結構防震系統 地震工程 電腦輔助土木工程設計與分析 人工智慧在土木工程之應用 有限元素法 邊界元素法
大地工程	高等土壤力學 土壤動力學 岩石力學 高等岩石力學 地工機率方法 應用工程地質 地工合成材	土工分析與設計 大地地震工程實務 地工數值方法 環境地工技術 高等大地力學實驗 基礎工程學特論
水利工程	波浪理論 渠道水力學 高等水文學 高等流體力學 海洋工程特論 輸砂力學 海洋環境概論 計算水利學	海工數值方法 波譜分析 地下水流與污染物輸送模式 水資源規劃 水利工程設計 海岸過程 河工模型理論與試驗 管線系統設計與分析
測量工程	平差理論 遙感探測特論 物理大地測量 衛星大地測量 變形測量理論	全球定位系統 地理資訊系統 地球物理探勘 高等衛星大地測量 遙測學
營建管理	工程進度規劃與控制 成本與價值工程 風險與決策分析 公共建設民營化	營建生產力 營建管理實務與實例管理 施工作業分析與模擬

同時，自1981年(70學年度)到2001年(90學年度)為止之大學部畢業生人數及自1986年(75學年度)到2001年(90學年度)之碩士班畢業生和1992年(81學年度)到2001年(90學年度)為止之博士班畢業生人數分別列於表4-1-13、表4-1-14及表4-1-15。

表4-1-13　交通大學土木系1981年～2001年大學部畢業生人數

學年度	70	71	72	73	74	75	76	77	78	79	80	81	82	83	84	85	86	87	88	89	9[illegible]
畢業人數	50	44	43	48	48	47	30	41	44	41	47	37	52	98	102	95	92	90	80	84	8[illegible]

表4-1-14　交通大學土木系1986年～2001年碩士班畢業生人數

學年度	75	76	77	78	79	80	81	82	83	84	85	86	87	88	89	90
畢業人數	23	22	25	27	35	51	58	69	62	57	60	69	61	54	71	66

表4-1-15　交通大學土木系1992年～2001年博士班畢業生人數

學年度	81	82	83	84	85	86	87	88	89	90
畢業人數	2	4	3	2	9	9	5	1	9	6

由上表顯示大學部自1991年(80學年度)擴大為雙班後，自1994年以後之大學畢業生人數成長約為2倍，但很少超過100名；碩士班畢業生人數在土木研究所設立初期學術分組為四組時，每年約有20數名的畢業生，但當學術分組增為五組後，自1991年以後則維持在每年50～70名，而博士班畢業生人數則每年少於10名。

2001年，土木系測量組更名為「測量及空間資訊組」。

2002年，交通大學與清華大學、陽明大學、中央大學共同成立「臺灣聯合大學」系統。

2007年，黃威博士代理校長。

2007年2月，吳重雨博士擔任第九任校長。

2011年2月，吳妍華博士擔任第十任校長。

2015年8月，張懋中博士擔任第十一任校長。

2019年8月1日，陳信宏博士代理校長。

2019年11月，結構組更名為「結構及工程材料組」。

2021年2月，「國立交通大學」與「國立陽明大學」合併成為「國立陽明交通大學」，由林奇宏博士擔任首任校長。

此外，將國立交通大學自1958年6月以「國立交通大學電子研究所」作為來臺復校的第一步以來，擔任學校最高首長的名單列於表4-1-16。

表4-1-16　歷任校長名單

屆次	擔任起始年月	姓名	備註
	1958年	李熙謀	電子所所長
	1967年	鍾皎光	院長(註一)
	1969年	劉浩春	院長(註二)
	1972年	盛慶琜	院長
	1978年	郭南宏	院長
一	1979年	郭南宏	校長(註三)
二	1987年5月	阮大年	
三	1992年8月	鄧啟福	遴選產生
四	1998年8月	張俊彥	
五	2007年2月	吳重雨	
六	2011年2月	吳妍華	
七	2015年8月	張懋中	
八	2019年8月	陳信宏	代理校長
	2021年2月	林奇宏	校長(註四)

註一：1967年，國立交通大學電子研究所(1958年6月成立)改制為工學院。

註二：1972年郭南宏博士代理院長。

註三：1979年交通大學工學院恢復大學名義，分設理、工、管理三學院。

註四：國立交通大學與國立陽明大學合併成為國立陽明交通大學。

於此再將國立交通大學土木系於1978年創系以來歷屆的系主任及副系主任的名單列於表4-1-17。

表4-1-17　歷任系主任名單

屆次	擔任起始年月	系主任	副系主任
一	1978年8月	姚家圻*	
二	1983年8月	郭一羽	
三	1987年8月	彭耀南	
四	1989年8月	彭耀南	
五	1990年8月	鄭復平	
六	1992年8月	黃世昌	
七	1994年8月	陳春盛#	
八	1996年8月	楊錦釧	潘以文
九	1998年8月	劉俊秀	黃世昌
十	2000年8月	翁正強	洪士林
十一	2002年8月	方永壽	黃炯憲
十二	2004年8月	張良正	單信瑜$
十三	2006年8月	洪士林	黃炯憲
十四	2008年8月	葉克家	林志平
十五	2010年8月	黃炯憲	黃世昌
十六	2013年8月	曾仁杰	張憲國
十七	2016年8月	林志平	郭心怡
十八	2019年8月	王維志	
十九	2018年8月	林子剛	

*1978年系名為交通工程系，1979年8月正名為土木工程學系。
黃世昌副教授先代理一段時間。
$ 曾仁杰副教授先代理二個月。

2021年土木工程學系之教學目標：

培育具備國際化視野與服務精神之工程建設與管理專業人才，使其擁有以下之基本能力：

1. 工程專業知識與技能
2. 解決工程問題之基本能力
3. 終身學習能力與研究發展精神
4. 基本人文素養與服務社會之能力

2021年土木工程學系之主要設施與設備：

土木結構大樓實驗室	教學實驗室
防火結構及材料實驗室 SRC實驗室 結構自動監測實驗室 岩石力學實驗室 環境地工實驗室 地工計算力學實驗室 高等大地力學實驗室 土壤實驗室 土木材料實驗室 MTS岩石三軸實驗室 基礎模型實驗室 大型結構實驗室 結構動力實驗室 工程地物與監測實驗室	材料實驗室 測量教學實驗室 土壤力學教學實驗室 流體力學教學實驗室 **其他實驗室** 水利海洋工程研究實驗室 河川輸砂實驗室 智慧型模擬與應用實驗室

2021年土木工程學系之師資：

1. 結構及工程材料組

教　授	洪士林、王彥博、黃炯憲、郭心怡、林子剛、楊子儀
副教授	陳垂欣、袁宇秉
助理教授	林其穎

2. 大地工程組

教　授	廖志中、林志平、翁孟嘉、羅佳明
副教授	單信瑜

3. 水利及海洋組

教　授	張良正、張憲國
副教授	趙韋安、石棟鑫、于弋翔
助理教授	楊尊華

4. 測量及空間資訊組

講座教授	黃金維
教　授	張智安
助理教授	莊子毅

5.營建管理組

教　授	曾仁杰、黃玉霖、王維志
副教授	黃世昌

6. 資訊科技組

教　授	洪士林、林子剛、張良正、曾仁杰
副教授	單信瑜

7. 退休教授

教　授	許海龍、陳春盛、翁正強、鄭復平、郭一羽、黃安斌、楊錦釧、吳永照 林昌佑、劉俊秀、方永壽、史天元、葉克家、潘以文、陳誠直

9. 國立聯合大學 土木與防災工程學系(1972年，1994年)

國立聯合大學位於臺灣苗栗縣苗栗市，因學校最初由民營企業單位聯合集資，苗栗縣出地，故名曰「聯合」。1972年成立私立聯合工業技藝專科學校(聯合工專)。1995年學校董事會決議將學校依法贈與教育部，並於2003年改制為國立聯合大學。

1969年6月2日，經濟部部長李國鼎主導國內大型國營事業、民營企業聯合出資及苗栗縣政府捐地與購入原國立中央大學地球物理研究所舊址校舍，創設「私立聯合工業技藝專科學校」[62]。

1971年9月，首任校長由陳為忠先生擔任。

1972年6月23日，教育部核准立案招生，校名為「私立聯合工業技藝專科學校」。

1973年8月1日，教育部核定更改校名為「私立聯合工業專科學校」，參加二專聯合招生，限定高工畢業生始能報考。

1973年，創立私立聯合工業專科學校建築科。

1976年，建築科成立營建組。

1981年8月1日，設立夜間部。

1992年8月1日，增設商業類科，更改校名為「私立聯合工商專科學校」。

1993年10月，魏嘉鎮博士擔任第二任校長。

1994年8月，建築科營建組獨立創設為「土木科」。

1995年7月1日，學校董事會決議將學校改隸予教育部，且定名為「國立聯合工商專科學校」。

1999年8月1日，改制為「國立聯合技術學院」。「土木科」改制為「土木工程系」。

2000年7月，戴正芳教授代理校長。

2001年11月，金重勳博士擔任校長。

2003年8月1日，「國立聯合技術學院」升格為「國立聯合大學」，「土木工程系」改名為「土木工程學系」。

2004年8月，王俊秀博士代理校長。

2004年，為配合國家政策與時代潮流之所需，將系名更改為「土木與防災工程學系」。

2005年8月，李隆盛博士擔任升格國立大學後之第二任(暨第三任)校長。

2005年度，增設「防災科技研究所碩士班」。

2006年11月17日，經教育部核准為系所合一。

2010年8月5日，大學及四技學系名稱整併，四技部學制走入歷史。

2012年8月，許銘熙博士擔任第四任校長。

2016年8月，蔡東湖博士擔任第五任校長。

2020年8月，李偉賢博士擔任第六任校長(照片4-1-11)。

此外，國立聯合大學土木與防災工程學系自1994年8月創系以來歷屆的科系主任名單列於表4-1-18。

照片4-1-11　李偉賢校長

表4-1-18　歷屆科系主任名單

鄭一俊老師 (任職期間：1994/08/01 ~ 1996/07/31)	鄭玉旭老師 (任職期間：1996/08/01 ~ 2000/07/31)
陳博亮老師 (任職期間：2000/08/01 ~ 2003/07/31)	王偉哲老師 (任職期間：2003/08/01 ~ 2005/07/31)
李增欽老師 (任職期間：2005/08/01 ~ 2008/07/31)	柳文成老師 (任職期間：2008/08/01 ~ 2011/07/31)
王承德老師 (任職期間：2011/08/01 ~ 2014/07/31)	陳博亮老師 (任職期間：2014/08/01 ~ 2017/07/31)
羅佳明老師 (任職期間：2017/08/01 ~ 2020/01/31)	陳博亮老師 (任職期間：2020/02/01 ~ 2020/07/31)
鄭玉旭老師 (任職期間：2020/08/01 ~ 2021/01/31)	王偉哲老師 (任職期間：2021/02/01 ~ 2021/07/31)
王承德老師 (任職期間：2021/08/01 ~ 迄今)	

2021年土木與防災工程學系之教育目標：

1. 大學部：

(1). 培養學生具永續發展理念之土木與防災工程專業人才。

(2). 強調理論與實務並重，為工程界儲備專業人力或培養學術研究之專業人才。

(3). 輔導學生終身學習，培養溝通協調能力、多元觀點及團隊合作精神。

(4). 鼓勵學生吸收國內外新知及創新技能，以適應時代潮流與社會需求。

2. 研究所：

(1). 培養研究生具備土木與防災工程專業知識與與基礎研究能力。

(2). 訓練研究生獨立思考、解決問題及創新開發的能力。

(3). 立研究生專業倫理、國際觀與終身學習精神。

3. 進修學士：

(1). 培養學生成為土木與防災工程實務之專業人才。

(2). 使學生具備土木與防災工程相關之資料蒐集、量測分析與營建管理的基礎能力。

(3). 使學生具備專業倫理素養、溝通協調能力與團隊合作精神。

(4). 輔導學生終身學習、吸收專業新知，以符合社會之需求並適應時代之變遷。

實驗室及研究室：

流體力學實驗室	混凝土材料實驗室	測量儀器室
結構實驗室	土壤力學實驗室	非破壞檢測實驗室
創新結構與制振技術研究室		

師資：

教授	王承德、柳文成、胡宣德、陳博亮、王偉哲
副教授	鄭玉旭
助理教授	張介人、王哲夫、李中生、吳祥禎、楊哲銘
退休教師	許銘熙教授、李增欽教授、鄭一俊助理教授 莊慶福助理教授、陳敬麟助理教授

10. 國立雲林科技大學 營建工程學系(1991年，1994年)

1989年8月1日，奉教育部核准成立籌備處。

1991年7月1日，奉教育部核准成立「國立雲林技術學院」，派張文雄為首任校長。設四年制機械、電機、電子、工管、企管、資管、工設及商業設計等八個技術系。

1994年8月，成立營建工程技術系，招收二年制學士一班，文一智教授擔任第一任系主任。

1997年8月1日，配合教育部「績優專校改制技術學院附設專科部申請辦法」鼓勵辦學績優學校改制技術學院，因此由「國立雲林技術學院」更名為「國立雲林科技大學」。

1998年8月，成立營建工程技術研究所碩士班。

工程技術研究所博士班設立「營建組」。

1999年8月，奉教育部核定，各系名稱刪除「技術」2字。

招收日間部四年制營建工程系學士一班。

1999年12月，「工程技術研究所博士班」改名「工程科技研究所博士班」。

2001年8月，張文雄校長退休，林聰明博士接任為第二任校長。

成立「營建工程系碩士在職專班」。

2005年8月，增設「防災與環境工程研究所碩士班」。

2006年，營建工程系通過工程教育認證(2年)。

2007年8月，招收國際生4名(貝里斯)就讀碩博班。

2007年8月，成立「營建與物業管理研究所碩士班」。

2008年，營建工程系通過工程教育認證期中審查(2年)。

2008年8月，停招二年制學士班。

2008年8月，「工程科技研究所博士班」分組(營建工程組、營建與物業管理組)。

2009年，營建工程系碩士班通過工程教育認證(2年)。

臺大土木系楊永斌教授接任第三任校長。

2010年，營建工程系通過工程教育認證期中審查(2年)。

2011年，營建工程系暨碩士班通過工程教育認證週期性審查(有效3年)。

2013年，侯春看教授任第四任校長。

2013年，營建工程系暨碩士班通過工程教育認證週期性審查、碩士在職專班通過工程教育認證(3年)。

2016年8月，開始招收國際生就讀碩士班(全英文講授)。

2017年，楊能舒教授任第五任校長。

此外，將國立雲林科技大學自1991年7月成立以來歷任校長的名單綜合列出如表4-1-19。

表4-1-19　歷任校長名單

屆次	擔任起始年月	姓　名	備　註
一	1991年7月	張文雄	
二	2001年8月	林聰明	
三	2009年	楊永斌	
四	2013年	侯春看	
五	2017年	楊能舒	

同時，將雲林科技大學營建工程系自1994年8月創系以來歷任系主任的名單列出如表4-1-20。

表4-1-20　歷任系主任名單

屆次	擔任起始年月	系主任	副系主任
一	1994年8月	文一智	
二	1997年8月	吳文華	
三	1999年8月	陳維東	
四	2002年8月	賴國龍	
五	2005年8月	蔡佐良	
六	2008年8月	彭瑞麟	
七	2011年8月	陳維東	
八	2014年8月	陳維東	
九	2017年8月	王劍能	
十	2020年8月	李宏仁	

2021年營建工程系之教育目標：

1. 大學部：

(1). 培育具備營建工程基礎知識及技能之人才。

(2). 培育具備團隊合作與溝通協調能力之人才。

(3). 培育具備人文素養及工程倫理之人才。

2. 研究所：

(1). 培育具備營建專業知識及研發能力之人才。

(2). 培育具備獨立思考及協調整合能力之人才。

(3). 培育具備終身學習能力之人才。

實驗室：

1. 工程五館(系館)

測量儀器室	營建電腦教室	工程所電腦教室	營建電子化試驗室

2. 營建一館

大型結構試驗區	地工模型試驗區	大地工程試驗室	鋼纜振動量測與結構健康監測試驗室

3. 營建二館

結構力學試驗室

4. 營建三館

混凝土材料試驗室及瀝青混凝土試驗室

師資：

1. 結構材料組

教　　授	李宏仁、吳文華、彭瑞麟、蔡佐良、王劍能、陳建州
副 教 授	賴國龍

2. 大地組

教　　授	張睦雄
副 教 授	江健仲
助理教授	吳博凱

3. 管理組

教　　授	潘乃欣、黃盈樺
副 教 授	文一智、劉述舜、蔡宗潔

4. 退休教授

名譽教授	蘇南

11. 國立暨南國際大學 土木工程學系(1995年，1997年)

國立暨南國際大學的前身是1906年設於中國南京的「暨南學院」，以發展僑教為主要設立目的。1923年為「國立暨南商科大學」，1927年改組為「國立暨南大學」，1949年中華人民共和國接收「國立暨南大學」並將文、法、商及理學院分別併入復旦大學及上海交通大學等，暨南大學消失。1995年在臺灣南投縣埔里鎮復校，新校名為「國立暨南國際大學」以與1978年重建於中國廣州的「暨南大學」有所區隔[63]。

1995年7月，於臺灣南投縣埔里鎮復校，新校名為「國立暨南國際大學」，首任校長由教育部次長袁頌西先生擔任。

1997年，成立土木工程學系，招收大學部新生，由孔慶華先生擔任第一任系主任。

1999年6月30日，袁頌西校長榮退。

1999年7月1日，李家同校長接任。

1999年9月21日，九二一集集大地震，全校建築物受損嚴重。

1999年10月，李家同校長帶領全校師生北上臺大復課。

1999年12月，李家同校長宣布辭職，由徐泓教務長代理校長。

2000年2月，暨大師生回南投暨大上課。

2000年12月，徐泓教務長代理校長卸任，張進福校長接任。

2001年8月，土木工程學系設立研究所碩士班。

2003年，籌設「耐震與防災實驗室」。

2004年8月，土木工程學系設立研究所博士班。

2008年5，張進福校長出任國科會主委，蘇玉龍副校長代理校長。

2008年12月，蘇玉龍代理校長卸任，許和鈞校長接任。

2012年12月7日，許和鈞校長卸任，蘇玉龍校長接任。

2021年2月1日，蘇玉龍校長卸任，武東星校長接任。

此外，將國立暨南國際大學自1995年7月創立以來歷任校長的名單綜合列出如表4-1-21所示。

表4-1-21　歷任校長名單

屆次	擔任起始年月	姓 名	備 註
一	1995年7月	袁頌西	
二	1999年7月	李家同	
三	1999年12月	徐泓	代理校長
四	2000年12月	張進福*	
五	2008年12月	許和鈞	
六	2012年12月	蘇玉龍	
七	2021年2月	武東星	

* 2008年5月，張進福校長出任國科會主委，由蘇玉龍副校長代理校長。

同時，自1997年成立土木系以來，歷任系主任的名單如表4-1-22所示。

表4-1-22　歷任系主任名單

屆次	擔任起始年月	系主任
一	1997年	孔慶華
二	1998年	吳偉特$
三	2000年	李咸亨*
四	2003年	黃景川#
五	2007年	周榮昌
六	2013年	蔡勇斌
七	2018年	陳谷汎

$ 臺灣大學土木系教授。
* 臺科大營建系教授。
# 成大土木系教授。

2021年土木工程學系之教育目標：

國立暨南國際大學土木工程學系之教育宗旨為培育人文與科技並重之國家建設人才。

1. 大學部：

(1). 培育具備規劃分析素養之人才。

(2). 培養具備工程設計、執行、管理能力之人才。

(3). 培養人文、科技均衡認知及永續發展概念之人才。

2. 研究所：

(1). 培養具備工程建設規劃、設計、執行、管理能力之人才。

(2). 培養領導思維、整合系統之人才。

(3). 培育工程科技與工程管理並重之全方位工程人才。

試驗室：

土壤力學	結構力學	材料力學	流體力學	水質分析

研究室：

計算力學暨電腦輔助設計	破壞力學	運輸規劃	計算流體力學	環境力學
大地防災	結構耐震防災	測量儀器室		

師資：

教　　授	陳谷汎、周榮昌、劉一中、蔡勇斌、劉家男、施明祥、劉祐興 李文娟、郭昌宏、鄭全桓、彭逸凡、侯建元、陳皆儒
副 教 授	王國隆

12. 國立金門大學 土木與工程管理學系(1997年，1997年)

國立金門大學，為中華民國金門縣唯一的國立大學。前身是1997年國立高雄科學技術學院附設專科部金門分部，校本部位於金門縣金寧鄉。

1997年7月1日，教育部指派國立高雄科學技術學院(即後來之國立高雄應用科技大學)設立金門分部，並設有二專日間部食品工程、營建管理、工商管理、觀光事業等四科。營建管理科(二專)由林國輝老師擔任第一任科主任，教師有高志翰老師、許宗傑老師。

1998年，營建管理科新聘林世強老師、陳棟燦老師。

1999年，更名為「國立高雄應用科技大學金門分部」。

2003年，奉准獨立為「國立金門技術學院」。

2004年，二專日間部「營建管理科」改制為四技日間部「營建工程系」。

2008年，增設防災與永續研究所。

2010年4月13日，獲教育部審查通過，將改名為大學。8月1日正式改名為「國立金門大學」，校內各系改名為學系，分別組成人文社會、理工、休閒管理等三學院，首任校長為李金振先生。

2011年，「營建工程學系」改名「土木與工程管理學系」。

2014年8月1日，黃奇博士接任第二任校長。

2015年3月16日，土木與工程管理學系通過103年度IEET工程及科技教育認證。

2018年8月1日，陳建民博士獲聘為第三任校長。

2021年土木與工程管理學系之教育目標：

在養成優秀之土木與工程管理人才，使之具備基本之工程技術與營建管理能力，同時強化同學之管理、資訊與生態保育知能。

實驗室：

土壤力學實驗室	材料實驗室	空間資訊教室
測量器材室	結構力學實驗室	3D虛擬實驗室

師資：

教　　授	林世強、陳棟燦、蘇東青
副 教 授	吳宗江、洪瑛鈞、高志瀚、陳冠雄
助理教授	卓世偉、蔣子平

13. 國立宜蘭大學 土木工程學系(1988年，2003年)

1926年(昭和元年)建校，為「臺北州立宜蘭農林學校」。

1946年，二戰後臺灣省行政長官公署教育處派員正式接收，更名為「臺灣省立宜蘭農業職業學校」。

1967年，教育部核定改制為「臺灣省立宜蘭農工職業學校」。

1969年，教育部核定改制為「臺灣省立宜蘭高級農工職業學校」。學制有三年制、五年一貫制。三年制設有土木測量科。

1988年，教育部核定升格為「國立宜蘭農工專科學校」，學制分為五專、二專，首任校長由曹以松教授擔任。

1997年7月，劉瑞生先生擔任第二任校長。

1998年，教育部核定升格為「國立宜蘭技術學院」。學制分為四技、二技、五專、二專，由劉瑞生先生繼續擔任校長。

2003年，改制為「國立宜蘭大學」，由劉瑞生先生擔任改制大學以後第一任校長，同時「土木工程學系」成立。

2006年8月1日，由原中原大學化學系教授兼教務長江彰吉先生擔任第二任校長。

2010年8月1日，由宜蘭大學電機資訊學院院長趙涵捷先生擔任第三任暨第四任校長。

2016年1月19日，學術副校長黃樂成先生代理校長。

2016年4月1日，陳威戎先生代理校長。

2016年8月1日，由宜蘭大學生物機電工程學系教授兼教務長吳柏青先生擔任第五任校長。

2020年8月1日，吳柏青校長連任第六任校長。

2021年土木工程系之教學內容：

學術分組有「結構工程」、「大地與材料工程」、「水資源工程」、「測量及空間資訊」、「營建管理」等五大領域。

土木工程系之教學特色：

1. 整合智慧健康與綠色創新
2. 防災科技
3. 數位設計
4. 工程管理

實驗室：

1. 結構工程

電腦輔助工程實習室	結構實驗室	結構工程研究室

2. 大地工程與材料工程

大地工程專題實習室	材料精密實驗室
先進工程實驗室	土壤力學實驗室
材料實驗室	精密實驗室
三軸實驗室	大地工程與材料工程研究室

3. 測量及空間資訊

測量專題實驗室	空間資訊室	室內測量實習室
測量儀器室	測量與空間資訊研究室	

4. 水資源工程

水利工程專題實驗室	河川水理實驗室
流體力學實驗室	水資源工程研究室

5. 營建管理

工程專案管理實驗室	數位設計實驗室
空間流場分析實驗室	營建管理研究室

師資：

教授	鄭安、喻新、徐輝明、趙紹錚、歐陽慧濤、林威廷
副教授	李洋傑、崔國強、陳桂鴻、吳至誠、吳清森
助理教授	曾浩璽、郭品含
講師	黃成良、江啟明

14. 國立高雄大學 土木與環境工程學系(2000年，2003年)

國立高雄大學，位在高雄市楠梓區，創校於2000年，乃是教育部為平衡臺灣高等教育發展南北不均的狀況，同時為培養高雄中小產業轉型升級與支援傳統產業外移所需之技術和管理人才所設立[64]。

2000年2月1日，國立高雄大學正式創校，初設有法律學系、西洋語文學系、應用數學系、政治法律學系、應用經濟學系、電機工程學系，由王仁宏先生擔任第一任校長。

2003年5月，成立「工學院」，設有電機工程學系、土木與環境工程學系及都市發展與建築研究所。

2004年，黃英忠先生擔任第二任校長。

2008年，黃英忠先生擔任第三任校長。

2012年，黃肇瑞先生擔任第四任校長。

2016年，王學亮先生擔任第五任校長。

2020年8月，莊寶鵰先生代理校長。

2020年11月，陳月端女士擔任第六任校長。

2021年土木與環境工程學系與研究所之教育目標：

1. 培育學生具備整合土木與環境之專業學識，並具有從事各專業領域之進修、學習與研究之能力。
2. 培養學生具備土木與環境實務工作之能力，以因應國家地域性重要科技產業之發展。
3. 厚植學生具備工程倫理、有效溝通、寬闊視野、團隊合作及終身學習之精神。

實驗室：

1. 高科技防災與監測領域

測量儀器室	工程材料實驗室	土壤力學實驗室
非破壞檢測實驗室	大地工程及結構模型實驗室	

2. 污染防制及復育領域

環境分析實驗室	精密儀器實驗室	環工單元操作實驗室
土壤保護與復育實驗室	地下水保護與復育實驗室	空氣污染防制技術實驗室

3. 綠色工程及材料領域

工程材料實驗室	精密儀器實驗室
再生工法及污染傳輸研究實驗室	微觀力學分析實驗室

4.系統工程及管理領域

虛擬實驗室環境	營建資訊系統分析實驗

師資：

1. 土木組

教　　授	吳明淏、童士恒、陳振華
副 教 授	俞肇球、蔡幸致
助理教授	陳韋志

2. 環工組

教　　授	袁菁、連興隆、甯蜀光、林秋良、林啓琪

第二節　1950年代以後新設私立學校土木類科系概況

戰後隨著社會的發展及人民受教機會擴大，公立學校的容量不足以滿足國人的需求，於是私人興辦學校如雨後春筍般的蓬勃發展，其中成立土木工程教育相關科系的私立學校以淡江大學、中原大學及逢甲大學最具代表性，其後隨著國家鼓勵私人興學政策實施後有更多的私立學校設立，今依學校中土木相關科系成立的先後，依序簡述其發展概況。各校之排序為：

1. 中原大學 土木工程學系 (1955年，1955年)	2. 淡江大學 土木工程系 (1950年，1960年)
3. 逢甲大學 土木工程學系 (1961年，1961年)	4. 正修科技大學 土木與空間資訊系 (1965年，1965年)
5. 中國科技大學(臺灣) 土木與防災系 (1965年，1965年)	6. 健行科技大學 土木工程系暨空間資訊與防災科技研究所(1966年，1966年)
7. 明新科技大學 土木工程與環境資源管理系(1966年，1966年)	8. 南榮科技大學 營建工程系 (1967年，1967年)
9. 中華科技大學 土木防災工程研究所 (1968年，1968年)	10. 東南科技大學 營建與空間設計系 (1970年，1972年)
11. 萬能科技大學 室內設計與營建科技系 (1972年，1972年)	12. 宏國德霖科技大學 土木工程系 (1972年，1972年)
13. 建國科技大學 土木工程系暨土木與防災 研究所(1965年，1974年)	14. 大漢技術學院 土木工程與環境資源管理系 (1977年，1977年)
15. 高苑科技大學 土木工程系 (1989年，1989年)	16. 義守大學 土木工程學系 (1990年，1990年)
17. 中華大學 17-1中華大學 土木工程學系 (1990年，1990年) 17-2 中華大學 營建管理學系 (1990年，1996年)	18. 朝陽科技大學 營建工程系 (1994年，1994年)

1. 中原大學 土木工程學系(1955年，1955年)

1955年由基督徒張靜愚、紐永建等人得到中壢地方仕紳吳鴻森、徐崇德等人之贊助支持，於桃園中壢設立基督教大學。初名「中壢農工學院」，正式設校時名為「中原理工學院」，創校時設有物理、化學、化學工程、土木工程四個學系，由郭克悌先生擔任第一任校長[65]。

1955年創校時，即設立「土木工程學系」，隨後1956年增設水利工程科，後即改為水利工程學系。

1956年，由謝明山先生擔任第二任校長。

1966年，土木工程學系增設夜間部。

1969年，由馮之斅先生代理校務。

1971年，由韓偉先生擔任第三任校長。

1975年，由阮大年先生擔任第四任校長。

1980年8月，改制為「中原大學」，阮大年先生續任校長。

1981年，響應教育部科系整合理念，土木、水利兩系合併成為「土木及水利工程學系」，共招收日間部學生三班，夜間部一班。

1982年，尹士豪先生擔任第五任校長。

1982年，成立「土木及水利工程研究所」，招收碩士班學生。

1988年，系所名稱更改為「土木工程學系暨研究所」。

1991年，張光正先生擔任第六任校長。

1996年，土木工程學系暨研究所開始招收博士班研究生。

1997年，系所合一更名為「中原大學土木工程學系」，包含學士班、碩士班及博士班，並將夜間部轉型為第二部。

2000年，熊慎幹先生擔任第七任校長。

2000年，第二部併入日間部共招收四班學生。

2003年，增設碩士在職專班。

照片4-2-1　馮道偉主任

2004年，馮道偉博士任土木系所主任(照片4-2-1)。

2004年，大學部減招一班為三班，減班供新設生物環境工程學系。

2004年，土木系通過IEET工程及科技教育認證。

2006年，錢建嵩先生代理校務。

2006年，程萬里先生擔任第八任校長。

2008年，土木系停止招收碩士在職專班學生。

2011年，土木系開始招收中國陸生與交流生。

2012年，張光正先生代理校務。

2012年，土木系開始招收學士班外籍生。

2013年5月，張光正先生擔任第九任校長。

2014年，土木系開始招收中國學生專班。

2021年4月，李英明先生擔任第十任校長。

此外，將中原大學自1955年創校以來歷任校長名單綜合列出如表4-2-1。

表4-2-1　歷任校長名單

屆次	擔任起始年月	姓名	備註
一	1955年	郭克悌	
二	1956年	謝明山*	
三	1971年	韓偉	
四	1975年	阮大年#	
五	1982年	尹士豪	
六	1991年	張光正	
七	2000年	熊慎幹$	
八	2006年	程萬里◎	
九	2013年5月	張光正	
十	2021年4月	李英明	

＊1969年，由馮之瑴先生代理校務。
1980年8月，改制為「中原大學」，阮大年先生續任校長。
$ 2006年，錢建嵩先生代理校務。
◎ 2012年，張光正先生代理校務。

同時，將中原大學土木、水利兩系自創立以來以及合併以後歷任系主任的名單列於表4-2-2。

表4-2-2 歷任系主任名單

屆次	擔任起始年月	系主任	備 註
一	1955/09/01~1960/11/30	王仰曾	系主任
二	1960/12/01~1972/07/31	沈百先	
三	1972/08/01~1981/07/31	苟淵博	
四	1981/08/01~1985/07/31	王寶璽*	
五	1985/08/01~1988/07/31	邱金火#	
六	1988/08/01~1991/07/31	王寶璽	系所主任
七	1991/08/01~1995/09/30	林祐輔	
八	1995/10/01~1997/07/31	林炳昌	
九	1997/08/01~2001/07/31	蔡西銘	
十	2001/08/01~2003/07/31	王安培	
十一	2003/08/01~2004/07/22	簡秋記	
十二	2004/08/01~2006/07/31	馮道偉	
十三	2006/08/01~2008/07/31	何仲明	
十四	2008/08/01~2012/07/31	鄭金國	
十五	2012/08/01~2015/07/31	林炳昌	
十六	2015/08/01~2019/07/31	陳逸駿	
十七	2019/08/01~迄今	林秐竹	

＊土木及水利工程學系主任

土木及水利工程學系所主任

附註：水利工程學系與土木工程學系合併前之主任：

杜其本 1956/08/01~1957/07/31 水利工程專修科主任

徐世大 1957/08/01~1960/11/30 水利工程學系主任

羅昌達 1960/12/01~1980/07/31 水利工程學系主任

施國肱 1980/08/01~1981/07/31 土木工程學系水利工程組主任

2021年土木工程學系之教育目標：

土木工程師肩負提升人類生活品質與保障人類生命安全的雙重使命，本系以培育新世代的土木工程師為目標，充實學生充實之基礎與專業知識、訓練學生團隊合作及實事求是之工作態度、培養學生工程倫理之精神及國際觀，以應付多變的工程環境。

土木工程學系實驗室：

工程材料試驗室	水力工程實驗室	土壤力學實驗室
結構實驗室	測量儀器室	

研究中心：

土木與水保研究中心	環控防災研究中心

師資：

1. 大地領域

教授	馮道偉、陳逸駿
助理教授	王淳讙

2. 水利領域

教授	鄧志浩、張德鑫
副教授	林旭信、林孟郁

3. 結構領域

教授	黃仲偉
副教授	莊清鏘、劉明怡、張高豪
助理教授	吳崇豪、蘇昱臻

4. 運輸領域

教授	林耘竹(張美香)
副教授	廖祐君

5. 營管領域

助理教授	連立川

6. 退休教授

教　　授	饒宏宇 1978/08/01 羅昌達 1980/08/01 謝景齊 1989/05/01 苟淵博 1992/02/01 金　鵬 1998/08/01 張正博 2001/08/01 李錦地 2003/08/01 王寶璽 2009/08/01	林祐輔 2010/08/01 邱金火 2011/08/01 陳遠亮 2013/02/01 何仲明 2015/02/01 王安培 2016/02/01 鄭金國 2019/08/01 張達德 2020/08/01 林炳昌 2020/08/01

2. 淡江大學 土木工程系(1950年，1960年)

1950年由張鳴、張建邦父子在淡水創辦「淡江英語專科學校」，是戰後臺灣第一所私立高等學府，由張鳴先生擔任第一任校長[66]。

1951年居浩然先生擔任第二任校長。

1958年學校改為文理學院名為「淡江文理學院」，由陳為綸先生擔任第三任校長。

1960年初設五年制「測量科」，招收一班20名測量專修學生，由章錫綬先生擔任科主任。

1964年由張建邦先生擔任第四任校長。

1967年「測量科」獲准改為「土木工程學系」。

1974年土木工程學系日間部招生擴增為兩班。

1980年教育部准予改制為「淡江大學」，由張建邦擔任第五任校長。

1980年土木工程學系成立夜間部。

1981年獲准成立土木工程研究所碩士班，含「結構組」及「大地組」。

1986年11月由陳雅鴻先生擔任第六任校長。

1989年8月由趙榮耀先生擔任第七任校長。

1991年土木工程研究所增設「交通組」。

1992年8月由林雲山先生擔任第八任校長。

1994年「交通組」改名為「運輸工程組」。

1996年土木工程研究所成立博士班。

1997年夜間部停止招生，日間部招生增為三班。

1998年8月由張紘炬先生擔任第九任校長。

2004年8月由張家宜女士擔任第十任校長。

2004年大學部分為「工程設施組」兩班，與「營建企業組」一班招生。

2004年博士班分組為「土木組」與「建築組」。

2005年土木工程學系通過IEET工程教育認證(第一週期)。

2007年碩士班增設「資訊科技與營建企業組」。

2011年土木工程學系創系50週年。

2011年土木工程學系通過IEET工程教育認證(第二週期)。

2017年土木工程學系通過IEET工程教育認證(第三週期)。

2018年大學部改為兩班不分組招生。

2018年8月由葛煥昭先生擔任第十一任校長。

2020年8月由楊長義先生再任系主任(照片4-2-2)。

此外，將淡江大學自1950年創校以來歷任校長的名單以及擔任起始年月綜合列表，如表4-2-3。

同時，將土木系自1960年初設「測量科」以來歷任系主任的名單列於表4-2-4。

照片4-2-2　楊長義主任

表4-2-3　歷任校長名單

屆次	擔任起始年月	姓　名	備　註
一	1950年	張鳴	
二	1951年	居浩然	
三	1958年	陳為綸	
四	1964年	張建邦	
五	1980年	張建邦	改制為大學
六	1986年11月	陳雅鴻	
七	1989年8月	趙榮耀	
八	1992年8月	林雲山	
九	1998年8月	張紘炬	
十	2004年8月	張家宜	
十一	2018年8月	葛煥昭	

表4-2-4　歷任系主任名單

屆次	擔任起始年月	姓　名	備　註
一	1960年	章錫綬	1960年～1967年測量科主任 1967年～1969年土木系主任
二	1969年	張振中	
三	1970年	呂繩安	
四	1972年	陳世芳	
五	1979年	崔笠	
六	1980年	漫義弘	
七	1985年	徐錠基	
八	1990年	鄭啟明	
九	1993年	祝錫智	
十	1998年	吳朝賢	
十一	2002年	張德文	
十二	2006年	林堉溢	
十三	2008年	楊長義	
十四	2012年	王人牧	
十五	2016年	洪勇善	
十六	2018年8月	葛煥昭	
十七	2020年8月	楊長義	

2021年土木工程學系之教育目標：

培育兼具工程專業知識、資訊技術能力及經營管理知識之人才。

實驗室：

材料實驗室	土壤力學實驗室	測量及空間資訊實驗室
岩石力學實驗室	風工程研究中心	

師資：

1. 大地工程

教　　授	吳朝賢、洪勇善、張德文、楊長義

2. 運輸工程

教　　授	李英豪

3. 結構工程

教　　授	林堉溢、姚忠達、張正興
助理教授	李家瑋、吳杰勳

4. 營建工程

教　　授	葉怡成

5. 營建企業

副教授	王人牧、范素玲、劉明仁
助理教授	蔡明修

3. 逢甲大學 土木工程學系(1961年，1961年)

1959年10月，臺灣中部地方仕紳與丘念台、蕭一山、楊亮功為紀念丘逢甲倡議設立學校。1961年2月董事會奉准備案，3月董事會召開成立會，7月獲教育部核准立案招生，校名「逢甲工商學院」，並核定成立土木、水利、會計與工商管理等四系。11月15日舉行創校始業式典禮，由第一任校長陳泮嶺校長親自主持，日後即以11月15日為校慶日[67]。

土木工程學系設立於1961年，為創校的四個學系之一，乃基於「為國家培育人才，為社會培植工程幹部，為學界研究理論基礎，為業界發展施工技術」之宗旨。

1962年8月，高信先生任第二任校長。

1963年1月，張希哲先生接任第三任校長，高信擔任董事長。2月校址遷至西屯現址，教育部核准設置夜間部。

1973年7月，廖英鳴先生接任第四任校長。

1975年，增設土木工程學系夜間部。

1976年7月，學校為加強教學分別設置研究部、工學部、商學部，聘楊學周教授兼工學部主任。

1980年改制為「逢甲大學」，工學部改為工學院，建土木水利館。

1985年，土木系與水利系共同成立「土木及水利工程研究所」(碩士班)。

1988年8月，楊濬中博士接任第五任校長。

1995年8月，黃鎮台博士接任第六任校長。

1997年，土木系夜間部轉型，且於日間部增班，開始招收研究所博士班。

1998年6月，劉安之博士接任第七任校長。

1999年，開辦碩士在職進修專班。

2000年，土木工程學系由工學院轉入新成立之建設學院，建設學院共整合了土木工程、水利工程、建築、都市計畫、交通工程與管理、土地管理六大系。

2002年，進行「系所合一」工作，將碩士班及碩士在職進修專班納入土木系之行政管理，碩士班招收結構工程、大地工程、測量與資訊三大組，碩士在職專班不分組，而土木及水利工程研究所則主要進行博士班業務。

2003年，碩士班開始招收營建管理組學生，測量與資訊組改於新成立的環境資訊科技研究所碩士班招生。

2007年，碩士在職專班開始招收水利組學生。

2007年8月，張保隆博士接任第八任校長。

2008年，碩士在職專班開始招收營建物管組學生。

2009年，環境資訊科技碩士學位學程停止招生，碩士班新招收測量資訊組學生，而碩士在職專班改為不分組招生。

2013年8月，李秉乾博士接任第九任校長。

此外，將逢甲大學自1961年11月創校以來歷任校長的名單及擔任起始年月列表如表4-2-5。

表4-2-5 歷任校長名單

屆次	擔任起始年月	姓名	備註
一	1961年11月	陳泮嶺	
二	1962年8月	高信	
三	1963年1月	張希哲	
四	1973年7月	廖英鳴	
五	1988年8月	楊濬中	
六	1995年8月	黃鎮台	
七	1998年6月	劉安之	
八	2007年8月	張保隆	
九	2013年8月	李秉乾	

2021年土木工程學系之教學核心能力：

1. 大學部

(1). 具備使用物理學、數學、力學與土木工程知識之相關能力。

(2). 具備設計與執行土壤力學及工程材料實驗，以及分析數據與解釋結果之相關能力。

(3). 具備管理技術、測量、量測、資訊處理等工具，分析方法與軟體，及土木工程材料應用的相關能力。

(4). 具備結構、大地、運輸工程構造物的相關基本設計能力。

(5). 具備專案管理、有效溝通與團隊合作的相關能力。

(6). 具備發掘、分析土木工程生命週期規劃、設計、採購、施工、營運與維護相關之問題及處理之能力。

(7). 具備專業報告撰寫及簡報之相關基本能力。

(8). 具備認識時事議題，瞭解工程技術對環境、社會及全球的影響，及持續學習的習慣與能力。

(9). 理解土木工程專業倫理及社會責任。

教學設備：

土壤力學實驗室	工程材料試驗室	智慧結構系統實驗室
土木實驗室	智慧營建實驗室	營建自動化實驗室

師資：

教　　授	康裕明、廖為忠、李秉乾、林保宏、林正紋、張智元
副 教 授	蘇人煇、林慶昌、王起平、林威延、莊財福
助理教授	黃亦敏、紀昭銘、賴哲儇、曾韋禎
退休教授	卜君平、許澤善、張志超、詹次洚、蔡崇興、黃逸萍

4. 正修科技大學 土木與空間資訊系(1965年，1965年)

1965年，由高雄鄭駿源、龔金柯、李金盛等先生，擇定高雄鳥松澄清湖畔創建「私立正修工業專科學校」，設立五專土木工程科、建築工程科、化學工程科[68]。

1989年，設立二專（日）工業工程與管理科、二年制夜間部土木工程科。

1990年，增設商業類科而更改校名為「正修工商專科學校」；設立夜二專土木工程科。

1998年，設立附設進修專科學校。

1999年，改制為「正修技術學院」；並附設專科部，設立二年制土木工程系。

2000年，設立「附設進修學院」；設立四年制進修部土木工程系；設立二年制土木工程科。

2001年，成立四年制土木工程系。

2002年，停招二年制進修部土木工程科。

2003年，校名改為「正修科技大學」，全校三學院、二所、十四系所。

2005年，停招二年制進修部土木工程系。

2006年，設立營建工程研究所。

2007年，停招二年制土木工程系；土木工程系改名為「土木與工程資訊系」。

2008年，停招五年制土木工程科。

2013年，「土木與工程資訊系」改名為「土木與空間資訊系」；營建工程研究所改名為「土木與空間資訊系營建工程碩士班」。

2018年，教育部通過於2018學年度增設土木工程科與建築科2科五專部(復設)。

2018年8月，田坤國博士任土木與空間資訊系系主任(照片4-2-3)。

照片4-2-3　田坤國主任

2021年土木與空間資訊系之教育目標：

1. 大學部：
   1. 傳授專業知識
   2. 著重務實應用
   3. 啟發創新能力
2. 研究所：
   1. 精進專業知識
   2. 強化實務技能
   3. 提升創新研發

實驗室：

材料實驗室	土壤力學實驗室	再生材料實驗室
測量儀器室	結構力學實驗室	空間資訊研究室
非破壞實驗室		

師資：

教授	湯兆緯、楊全成、王建智、趙鳴
副教授	田坤國、林冠洲、單明陽、彭俊翔、潘坤勝、謝坤宏、柯武德
助理教授	陳志賢、王心怡、許朝景
講師	羅晨晃、林宗毅

5. 中國科技大學(臺灣) 土木與防災系(1965年，1965年)

中國科技大學創辦人上官業佑於1965年在臺北市文山區創辦為國家培植公僕青年的「中國市政專科學校」，是我國第一所培育市政專業人才學校[69]。

1965年，設立「中國市政專科學校」，初設市政管理科、公共工程科、公共衛生科及公共事業管理科等四科。

1968年，公共工程科增設建築工程組及土木工程組，並增設二年制營建工程科。

1981年，公共工程科建築工程組與土木工程組，各自獨立為建築工程科與土木工程科，土木工程科招收日間部五專及進修部二專的學生。

1983年，改名為「中國工商專科學校」，設有土木工程科、建築工程科等。

1985年，夜間部土木工程科改制為電子資料處理科。

2000年，改制為「中國技術學院」，同時成立新竹校區。設有二年制建築工程系、土木工程系、財政稅務系及會計系。

2001年，停招五專部土木工程科，招收進修部二技學生。

2002年，進修部二專停招。

2003年，完全改招二技及四技學生。

2004年，增設「土木與防災應用科技研究所」。

2005年8月，經教育部審議通過改名為「中國科技大學」。

2010年，土木工程系改名為「土木與防災設計系」、土木與防災應用科技研究所改名「土木與防災設計研究所」，系所合一。

2020年8月，「土木與防災設計系」改名為「土木與防災系」。

2021年土木與防災系之教育目標：

1. 大學部：

以培養理論與實務兼備的土木工程人才為目標，培養學生成為理論與實務兼備的土木工程人才：

(1). 具有專業知識與技術的能力

(2). 具有團隊合作與倫理的精神

(3). 具有持續學習與溝通的態度

(4). 具有永續經營與發展的觀念。

2. 研究部：

培育具有土木與防災設計之科技人才，讓結構防災坡地防災及營建防災科技等議題，能更有效獲得控制與解決。

試驗室與中心：

土木與防災基礎試驗室	結構安全與防災中心	測量儀器室
視聽教室	3C試驗室	

6. 健行科技大學 土木工程系暨空間資訊與防災科技研究所(1966年，1966年)

1933年3月3日，三極電信學校設立於中國上海。

1953年8月，於臺灣臺北市萬華區及桃園市中壢區復校。

1954年8月，改名為「三極高級電訊職業學校」。

1955年8月，改名為「三極高級工業職業學校」。

1966年3月3日，改制為「健行工業專科學校」，初設土木工程、電訊工程、建築工程及工業管理等四科。

1994年8月，「健行工業專科學校」奉准改制為「健行工商專科學校」。

1999年5月7日，教育部核准改制為「健行技術學院」，除了原有專科部6科外，並成立學院部及進修部，設土木、電子、電機、機械等6系，同時奉准附設專科進修學校，專科部停止招生，土木工程系成立大學部二技[72]。

2000年1月，奉准更名為「清雲技術學院」。

2001年，土木工程系成立日間部四技。

2003年8月，「清雲技術學院」改制為「清雲科技大學」。

2004年8月，成立「土木與防災研究所」，最後一屆專科副學士畢業，專科部全面廢止。

2006年8月，「土木與防災研究所」更名為「空間資訊與防災科技研究所」。

2012年8月，恢復校名為「健行科技大學」、「健行學校財團法人健行科技大學」。

2021年土木工程系之教育目標：

1. 培養學生具備數理及工程基本素養
2. 培養學生具備處理土木工程相關問題之專業能力
3. 培養學生具備團隊合作與溝通協調之能力
4. 培養學生具備專業倫理之精神

實驗室及研究中心：

非破壞檢測研究中心	土壤力學試驗室	材料實驗室
測繪中心	電腦教室	

7. 明新科技大學 土木工程與環境資源管理系(1966年，1966年)

1965年3月，黨國元老王宗山先生、國大代表李鴻超先生、國大代表郝立緒先生、張體安先生、張逢喜先生等一群熱心興學人士秉持配合國家經濟發展、造就工業專門人才之使命感，遂向教育部申請創校。同年七月籌設就緒，十月董事會備案，旋以王宗山、潘廉方、冉寅谷、劉拓、楊覺天、陳建中、陳開泗、張體安、郝立緒、李鴻超、張逢喜諸先生為第一屆董事，推選王宗山先生任董事長並敦聘李鴻超博士為首任校長[71]。

1966年3月1日，於新竹縣新豐鄉創立「明新工業專科學校」，並設立土木工程科、機械工程科及工業管理科等3科，招收日間部五專生，1971年起逐漸招收夜二專、日二專。

1993年，改為「明新工商專科學校」。

1997年，改制為「明新技術學院」，並成立土木工程系，其後一連串學制轉變，日間部曾同時包括五專、二專、二技與四技；進修部則有二專與二技、四技並行。

2002年9月，改名為「明新科技大學」，同年結束專科部(土木工程科)。

2004年，土木工程系停止日二技與進修部二技，僅為日間部四技二班、進修部四技一班。

2005年，土木工程系設置「營建工程與管理研究所」。

2009年，經教育部核准更名為「土木工程與環境資源管理系(所)」，簡稱「土環系(所)」。

2019年3月奉教育部核准，學校更名為「明新學校財團法人明新科技大學」。

2021年土環系所之教育目標：

1. 大學部：培育具專業技能、應變能力與工程倫理之土木與環境專業人才。
2. 研究所：培育具專業學能、獨立研究、團隊合作及宏觀視野之土木與環境專業及研發人才。

教學設備：

測量與空間資訊實驗室	混凝土實驗室	土力實驗室

8. 南榮科技大學 營建工程系(1967年，1967年)

1966年7月，奉准設立籌備「南榮工業專科學校」，定校址於臺南鹽水鎮[70]。

1967年，奉准立案正式招生，南榮工業專科學校創校，初設有五年制土木工程科、電子工程科及化學工程科等三科。

1992年，奉准改名為「南榮工商專科學校」，增設五專部建築工程科等。

1999年，增設二專夜間部土木工程科、建築工程科等二科。

2001年，奉准改制為「南榮技術學院」。

2002年，增設二技日間部營建工程系等。

2003年，停招五專部土木工程科，增設四技日間部「營建工程系」。

2005年，停招二專夜間部土木工程科，增設四技夜間部「營建工程系」。

2006年，停招二技日間部土木工程科。

2010年，增設四技日間部營建工程系資訊應用組、綠色科技組。

2011年，營建工程系取消分組。

2013年8月，奉准升格改名「南榮學校財團法人南榮科技大學」。

2020年2月，南榮科技大學停辦。

9. 中華科技大學 土木防災工程研究所(1968年，1968年)

1967年5月，奉准籌設「私立中華工業專科學校」，設校於臺北南港[73]。

1968年3月，成立董事會；7月教育部准予立案，設立土木工程、建築工程、機械工程、電機工程等四科。

1972年，停招土木、建築工程科，增設電子工程科。

1989年，成立二專日間部。

1993年，日間部增設立二專土木科、建築科。

1994年，更名為「私立中華工商專科學校」。

1999年，改制為「中華技術學院」，「夜間部」改名為「進修部」，並設立二技「在職專班」有土木、機械、電機、電子四系。

2000年，共有土木、建築等九系，並成立附設「進修學院」。

2004年，臺北校區設立日間部「土木防災工程研究所」等4個系所。

2005年，設立「土木防災工程研究所」在職專班。

2009年8月，改名為「中華科技大學」。

2010年5月，土木工程系增設工程科技組、數位多媒體設計組、消防組等分組。

2011年7月15日，更名為「中華學校財團法人中華科技大學」。

2013年，土木工程系「工程科技組」改名為「防災設計與管理組」。

2014年，土木工程系取消「防災設計與管理組」，「消防組」改名土木工程系「防災與消防科技管理組」。

2016年，土木工程系停招。

2019年，增設土木工程系四技日間部。

2021年，教育部核定2021學年度起「土木工程系」停招，只留下「土木防災工程研究所」。

10. 東南科技大學 營建與空間設計系(1970年，1972年)

創辦人蔣志平先生有鑑於國家興盛必須發展工業，工業發展則有賴工業技術專門人才之培育，於1967、1968年間，正值國內各項工業起飛初期，各類工業技術人才缺乏之時，蔣先生乃發願興學報國，集資於新北市深坑區籌設創立「東南工業專科學校」，於1970年8月28日奉教育部核准立案招生，初設電子工程科、機械工程科、電機工程科，招收五年制專科生[74]。

1972年8月，增設五年制土木工程科，因應國內土木工程人才之需求。

1982年8月，設立夜間部二年制土木工程科。

1989年8月，設立五年制環境工程科。

1991年8月，設立夜間部二年制環境工程科。

1993年8月，設立日間部二年制土木工程科。

1999年8月，增設進修專校土木工程科。

2000年8月，奉准改制為「東南技術學院」，並設立日間部二年制土木工程系及進修部二年制土木工程系。

2001年8月，設日間部二年制環境工程系及日間部四年制土木工程系，另新設進修部二年制在職專班土木工程系。

2002年8月，日間部二年制設立營建管理系，四年制設立環境與安全衛生工程系、營建管理系；進修部設立二年制環境與安全衛生工程系，在職專班設立環境工程系。

2003年8月，進修部設立四年制「營建管理系」，環境工程系改名「環境與安全衛生工程系」。

2004年8月，奉准成立碩士班「防災科技研究所」。

2005年8月，環境與安全衛生工程系增設生物技術組。

2006年8月，「土木工程學系」改名「營建科技系」，並增設產業與防災科技組。

2007年8月，奉准改名為「東南科技大學」，並以「務實、創新、卓越」為學校積極發展之目標。同時奉准成立「防災科技研究所碩士在職專班」。

2007年8月，環境與安全衛生工程系生物技術組停招。

2010年8月，營建科技系成立「室內設計組」與「空間設計組」；環境與安全衛生工程系成立「綠色科技組」；「防災科技研究所」改名為「營建科技與防災研究所」。

2013年8月，「環境與安全衛生工程系」復名為「環境工程系」；「營建科技系」更名為「營建與空間設計系」，並分設空間設計組及綠營建設計組。

2015年8月，「環境工程系」停招。

2021年營建與空間設計系之發展重點：

本系以培育具備景觀和室內設計、室內裝修和土木營建工程管理人才為目標，教學上著重『人文與藝術兼具的空間設計、人性化的通用設計、電腦教學網路化、營建管理自動化、以及工程技術證照化』為發展重點。

11. 萬能科技大學 室內設計與營建科技系(1972年，1972年)

創辦人莊心在教授為因應國內高等教育的發展，社會開放，經濟繁榮，資訊快速累積以及經建人才需求殷切等因素，始於1972年3月27日獲教育部核准立案，在桃園中壢成立「私立萬能工業技藝專科學校」，設紡織技術、塑膠加工、工業電子、營建技術等四科，並定3月27日為校慶紀念日，聘前臺灣省立工學院院長秦大均博士為首任校長[75]。

1973年，改名為「私立萬能工業專科學校」，「營建技術科」改名為「土木工程科」。

1974年4月，秦大均校長因健康請辭，聘前教育部參事郁漢良教授為第二任校長。

1977年3月，聘前中興大學教授、工管科主任劉戊亮教授為第三任校長。

1983年8月，聘教務主任莊晉博士為第四任校長。

1990年，奉准更改校名為「私立萬能工商專科學校」。

1999年，改制為「萬能技術學院」。

2000年，成立通識教育中心，日間部增設土木等六個技術系。

2001年，進修部成立土木等三個技術系。同年11月聘原東南科大校長王純粹教授接任第五任校長。

2004年2月1日，教育部核定改名為「萬能科技大學」，設有工程、管理、電子資訊、民生四個學院，同年8月增設工程科技研究所。

2004年11月，聘請前中央大學教授徐新興教務長接任第六任校長。

2005年，土木工程系更名為「營建科技系」。

2006年1月，由教務長莊暢教授代理校長至2006年7月31日，並自2006年8月1日起擔任第七任校長。

2009年8月，莊暢校長續任第八任校長。

2011年10月，更名為「萬能學校財團法人萬能科技大學」。

2012年，「工程科技研究所」改名為「營建科技系碩士班」。

2012年8月，莊暢校長再任第九任校長。

2013年，營建科技系「不動產經營管理組」改名營建科技系「不動產與室內設計組」，「營建管理組」改名為「營建與物業管理組」。

2014年，營建科技系取消「營建與物業管理組」，增設「營建與創意空間組」。

2016年8月，莊暢校長再任第十任校長。

2017年，營建科技系分「室內設計與管理組」及「營建與空間設計組」。

2019年8月，莊暢校長續任第十一任校長。

2021年，「營建科技系」改名為「室內設計與營建科技系」。

此外，將萬能科技大學自創校以來歷任校長名單列出如表4-2-6所示。

表4-2-6　歷任校長名單

屆次	擔任起始年月	姓 名	備 註
一	1972年3月	秦大均	
二	1974年4月	郁漢良	
三	1977年3月	劉戊亮	
四	1983年8月	莊晉	
五	2001年11月	王純粹	
六	2004年11月	徐新興*	
七～十一	2006年8月～迄今	莊暢	

*2006年1月，由教務長莊暢教授代理校長至2006年7月31日。

2021年室內設計與營建科技系之教育目標：

1. 培育學生營建科技專業技能，並奠立其終身學習與持續成長的能力。
2. 訓練學生動手實作、實事求是與團隊合作之精神，有效養成就業力。
3. 培養學生敬業樂群的工作態度，注重職業倫理與關懷社會的胸襟。

12. 宏國德霖科技大學 土木工程系(1972年，1972年)

1966年2月，為配合當時國家教育政策，培養術德兼修手腦並用之工業專門技術人才，達到工業興國與國家經濟發展之目的，由教育界先進萬紹章先生發起籌劃，選購臺北縣土城鄉(今新北市土城區)清化里為建校基地，妥擬設校計畫，於1968年8月奉教育部准予籌設[76]。

1969年2月，成立董事會，完成財團法人登記，推舉李景德先生為第一屆董事長。

1972年1月，教育部核准立案，基於配合國家發展，為培育優秀專業技術人才而設立，創立「四海工業專科學校」，設有電子工程科、土木工程科、機械工程科。

1974年，因資金不足，教育部勒令減招。

1975年，教育部勒令停招。

1978年，由宏國關係事業董事長林謝罕見女士與謝村田、謝隆盛、謝進旺、謝金朝昆仲捐資接辦，改組第三屆董事會，依學校發展計畫，積極擴充校地，廣建校舍，美化校園，學校恢復招生。

1983年，奉准成立夜間部二年制工科。

1991年10月，奉准成立日間部二年制商科，更名為「四海工商專科學校」。

2001年8月，奉准升格改制為技術學院，改制為「德霖技術學院」，設土木工程系、企業管理系、應用英語系、機械工程系，土木工程系開始招收日二技學生。

2002年，土木工程系成立日間部四技及夜間部二技。

2004年，土木工程系成立夜間部四技。

2005年，土木工程系成立四技在職專班；工學院新增成立空間設計系日間部四技。

2006年，成立二技在職專班；並成立空間設計系夜間部四技。

2007年，土木工程系與空間設計系合併為「營建科技系」。

2011年，營建科技系空間設計組獨立為空間設計系。

2015年9月，獲准籌備科技大學。

2016年，「營建科技系」改名為「土木工程系」。

2017年8月，「德霖技術學院」改名為「宏國學校財團法人宏國德霖科技大學」。

2021年工學院教育目標：

以「培育具有專業技術與創新設計能力之工程和設計人才」為目標，就業導向教學，重視學生品格教育與人文內涵，期望縮短學用之間的落差，使學生具備畢業即就業的職場即戰力，成為職場尖兵。

13. 建國科技大學 土木工程系暨土木與防災研究所(1965年，1974年)

1965年10月，「私立建國商業專科學校」創立於彰化縣彰化市[77]。

1974年5月，奉准更名為「私立建國工業專科學校」，增設五專部土木、機械、電機、電子等四科。

1990年8月，增設二專日間部土木工程科及二專夜間部土木工程科。

1992年11月，奉准更改校名為「私立建國工商專科學校」。

1999年8月，奉教育部核准，改制為「建國技術學院」。

2002年8月，附設進修學院增設土木工程等四系。

2004年8月，奉教育部核准改名為「建國科技大學」。

2008年8月，土木工程系自設計學院改隸工程學院。同時設立「土木與防災研究所」。

2010年3月，土木工程系暨土木與防災研究所通過IEET工程及科技教育認證。

2021年土木工程系暨土木與防災研究所之教育目標：

1. 大學部：

(1). 培養具備國際觀與工程倫理之敬業精神

(2). 培養具土木工程技術與管理之實務技能

(3). 培養具防災技術之特色素養

2.研究所：

(1). 培養實務與理論兼備優秀土木工程與防災科技人才

(2). 培養學生執行防災科技之能力

(3). 訓練學生執行工程實務及領導管理能力

(4.) 培養學生專業倫理、社會責任與團隊合作之精神

14. 大漢技術學院 土木工程與環境資源管理系(1977年，1977年)

1977年，花蓮當地熱心教育人士林朝庚、林坤鐘、康德興、楊守全等人奔走下奉准創立「大漢工業專科學校」，董事長為林朝庚先生，首任校長畢聯中先生，招收五年制機械工程、土木工程、礦冶工程等三科[78]。

1979年，楊守全先生接任第二任校長。

1980年，改名為「大漢工商專科學校」。

1982年，增設二年制夜間部土木工程科。

1985年，教務主任陳進先生代理校長。

1989年，教育部成立管理委員會，由教務主任洪當明先生代理校長。

1990年，教育部借調國立臺灣技術學院林昇平教授代理校長。

1994年10月，由誠洲集團捐資成立新董事會，廖繼誠先生接任教育部代管解除後之第一屆董事會董事長，並聘任張國照博士為校長。

1996年，增設二年制土木工程科測量組。

1999年8月1日，獲准升格為「大漢技術學院」。

2004年，聘任康自立博士為校長。

2009年，聘任宋佩瑄博士為校長。

2010年，土木工程系更名為「土木工程與環境資源管理系」。

2012年，設立「土木工程與環境資源管理研究所」。

2021年，聘任姚國山博士為校長。

2021年土木工程與環境資源管理系之教育目標：

以培育具有「永續環境發展與專業倫理」觀念之土木與環境資源管理人才為目標。教授具有土木與環境資源管理實用技術，使學生畢業後能從事土木與環境資源管理有關之調查、測繪、設計、施工、檢驗與營運等工作。

15. 高苑科技大學 土木工程系(1989年，1989年)

1986年，於高雄路竹承租台糖土地籌設「私立高苑工業專科學校」，由余陳月瑛擔任創辦人、余玲雅擔任董事長[79]。

1989年，「私立高苑工業專科學校」設立，聘請廖峰正教授擔任校長，同時設立「土木工程科」五專部。

1991年，更名為「私立高苑工商專科學校」，並設立土木工程科二專部。

1995年，成立進修專校。

1998年8月，奉教育部核定改制為「高苑技術學院」。「土木工程科」改制為「土木工程系」，日間部設立二技大學部。

1999年8月，設立四技大學部。

2003年8月，四技大學部分組為「工程技術組」及「資訊應用組」。

2005年8月，「高苑技術學院」改名為「高苑科技大學」，設工程學院、機電學院和商業暨管理學院。

2006年8月，設立「路工技術研究所」碩士班。

2007年8月，「路工技術研究所」更名為「土木工程研究所」，達成系所合一，並在進修部設立碩士在職專班。

2010年8月，在進修部設立四技在職專班。

2013年，工程學院改名為「規劃與設計學院」。

2013年，全校通過101學年度教育部科技大學評鑑。

2017年3月，奉教育部核定聘請趙必孝教授擔任校長。

2021年土木工程系／所特色目標：

配合土木產業技術專業化及資訊化之發展趨勢，以路工技術與防災、地理資訊系統及營建電子化，做為本系所發展之特色目標。

實驗室及研究中心：

結構實驗室	材料實驗室
土壤力學實驗室	測量實習室
瀝青實驗室	地震與震害預測研究室
工程系統整合研究中心	綠工程技術研發中心

16. 義守大學 土木工程學系(1990年，1990年)

義守大學是一所建於高雄觀音山東麓的私立大學，前身是高雄工學院，於1986年創立。創辦人為燁隆鋼鐵集團（現更名為義联集團）董事長林義守先生，1997年8月1日更名為義守大學[80]。

1986年，高雄工學院創校。

1990年8月開始招生，共有電機、資工、電子、化工、機械、土木與工管等七個理工的科系，第一任校長為傅勝利博士。土木系第一年招生只有40多位學生，僅有一位女生。第一任土木系系主任為葉錦波博士，另有黃大晶與詹明勇兩位老師。

1991年8月增聘林鐵雄、林作旺、周介安三位老師。林鐵雄擔任工程數學與測量學的課程，也設立測量儀器室，流體力學實驗室。

1992年增聘馬正明、葉先良、邵可鏞與黃家勤老師。同時設立土力實驗室與材料實驗室。材料實驗課程聘任成功大學土木所博士候選人田永銘任教。

1993年，增聘陳世杰、蘇元安兩位老師，同年度向教育部申請增班計畫(每年兩班，100位學生)。詹明勇博士擔任第二任土木系系主任。

1994年，增聘劉明樓、史茂樟、翁誌煌三位老師，成立CAD教室。

1995年，通識中心羅煥琳老師轉任土木系。

1996年，黃家勤博士擔任第三任系主任。

1997年，高雄工學院改名為「義守大學」，土木系隸屬理工學院，理工學院第一任院長由傅勝利校長兼任。

1997年，增聘林登峰、袁菁兩位老師。

1999年，增聘林國良老師，申請設立土木系進修部。劉明樓博士擔任第四任系主任。

2000年，增聘鄭瑞富老師為進修部教師。

2002年，增聘古志生老師，同年度再聘李源泉教授為土木系教授兼理工學院院長。進修部因為生源減少招生不易，申請停辦。葉先良博士擔任第五任系主任。

2003年，增設土木工程研究所，第一屆招生(20人)，增聘謝昭輝老師(中央大學退休教授)。

2004年，因應環境變化的需求，申請更改系名為『土木與生態工程學系』，課程大幅度調整，物理學、結構學降為一學期三學分，增開生態相關課程。

2005年，辦理土木與生態工程研討會(第一屆)。大學部學程通過IEET認證。古志生博士擔任第六任系主任。

2006年，增聘廖健森老師。

2007年，成立生態工程實驗室，研究所學程通過IEET認證。

2008年，翁誌煌博士擔任第七任系主任。

照片4-2-4　古志生院長

2011年，洪萬隆教授代理校務。

2011年，辦理2011年土木與生態工程研討會。林國良博士擔任第八任系主任。

2012年，蕭介夫博士擔任第二任校長。

2014年，古志生教授擔任理工學院院長(照片4-2-4)。林國良博士續任系主任。

2018年，陳振遠博士擔任第三任校長。

2021年，「土木與生態工程學系」更名為「土木工程學系」。

2021年土木工程學系之教育目標：

為達培育本系畢業生成為具備永續發展認知之土木工程人員之教育宗旨，本系致力於：

1. 培養學生具備處理工程問題之專業能力，並涵養對工程永續發展之深刻認知。
2. 培養學生具備團隊合作及溝通協調能力，並涵養專業倫理之精神。
3. 培養學生終身學習的習慣與國際視野。

師資：

教　授	翁誌煌、林國良、古志生、林登峰、羅煥琳
副教授	馬正明、劉明樓、詹明勇、史茂樟、陳世杰
退休教師	周介安、謝昭輝、吳明洋、葉先良、葉錦波 邵可鏞、林鐵雄、鄭瑞富

17. 中華大學

17-1 中華大學 土木工程學系(1990年，1990年)

1985年，教育部頒布「開放新設私立學校處理要點」，重新開放私立學校之增設，允許民間籌設工學院、醫學院、技術學院以及二專和五專。新竹地區知名企業家王榮昌先生、蔡兆章先生及國民大會代表林政則先生，響應政府「私人捐資興校」之號召，邀請有志捐資興學的11名地方仕紳，以落實科技教育，增加推廣教育管道為目的，規劃籌設興辦新竹第一所民辦大學[81]。

1987年，設校籌備處成立。

1988年，教育部核准「中華工學院」的設校申請。

1990年，於新竹市郊的東香里茄苳段設立「中華工學院」開始招生。與高雄工學院、長庚醫學院、元智工學院、大葉工學院、華梵工學院等，同為臺灣解除戒嚴前後第一批成立的高等學府。第一年聘請航太工程學家劉通敏為第一任校長，設立電機工程、資訊工程、工業管理、土木工程、建築與都市計畫等五系。

1991年，土木工程系成立碩士班。

1994年，中華工學院向教育部提出了改名大學的申請；聘請交通大學圖書館館長林樹為第二任工學院院長。

1997年，教育部審批通過學院改名為大學，包括中華工學院在內有：陽明、華梵、世新、銘傳、實踐、義守、長庚、元智、大葉等9所學院獲准改為大學。8月1日，「中華工學院」改名為「中華大學」。除了工學院以外，成立建築與規劃學院、管理學院、人文社會學院。

1998年8月，交通大學土木系郭一羽教授擔任校長。

2000年，土木工程系成立碩士在職專班。

2001年，土木工程系成立博士班。

2005年2月，教務長鄭芳炫先生代理校長。

2005年8月，交通部次長張家祝接任中華大學校長。

2007年，土木系通過中華工程教育學會(IEET)工程教育國際認證。

2008年8月，張家祝校長出任中國鋼鐵公司董事長。

2008年9月，副校長沙永傑博士代理校長。

2008年12月，沙永傑博士接任校長。

2012年12月，學術副校長鄭藏勝副教授代理校長。

2013年2月，劉維琪博士擔任校長。

2014年8月，呂志宗博士任土木系系主任(照片4-2-5)。

2014年，土木工程學系通過IEET第二週期認證(六年)。

2015年2月，鄭藏勝副校長代理校長。

2015年8月，鄭藏勝博士擔任校長。

2017年2月，劉維琪博士擔任校長。

照片4-2-5　呂志宗主任

2021年土木工程學系教育目標：

1. 培育基礎專業知識
2. 著重資訊技術應用
3. 養成積極負責之態度
4. 孕育持續成長之人生觀

實驗室／研究室

結構安全健康檢測產學/教學特色實驗室	基礎建設資訊模擬與管理研究室
結構控制室	結構實驗室(含結構實驗室控制室)
結構安全評估與非破壞檢測實驗室	創新地工材料與地工系統實驗室
電腦數值模擬實驗室	電腦多媒體輔助設計教學研究室
多功能結構測試暨教學實驗室	生態防災工程實驗室
環工生物科技實驗室	工程材料教學實驗室(含工程材料控制室)
土壤力學教學實驗室	測量儀器室

17-2 中華大學 營建管理學系(1990年，1996年)

1990年，「中華工學院」成立。

1996年，設立營建工程學系(教育部核定可設二年制技術院系)。

1999年，成立營建工程技術二年制學程(二技及二技專班)。

2000年，設立營建管理研究所(碩士班)。

2001年，成立營建研究中心。

2002年，成立科技管理研究所「營建管理組博士班」。

2004年，停招營建工程技術二年制學程。

2007年，更名「建設與專案管理學系」，招收「營建管理研究所碩士班在職專班」。

2010年，系所合一為「營建管理學系」。

2018年，營建管理學系停招。

18. 朝陽科技大學 營建工程系(1994年，1994年)

朝陽科技大學是臺灣第一所私立科技大學，由長億關係企業創辦人楊天生獨力捐資捐地所創辦[82]。

1988年，設立「朝陽技術學院籌備處」。

1994年，「朝陽技術學院」成立於臺中霧峰，為全國第一所私立技術學院，有營建工程技術系等八系；營建工程系招收四年制學生二班，由伍勝民博士擔任第一任系主任。

1995年，「營建工程技術系」成立附屬技術服務中心，由林商裕老師擔任執行長。

1996年8月，成立「營建工程研究所」，招收碩士班學生，由伍勝民博士兼系所主任。

1996年9月，成立大地實驗室、結構實驗室與材料實驗室。

1997年8月，奉教育部核准改名為「朝陽科技大學」，為全國第一所私立科技大學；「營建工程技術系」改名為「營建工程系」；張子修博士接任營建工程系所第二任主任；成立進修部二年制。

1998年8月，設立營建工程碩士在職專班。

1999年8月，潘吉齡博士接任第三任系主任。

1999年10月，工程大樓因921地震損毀，營建系辦公室暫遷至行政大樓五樓。

2001年9月，工程大樓整修完成，系辦公室遷回工程大樓四樓原辦公室。

2002年2月，理工大樓落成啟用，完成結構、材料、大地等實驗室重建，並增設營建管理、營建自動化、非破壞評估、岩石力學、坡地防災、GIS、小型結構、結構電腦、營建操作等實驗室。

2003年8月，鄭道明博士接任第四任系主任。

2004年3月，營建工程系系訊出刊。

2006年6月，通過94學年度中華工程教育學會認證，為全國第一個以

「營建工程系」名稱通過認證學系。

2006年8月，徐松圻博士接任第五任系主任。

2007年2月，聘任顏聰教授為「講座教授」。

2009年8月，設立營建工程博士班。

2010年8月，賴俊仁博士接任第六任系主任。

2011年，配合教育部政策，全校二技學制停止招生。

2013年8月，鄭家齊博士接任第七任系主任。

2016年8月，許世宗博士接任第八任系主任。

2021年營建工程系之教育目標：

1. 大學部：

(1). 培育營建工程基本專業知識與技能。

(2). 培育執行實務及溝通協調之基本能力。

(3). 培育解決工程問題及終生學習之基本能力。

(4). 具備專業倫理及社會責任之涵養。

2. 研究所：

(1). 培育營建工程專業知識與技能。

(2). 培育執行實務及溝通協調之能力。

(3). 培育從事創新研發、解決工程問題及終生學習之能力。

(4). 具備專業倫理、社會責任及國際視野之涵養。

營建工程系之專業實驗室：

大地實驗室	結構實驗室
材料實驗室	非破壞評估實驗室
結構與材料安全評估研究室	結構電腦實驗室
BIM實務應用整合研究室	材料科技研究室
營建管理研究室	

第五章
結語

● 土木工程乃是人類為了滿足「食衣住行」的基本生活需求，以及創造更安全、舒適、便利的生活環境的過程中所產生的知識與技藝。人類也為了可以持續滿足新的世代對生活及環境的需求，因此必須將這些知識及技藝一代又一代的傳承、進化下去，其也將自然形塑出適合當代的傳承教育的體系與內涵。

● 總體而觀，土木工程及土木工程教育應始自人類出現在地球之時，其將持續於人類存在的年代，並將拓展到人類可到之處，也將留下許多有形、無形的痕跡。

● 土木工程教育史，就是將土木工程教育的發展演進過程以及所留下的痕跡記錄下來的歷史。

● 回溯歷史，緬懷臺灣土木工程教育先驅的授業者、受教者—示現「蓽路藍縷、堅忍卓絕、創業立基」；

● 展望未來，期勉後繼的土木工程教育的參與者—常思「承先啟後、為民所需、卓越精進」。

參考文獻

參考文獻

1. 中央研究院：蕃社采風圖http://saturn.ihp.sinica.edu.tw。

2. 新港語，維基百科https://zh.wikipedia.org/wiki/。

3. 漢聲雜誌(1997年)，十七世紀荷蘭人繪製的臺灣老地圖(圖版篇)。

4. 熱蘭遮城考古挖掘計畫通訊月刊第9期(2004年)，熱蘭遮城內消失的斜牆。

5. 教育部(2007年)，中華民國教育統計—民國96年版。

6. 中岡哲郎(2008年)，日本近代技術の形成—<伝統>と<近代>のダイナミクス，朝日新聞出版。

7. 明治天皇，維基百科https://zh.wikipedia.org/wiki/明治天皇。

8. 史貴全(2004年)，中國近代高等工程教育研究，上海交通大學出版社。

9. 蔣介石，維基百科https://zh.wikipedia.org/wiki/蔣介石。

10. 末光欣也(2012年)，臺灣歷史日本統治時代的臺灣—1895～1945年/46年，五十年的軌跡(中文版)，致良出版社。

11. 蔡侑樺(2011年)，學制中的臺南高等工業學校，成大校刊2011.6。

12. 國立成功大學編印(1986年)，成大四十年。

13. 國立成功大學編印(1991年)，國立成功大學校史稿—建校六十週年紀念。

14. 國立成功大學編印(1991年)，成大六十年。

15. 國立成功大學校史編纂小組(2001年)，世紀回眸：成功大學的歷史。

16. 葉碧苓(2017年)，臺北帝國大學工學部之創設，國史館館刊52期。

17. 黃智偉，臺北帝大工學部簡介，國立臺灣大學圖書館https://www.lib.ntu.edu.tw/ cg/resources/U_His/academia/no2-ch4.htm。

18. 茅聲燾(2013年)，回憶臺大土木的老師們，杜風電子報65期特別報導。

19. 吳秉聲等(2020年)，篳路藍縷—臺灣省立功學院院史展特刊，國立成功大學博物館出版。

20. 臺灣接管，臺灣大百科全書https://nrch.culture.tw/twpedia.aspx?id=3831。

21. kipp的部落格https://kipppan.pixnet.net/blog。

22. 高淑媛(2011年)，成功的基礎一成大的臺南高等工業學校時期，國立成功大學博物館出版。

23. 動員戡亂時期臨時條款，維基百科https://zh.wikipedia.org/wiki/動員戡亂時期臨時條款。

24. 國共內戰，維基百科https://zh.wikipedia.org/wiki/國共內戰。

25. 四六事件，維基百科https://zh.wikipedia.org/wiki/四六事件。

26. 臺灣白色恐怖時期，維基百科https://zh.wikipedia.org/wiki/臺灣白色恐怖時期。

27. 舊金山和約，維基百科https://zh.wikipedia.org/wiki/舊金山和約。

28. 國立成功大學博物館(2010年)，臺灣省立工學院院史展特刊p.66。

29. 臺灣省立工學院畢業紀念冊(1950年)。

30. 臺灣省立工學院畢業紀念冊(1951年)。

31. 臺灣省立工學院畢業紀念冊(1955年)。

32. 國立成功大學畢業紀念冊(1977年)。

33. 楊麗祝、鄭麗玲(2011年)，百年風華一臺北科技大學校史(1912～2011)，國立臺北科技大學出版。

34. 省立臺北工業專科學校概覽(1950年)。

35. 行政院國際經濟合作發展委員會(1966年)，臺灣大學歷年來接受美援運用成果檢討，美援運用成果檢討叢書之四。

36. 國立成功大學博物館(2015年)，臺灣工程教育史料蒐集整理計畫成果發表暨內部研討會會議手p.13。

37. 國立成功大學博物館(2009年)，撫今追昔一普渡•成大計畫特展。

38. 黃翊峰(2016年)，成大測量系的誕生與轉變1930-2010，國立成功大學歷史研究所碩士論文。

39. 行政院國際經濟合作發展委員會(1964年)，成功大學歷年來接受美援運用成果檢討，美援運用成果檢討叢書之五。

40. 臺灣省立臺北工業專科學校概覽(1955年)。

41. 臺灣省立臺北工業專科學校簡況(1966年)。

42. 興大校友湯惠蓀校長40週年。

43. 行政院主計總處(年)，臺灣的國民生產毛額GDP、平均國民所得。

44. 十大建設，維基百科https://zh.wikipedia.org/wiki/十大建設。

45. 十二項建設計畫，維基百科https://zh.wikipedia.org/wiki/十二項建設計畫。

46. 十四項計畫，維基百科https://zh.wikipedia.org/wiki/十四項計畫。

47. 無產階級文化大革命，維基百科https://zh.wikipedia.org/wiki/無產階級文化大革命。

48. 九年國民義務教育，維基百科https://zh.wikipedia.org/wiki/九年國民義務教育。

49. 聯合國大會第2758號決議，維基百科https://zh.wikipedia.org/wiki/聯合國大會第2758號決議。

50. 上海公報，維基百科https://zh.wikipedia.org/wiki/上海公報。

51. 臺灣關係法，維基百科https://zh.wikipedia.org/wiki/臺灣關係法。

52. 楊瑩(2008)，臺灣高等教育政策改革與發展，第四屆兩岸高教論壇。

53. 2022年環台軍事演練，維基百科https://zh.wikipedia.org/wiki/2022年環台軍事演練。

54. 白紙革命，維基百科https://zh.wikipedia.org/wiki/反對動態清零政策運動。

55. 閻振興，維基百科https://zh.wikipedia.org/wiki/閻振興。

56. 鮑亦興，維基百科https://zh.wikipedia.org/wiki/鮑亦興。

57. IBM 1130，維基百科https://zh.wikipedia.org/wiki/ IBM 1130。

58. 史惠順，維基百科https://zh.wikipedia.org/wiki/史惠順。

59. 國家博士，維基百科https://zh.wikipedia.org/wiki/國家博士。

60. 中央大學，維基百科https://zh.wikipedia.org/wiki/中央大學。

61. 交通大學，維基百科https://zh.wikipedia.org/wiki/交通大學。

62. 聯合大學，維基百科https://zh.wikipedia.org/wiki/聯合大學。

63. 暨南國際大學，維基百科https://zh.wikipedia.org/wiki/暨南國際大學。

64. 高雄大學，維基百科https://zh.wikipedia.org/wiki/高雄大學。

65. 中原大學，維基百科https://zh.wikipedia.org/wiki/中原大學。

66. 淡江大學，維基百科https://zh.wikipedia.org/wiki/淡江大學。

67. 逢甲大學，維基百科https://zh.wikipedia.org/wiki/逢甲大學。

68. 正修科技大學，維基百科https://zh.wikipedia.org/wiki/正修科技大學。

69. 中國科技大學，維基百科https://zh.wikipedia.org/wiki/中國科技大學。

70. 南榮科技大學，維基百科https://zh.wikipedia.org/wiki/南榮科技大學。

71. 明新科技大學，https://www.must.edu.tw/。

72. 健行科技大學，維基百科https://zh.wikipedia.org/wiki/健行科技大學。

73. 中華科技大學，維基百科https://zh.wikipedia.org/wiki/中華科技大學。

74. 東南科技大學，維基百科https://zh.wikipedia.org/wiki/東南科技大學。

75. 萬能科技大學，維基百科https://zh.wikipedia.org/wiki/萬能科技大學。

76. 宏國德霖科技大學，維基百科https://zh.wikipedia.org/wiki/宏國德霖科技大學。

77. 建國科技大學，維基百科https://zh.wikipedia.org/wiki/建國科技大學。

78. 大漢科技大學，維基百科https://zh.wikipedia.org/wiki/大漢科技大學。

79. 高苑科技大學，維基百科https://zh.wikipedia.org/wiki/高苑科技大學。

80. 義守科技大學，維基百科https://zh.wikipedia.org/wiki/義守科技大學。

81. 中華大學，維基百科https://zh.wikipedia.org/wiki/中華大學。

82. 朝陽科技大學，維基百科https://zh.wikipedia.org/wiki/朝陽科技大學。

83. 嘉南大圳平面圖，國立臺灣歷史博物館典藏網https://collections.nmth.gov.tw/CollectionContent.aspx?a=132&rno=2010.014.0027。

臺灣工程教育史－第拾壹篇
臺灣高等土木工程教育史

主　　編｜翁鴻山
作　　者｜李德河

發 行 人　蘇慧貞
發 行 所　財團法人成大研究發展基金會
出 版 者　成大出版社
總 編 輯　徐珊惠
地　　址　70101臺南市東區大學路1號
電　　話　886-6-2082330
傳　　眞　886-6-2089303
網　　址　http://ccmc.web2.ncku.edu.tw

排　　版　雲想視覺廣告 / 陳玉寧
印　　製　富詠欣印刷實業
初版一刷　2024年2月
定　　價　1080元
ISBN　978-986-5635-96-1

■ 政府出版品展售處
國家書店松江門市
10485 台北市松江路209號1樓
886-2-25180207

■ 五南文化廣場台中總店
40354台中市西區台灣大道二段85號
886-4-22260330

國家圖書館出版品預行編目（CIP）資料

臺灣工程教育史－第拾壹篇
臺灣高等土木工程教育史 / 李德河.
--初版. --臺南市：成大出版社出版：財團法人成大發展基金會發行, 2023.11.
面;19*26公分 （臺灣工程教育史. 11. 第拾壹篇）
1.CST：高等教育 2.CST：土木工程 3.CST：教育史 4.CST：臺灣

ISBN 978-986-5635-96-1 (精裝)

525.933　　112017735